信息技术常用工具软件

(第2版)

主　编　杨永波　陈　磊
副主编　单春晓　周元祥
主　审　鲁晓阳

北京理工大学出版社
BEIJING INSTITUTE OF TECHNOLOGY PRESS

图书在版编目(CIP)数据

信息技术常用工具软件 / 杨泳波，陈磊主编．—2版．—北京：北京理工大学出版社，2019.10(2021.8重印)

ISBN 978-7-5682-7783-9

Ⅰ.①信… Ⅱ.①杨… ②陈… Ⅲ.①软件工具-高等学校-教材 Ⅳ.①TP311.561

中国版本图书馆CIP数据核字(2019)第240629号

出版发行／北京理工大学出版社有限责任公司
社　　址／北京市海淀区中关村南大街5号
邮　　编／100081
电　　话／(010)68914775(总编室)
　　　　　(010)82562903(教材售后服务热线)
　　　　　(010)68944723(其他图书服务热线)
网　　址／http://www.bitpress.com.cn
经　　销／全国各地新华书店
印　　刷／定州市新华印刷有限公司
开　　本／787毫米×1092毫米　1/16
印　　张／13.25
字　　数／311千字
版　　次／2019年10月第2版　2021年8月第2次印刷
定　　价／39.00元

责任编辑／张荣君
文案编辑／张荣君
责任校对／刘亚男
责任印制／边心超

前　言

随着计算机技术的飞速发展（尤其是信息技术的广泛应用），计算机已经深入各行各业。掌握计算机基本应用已经成为21世纪基本生存技能之一，而且相关的要求也越来越高。目前，市场上很多教材中的软件版本、硬件型号及教材的教学结构等都已不再适应目前的教学要求。

鉴于此，我们认真总结教材编写经验，用了多年时间深入调研各地和各类职业学校的教材需求，组织了一批优秀而且具有丰富教学经验和实践经验的处于教学第一线的教师编写了本教材，以帮助各类职业学校快速培养优秀的技能型人才。

本教材的主要特色如下：

（1）以任务驱动的形式实现"理实一体化"。

本教材共分9章，涉及虚拟系统、硬件管理、系统管理、图形图像工具、视音频工具、动画制作工具、云存储等PC端常用工具软件，同时，编入了图形图像处理及其他常用软件。本教材通过创设应用情景，采用情景引入、任务驱动的编写体系，将理论知识与实践操作技能有机结合，以"理实一体化"的模式提升读者对信息技术常用工具软件的应用能力。

（2）理论知识以"必须、够用"为原则。

本教材具有较强的实践操作性，旨在培养学生的实践动手能力、对信息技术常用工具软件的使用能力与提升学生的办公能力。因此，本教材的内容以实践训练为主，以理论知识为辅，遵循理论知识"必须、够用"的原则。

（3）以学生为本设计教学案例。

由于学生的计算机基础与思维方式差异很大，在教学过程中为了兼顾各种层次学生学习的难度，在设计教学案例的过程中由易到难分解知识点，精心设计教学案例，创设教学情景模式，体现难度的层次性与实用性，从而提高学生的学习积极性。

（4）以完整案例为导向提升学生的办公能力。

本教材的教学案例都是从实际工作与生活中提炼出来的，融合了软件的相关知识与操作技能，而且相对完整。设计与制作完整实用的教学案例可以引导学生灵活运用所学的知识与技能解决实际问题，提升学生的办公水平与效率以及高效使用信息技术常用工具软件的能力。

（5）围绕中高职职业教育培养目标编写教材。

本教材紧紧围绕中高职职业教育培养目标，遵循职业教育教学规律，从满足经济社会发展对高素质劳动者和技能型人才的需要出发，在课程结构、教学内容、教学方法等方面进行了新的探索和改革创新，对于提高新时期中高职职业学校学生的科学文化素养和职业能力，促进中高职职业教育教学改革，提高教育教学质量将起到积极的推动作用。

为了方便教学，本教材配套有相关教学资源（案例素材、教学视频、教学课件、最终效果），教师可以在出版社官方网站下载所需资源。

2020年年初，在杨永波副教授的指导下，浙江省部分中职学校多年从事一线信息技术学科教学的教师们在本教材第 1 版的基础上进行了修订。本教材的具体编写人员有陈磊、单春晓、周元祥。其中陈磊负责全教材的统稿，单春晓承担了第 1、2、3、4 章的编写工作，周元祥承担了第 5、6、7、8、9 章的编写工作。杭州市电子信息职业学校计算机专业学生尧志豪、梁泽华等参与了软件测试工作。杭州市中策职业学校正高级教师鲁晓阳担任主审。

本教材的编写得到了多位专家与教师的支持与帮助，在此表示衷心的感谢。由于时间仓促，编者水平有限，教材中难免有不足之处，望各位读者批评指正。

编　者

2020 年 6 月

目　　录

第1章

概　述

导　论

随着计算机技术的飞速发展（尤其是信息技术的广泛应用），计算机已经深入各行各业。掌握计算机基本应用已经成为21世纪基本生存技能之一，而且相关的要求也越来越高。各种工具软件把计算机世界点缀得丰富多彩，其内容也涉及计算机应用的各个方面，包括文件工具、图片浏览与格式转换工具、多媒体工具、反病毒工具、网络工具、翻译和词典工具、光盘刻录工具、系统工具等。人们利用这些工具软件可以更充分地发挥计算机的潜能，使用户操作和个人计算机的管理更加方便、安全和快捷。

本章主要介绍常用工具软件的分类、版本等知识，以利于读者掌握常用工具软件的获取、安装、卸载，进一步了解计算机和手机的系统权限，学习虚拟系统的环境配置和系统的安装。

情景导入

大鹏：小雪，你会使用工具软件吗？使用工具软件是办公人员必备的技能哦，要不，我先教你一些基本知识吧。

小雪：可以啊，但这些工具软件从哪里下载，又怎么使用呢？

大鹏：当然是从网上下载。下载的时候可以使用专业的下载软件，比如迅雷。安装软件的操作也简单。

小雪：迅雷？这是什么东西，有什么用途吗？

大鹏：不要急，下面就慢慢给你介绍。

任务1　常用工具软件的使用

知识要点

- 常用工具软件的分类；
- 常用工具软件的特点；
- 常用工具软件的版本；
- 常用工具软件的获取；
- 常用工具软件的安装；

- 常用工具软件的卸载。

任务描述

通过本任务的学习，读者可以掌握常用工具软件的获取途径以及安装和卸载的基本操作。

具体要求

1. 常用工具软件的获取

从官方网站下载或购买安装光盘或从下载站点下载。

2. 常用工具软件的安装

以安装迅雷为例，详细介绍该软件的具体安装过程。

3. 常用工具软件的卸载

以卸载迅雷为例，详细介绍该软件的卸载方法及过程。

任务实施

步骤 1：打开 360 安全浏览器，在地址栏中输入“http：//dl. xunlei. com/”并按 Enter 键，进入“迅雷产品中心”页面，单击“迅雷 X”区域中的“立即下载”按钮，如图 1-1 所示。在弹出的“新建下载任务”对话框中单击“下载”按钮，如图 1-2 所示。

图 1-1　“迅雷产品中心”页面

图 1-2　“新建下载任务”对话框

步骤 2：将安装程序保存到计算机中的相应位置，经过一段时间的等待后，安装程序下载完毕。打开下载好的迅雷软件所在目录，然后双击其可执行文件，如图 1-3 所示。

步骤 3：在安装向导对话框中单击“自定义安装”超链接，进入软件安装界面。一般情况下不建议使用快速安装功能，以避免安装软件自身携带的插件，如图 1-4 所示。

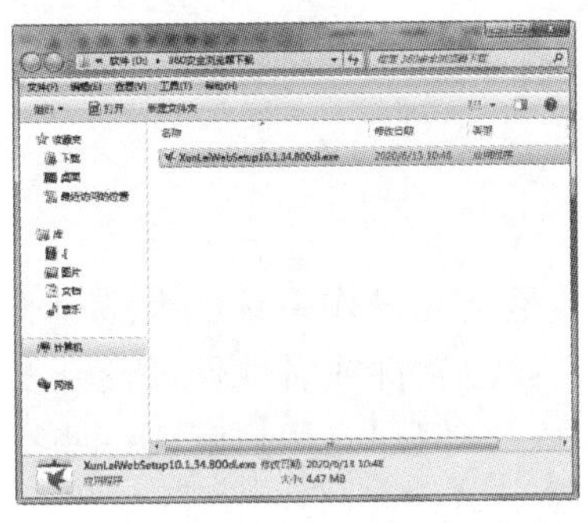

图 1-3　打开迅雷软件所在目录

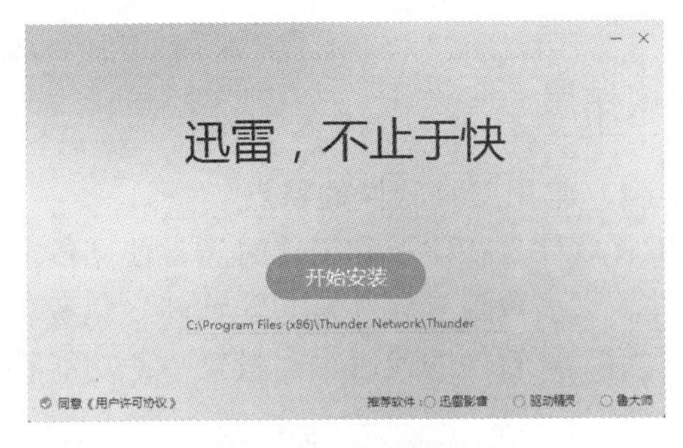

图 1-4　软件安装界面

步骤 4：返回桌面可以看到已生成的迅雷软件快捷方式图标，软件安装完毕。

步骤 5：单击桌面左下角的“开始”按钮，在弹出的“开始”菜单中选择“所有程序”菜单项，然后在弹出的列表中依次展开“迅雷软件”→“迅雷”选项并在展开的列表中选择“卸载迅雷”选项，如图 1-5 所示。

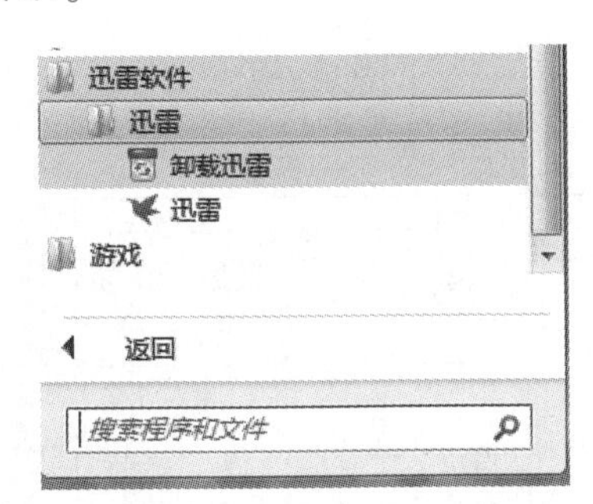

图 1-5　“卸载迅雷”选项

步骤 6：在弹出的“卸载迅雷”对话框中选择“我要卸载迅雷 X”选项，单击“开始卸载”按钮。

步骤 7：经过一段时间的等待，迅雷软件从计算机中卸载完毕，单击“完成”按钮。迅雷软件卸载完成界面如图 1-6 所示。

图 1-6　迅雷软件卸载完成界面

也可以通过“控制面板”卸载软件。单击桌面左下角的“开始”按钮，选择“控制面板”菜单命令，打开“控制面板”窗口，单击“程序和功能”超链接。

打开“卸载或更改程序”窗口，在列表框中选择迅雷软件，然后单击列表框上方的“卸载”按钮，之后的操作与通过“开始”菜单打开此对话框时的操作步骤相同，此处不再赘述。

知识拓展

知识点 1　常用工具软件的特点

常用工具软件是在学习和工作时经常使用的软件，是指除操作系统、大型商业应用软件以外的软件。大多数工具软件是共享软件、免费软件、自由软件或者软件厂商开发的小型商业软件。常用工具软件的代码编写量较小，功能相对单一，但却是用户解决一些特定问题的有利工具。

知识点 2　常用工具软件的分类

常用工具软件的分类（图 1-7）没有统一的标准。通常，按照功能可以将其分为网页浏览工具、网络下载工具、解压缩工具、数据备份与还原工具、系统优化与防护工具、图形图像工具等类别。各个类别又包括多个子类别。本教材介绍的都是常用的、功能较为强大以及实用性较强的最新版本的工具软件。

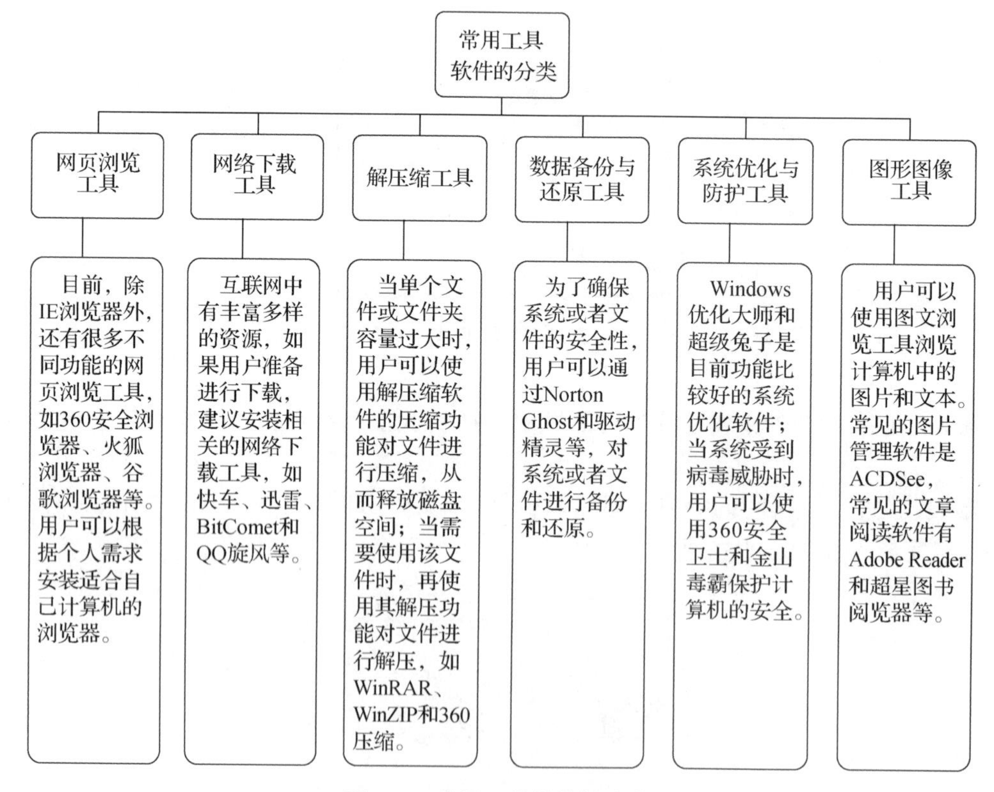

图 1-7　常用工具软件的分类

知识点3　常用工具软件的版本

一般工具软件名称后面经常有一些英文和数字，如QQ2012 Beta，这些都是软件的版本标志，人们通过版本标志可以对软件的类型有所了解。工具软件的版本通常可以分为测试版、演示版、正式版和其他版本。

1）测试版

工具软件的测试版一般有3个阶段性版本：Alpha（α）、Beta（β）和Gamma（γ）。有时候软件会在Alpha或Beta版本前先发布Pre-alpha版。下面分别进行详细介绍。

Pre-alpha版是准预览版本。相对于Alpha版或Beta版，Pre-alpha版是一个功能不完整的版本。

Alpha版是内测版本，即现在所说的CB，此版本表示该软件仅是一个初步完成品，通常只在软件开发者内部交流，也有很少一部分发布给专业测试人员。一般而言，该版本软件的BUG较多，普通用户最好不要安装。

Beta版是公测版本，是第一个对外公开的软件版本。该版本相对于Alpha版已有了很大的改进，修复了严重的错误，但是存在一些缺陷，需要经过大规模的测试进一步修复。

Beta版通常由软件公司免费发布，用户可从相关站点下载。一些专业爱好者测试后，将结果反馈给开发者，然后开发者再对其进行有针对性的修改。该版本也不适合普通用户安装。

Gamma版是软件版本正式发行的候选版本。该版本已经相当成熟，与即将发行的正式版本相差无几。

2）演示版

演示版也称Demo版，主要作用是演示正式软件的部分功能，用户可以从中得知软件的基本操作方法，为正式产品的发售扩大影响。如果是游戏软件，则通常只有一两个关卡可以试玩。

3）正式版

正式版通常包括Full Version版（完全版）、Ennhanced版（增强版或加强版）和Free版（自由版）3种，下面分别进行详细介绍。

Full Version版也是正式版，是最终正式发售的版本。

如果是一般软件，通常称作“增强版”，会加入一些实用的新功能；如果是游戏，一般称作“加强版”，会加入一些新的游戏场景和游戏情节等。这是正式发售的版本。

Free版是个人或自由软件联盟组织的成员制作的软件，希望免费给用户使用，没有版权，一般通过免费下载获取。

4）其他版本

工具软件的其他版本可分为Shareware版（共享版）和Release版（发行版）。这两个版本都接近正式版，不过会有相对的限制，下面分别进行详细介绍。

有些公司为了吸引用户，可以让用户以免费下载的方式获取其制作的某些软件。不过，此版本软件多带有一些使用时间或次数的限制，但可以利用在线注册或电子注册成为正式版用户从而取消限制。

Release版不是正式版，因此带有使用时间限制，这也是为了扩大影响所进行的宣传策略之一。通常，此阶段的产品是接近完整的。

任务小结

本任务详细介绍了常用工具软件的基础知识及其获取、安装和卸载的操作方法和技巧，为用户完全掌握其使用方法打下了良好的基础。

任务2 迅雷软件的使用

知识要点

- 迅雷软件的特点；
- 迅雷软件的系统设置；
- 搜索与下载文件；
- 批量下载文件；
- 其他下载软件。

任务描述

本任务的目的是利用迅雷软件（以下简称“迅雷X”）下载网上的资源并管理下载任务。通过本任务的学习，读者可以掌握迅雷X的基本操作。

具体要求

1. 迅雷X的系统设置

打开迅雷X的系统，对下载保存路径等进行合理设置。

2. 搜索与下载文件

使用迅雷X快速地在网络中搜索与下载文件并通过鼠标右键菜单建立下载任务。

3. 批量下载文件

使用迅雷X批量下载文件。

任务实施

步骤1：安装迅雷X后，双击位于桌面上的“迅雷X”快捷方式图标，打开其主界面。在迅雷X主界面中单击“我的下载”选项卡，打开“系统设置”对话框，单击“基本设置”选项卡，在左侧单击“启动”按钮，勾选“开启免打扰模式”选项。

步骤2：分别单击“基本设置”选项卡左侧任务栏中的“任务管理”“下载目录”与“下载模式”按钮，可以对迅雷X进行各种自定义操作，如任务管理界面中的“同时下载的最大任务数”可以根据自己喜好设置成1~50，可以在下载目录界面中选择合适的文件夹路径来设置文件下载的默认地址。基本设置对话框如图1-8所示。

图 1-8　基本设置对话框

步骤 3（搜索与下载文件）：单击迅雷 X 主界面中的“资源发现”选项卡，在搜索框中输入需要搜索的内容；如这里输入“百度影音”，然后单击“百度一下”按钮，打开“百度影音_百度搜索”对话框，找到软件所在列表，单击“立即下载”按钮，即可下载该软件，如图 1-9 所示。

图 1-9　“百度影音_百度搜索”对话框

步骤 4：此时，将打开默认的软件链接页面，弹出“新建任务”对话框，在打开的“浏览文件夹”对话框中选择要保存文件的位置，单击“立即下载”按钮即可下载该软件，如图 1-10 所示。

步骤 5（通过鼠标右键菜单建立下载任务）：在百度搜索引擎中搜索“百度影音”，在打开的页面中的“立即下载”按钮上单击鼠标右键，在弹出的快捷菜单中选择“使用迅雷下载”命令，如图 1-11 所示。

图 1-10　“新建任务”对话框

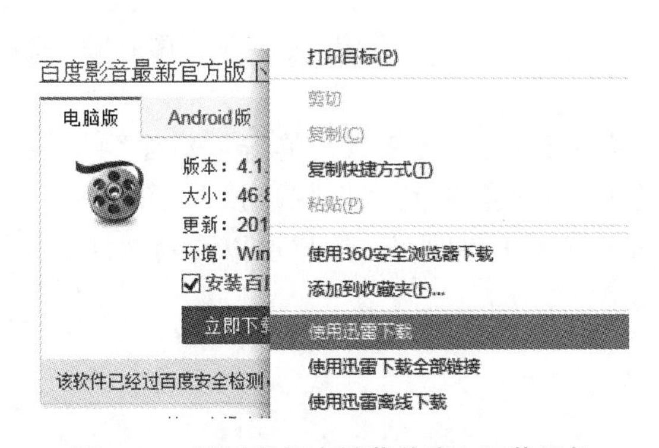

图 1-11　通过鼠标右键菜单建立下载任务

步骤 6：打开“新建任务”对话框，单击 按钮，在打开的“浏览文件夹”对话框中选择文件要保存的位置，单击“确定”按钮返回“新建任务”对话框，单击“立即下载”按钮，如图 1-12 所示。打开迅雷 X 主界面，在中间列表中能够看到文件的下载进度等信息。

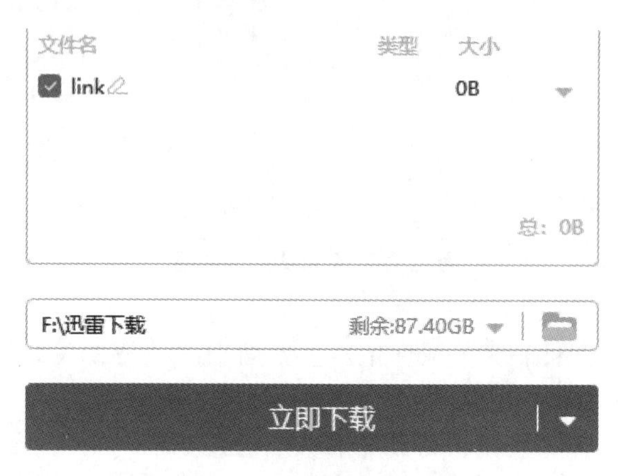

图 1-12 “新建任务”对话框

步骤 7（批量下载文件）：打开相关批量下载网页，使用鼠标左键拖曳选择第一个文件的下载地址，并按“Ctrl+C”快捷键复制下载地址，如图 1-13 所示。

图 1-13 批量下载页面

步骤 8：打开迅雷 X，单击“新建”按钮，弹出“新建任务”对话框，然后将多个文件的下载地址复制到“下载链接”任务框中，如图 1-14 所示。单击“立即下载”按钮，返回迅雷 X 主界面后，用户可以看到文件正在下载。这样就完成了批量下载文件的操作。

添加链接或口令

magnet:?xt=urn:btih:a6c0527cde908ea1f6c8938dceaae0222598ec37&dn=三叉戟05.mp
magnet:?xt=urn:btih:3c73830fc087fd46b6b5bd52299437451026e7da&dn=三叉戟04.mp
magnet:?xt=urn:btih:7e8fd9d07c6255e71b6c85051dd0940ca662a9c6&dn=三叉戟03.mp
magnet:?xt=urn:btih:775b6c7b268cbeef74f583ec17b5d6d4f771ae04&dn=三叉戟02.mp
magnet:?xt=urn:btih:5b53da73e980914b82bfa8e292120794d01f6a98&dn=三叉戟01.mp

立即下载

下载到手机，随时随地观看

图 1-14　“下载链接”任务框

知识拓展

知识点 1　迅雷 X 下载软件

迅雷 X 是一款新型的基于多资源超线程技术的下载软件，作为“宽带时期的下载工具”，迅雷 X 针对宽带用户作了特别的优化，能够充分利用宽带上网的特点，带给用户高速下载的全新体验，同时，迅雷 X 推出了“智能下载”的全新理念，通过丰富的智能提示和帮助，让用户真正享受下载的乐趣。

迅雷 X 在 UI 界面和性能上有了巨大的改进和提升。Logo 为一只蜂鸟，代表轻便、快速、小巧。在界面方面，迅雷 X 提供了华丽的外观，用户可以自由切换配色方案或者自定义个性化配色，甚至可以自由拖放入一张自己的照片，而迅雷 7 则会以自动提取背景图特征色的方式让整个界面的风格保持一致。

知识点 2　比特彗星下载软件

比特彗星（BitComet，BC）是一款采用 C++编程语言为 Microsoft Windows 平台编写的 BitTorrent（以下简称“BT”）客户端软件，也可用于 HTTP/FTP 下载，并可选装 eMule 插件（eMule plug-in），通过 ed2k 网络同时进行 BT/eMule 下载。它的特性包括同时下载、下载队列、从多文件种子（torrent）中选择下载单个文件、快速恢复下载、聊天、磁盘缓存、速度限制、端口映射、代理服务器和 IP 地址过滤等。BitComet 不仅是一个强大的 BT 下载软件，而且其独有的长效种子功能能显著提高下载速度，延长种子寿命。

BT 原理：BT 首先在上传端把一个文件分成多个部分，客户端甲在服务器上随机下载了第 N 部分，客户端乙在服务器上随机下载了第 M 部分。

这样，甲的 BT 就会根据情况到乙的计算机上去拿乙已经下载好的第 M 部分，乙的 BT 就会根据情况到甲的计算机上去拿甲已经下载好的第 N 部分。

简单地说，BT 就是把第一个发布者发布的资料，先分成大小为几百 KB 的很多小块儿，对于第一个下载者来说，其下载了一个完整的块之后，还会给第二个下载者传递，所以第二个下载者实际上是从两个人那里得到下载资源的。如果有 100 个人下载，对于第 101 个下载者，会有很多人为其传递数据。另外，并非先下载的人就不会得到后下载的人所发的“小块儿”，因为后下载的人也会下载一些先下载的人没有下载的“小块儿”，而把这些“小块儿”传给先下载的人。

知识点 3　快车下载软件

快车（FlashGet）是一个快速下载软件。快车受到人们的喜爱是因为它的性能非常好，不仅功能多而且下载速度快。快车具有全球首创的“插件扫描”功能，在下载过程中可以自动识别文件中可能含有的间谍程序及捆绑插件并对用户进行有效提示。

快车保障用户系统资源优化，在高速下载的同时，维持超低资源占用，不干扰用户的其他操作。

快车奉行不做恶原则，不捆绑恶意软件，不强制弹出广告；具有简便规范的安装卸载流程；不收集、不泄露下载数据信息，尊重用户隐私。

快车全面提升下载速度及稳定性：使用多服务器超线程传输技术（Multi-server Hyper-threading Transportation，MHT），最大限度地优化算法，智能拆分下载文件，多点并行传输以及超级磁盘缓存技术（Ultra Disk Cache Tech，UDCT）可以全面保护硬盘，使下载更快、更稳定，并且全方位支持 BT 种子的制作和发布。

任务小结

本任务利用迅雷 X 下载网上的资源并管理下载任务。通过本任务的学习，读者可以掌握迅雷 X 的基本操作方法和使用技巧，为今后下载各类网络资源打下良好的基础。

第2章

云存储

导　论

当代社会，网络已经成为人们生活中不可或缺的一部分，在线学习、网络新闻、网络游戏、网上购物、网上办公、网络通信等已经占据人们生活的方方面面。学会使用网络工具来探索网络奥秘，人们的生活将更加丰富。

本章的主要内容是介绍使用浏览器浏览网页、使用QQ进行网络即时通信、申请云盘账号进行云存储以及使用有道云笔记撰写日记的方法。

情景导入

大鹏：我在暑假出去旅游，拍了很多照片，手机里装不下，又舍不得删，怎么办？

小雪：方法有很多啊！

大鹏：快点讲讲，有什么既安全又快速的方法？

小雪：最简单的是通过QQ将照片发给你的好朋友，然后删除手机里的照片；当然，最好的办法还是在手机里下载百度云盘App，把照片上传到百度云盘上，不仅快速而且安全。

大鹏：百度云盘在计算机上也能用吗？

小雪：可以用，还可以共享给朋友下载呢。

大鹏：那你教教我，我急需使用啊。

小雪：别急，咱们得先从浏览器学起，这可是进入网络世界的大门啊！

任务1　网页浏览

知识要点

- 浏览器的安装、启动与关闭；
- 浏览器的工作界面组成；
- 浏览器的主页设置；
- 浏览器的网址收藏；
- 浏览器的工具设置；
- 查看历史记录网站。

任务描述

若要在网络上获取信息，则必须学会使用浏览器。本任务以 360 安全浏览器为例，介绍浏览器的安装、启动及关闭方法，使读者熟悉浏览器的工作界面组成，掌握设置主页、收藏网址及相关工具设置的方法。

具体要求

1. 下载并安装 360 安全浏览器、启动与关闭并了解其工作界面组成

学会联网下载软件并安装，介绍启动与关闭浏览器的方法，以及浏览器工作界面组成。

2. 使用浏览器设置主页及收藏常用网址

介绍设置主页的方法，能够把常用网址添加到原有收藏夹或新建的收藏夹中。

3. 使用浏览器设置历史记录

介绍使用浏览器设置历史记录以及查找浏览过的网址的方法。

任务实施

步骤 1（启动与关闭浏览器）：输入网址“se. 360. cn”，下载 360 安全浏览器，然后打开 360 安全浏览器所在目录，双击即可执行文件，按照提示进行安装。安装完毕后，在桌面双击快捷方式图标，如图 2-1 所示，启动 360 安全浏览器。关闭浏览器一般有 3 种方法：可以单击窗口右上角的“关闭”按钮，可以选择“文件”菜单下的“关闭窗口”选项，还可以使用快捷键“Alt+F4”关闭浏览器。

图 2-1　桌面快捷方式图标

步骤 2（浏览器工作界面组成）：打开工作界面，在浏览器最上部空白处单击鼠标右键，弹出菜单中显示的是浏览器的各个组成部分，主要有菜单栏、搜索栏、收藏栏、插件栏、状态栏等，如图 2-2 所示。其中搜索栏可以输入网页的地址，菜单栏中的 5 个菜单项可以进行选项设置，收藏栏可以收藏常用的网址，插件栏是 360 安全浏览器插件中心为广大用户提供的实用插件，若不需要，可不选该项。

图 2-2　浏览器工作界面组成

步骤 3（设置百度为主页）：用鼠标右键单击菜单栏中的“ ☰ ”选项卡，选择“选项”命令，如图 2-3 所示。

图 2-3　选择“选项”命令

在“启动时打开”一栏中单击“锁定主页”按钮，如图 2-4 所示。

图 2-4　单击“锁定主页”按钮

在输入框中输入“https：//www. baidu. com/ ”，单击“确定”按钮，主页设置成功，如图 2-5 所示。

步骤 4（收藏网址）：输入“www. 360. cn”，打开 360 安全中心主页，单击菜单栏中的“收藏”选项卡，选择“添加到收藏夹”菜单命令。在弹出菜单中单击“添加”按钮，如图 2-6 所示。

图 2-5　输入主页网址

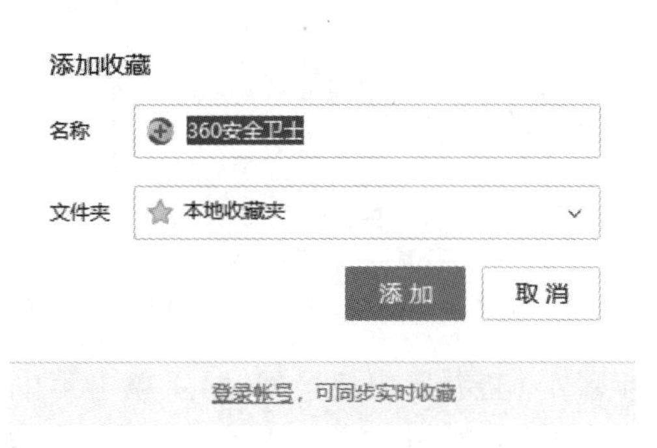

图 2-6　收藏网址

若需要分类存放网址，则可单击“新建文件夹”链接，在弹出的对话框中输入名称“360 系列”，如图 2-7 所示，然后将对应的网址添加到该文件夹中。

步骤 5（设置历史记录）： 单击菜单栏中的“工具”选项卡，选择“Internet 选项”菜单命令，弹出“Internet 属性”对话框，在“常规”选项卡中的“浏览历史记录”区域进行设置，如图 2-8 所示。可根据需要删除浏览的历史记录，如图 2-9 所示。可以设置 Internet 临时文件的相关参数与网页保存在历史记录中的天数，如图 2-10 所示。

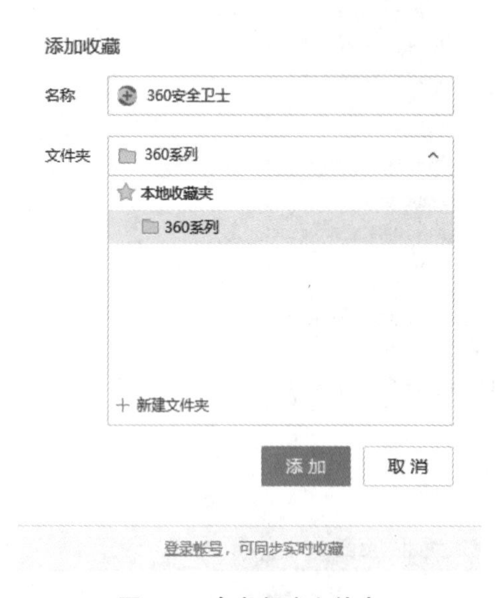

图 2-7　命名新建文件夹

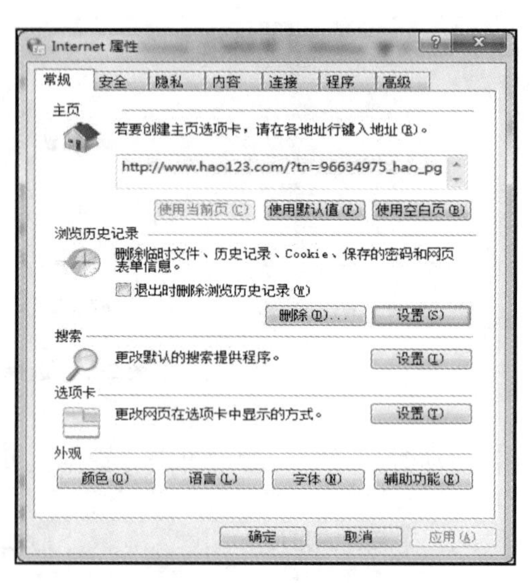

图 2-8　“常规”选项卡

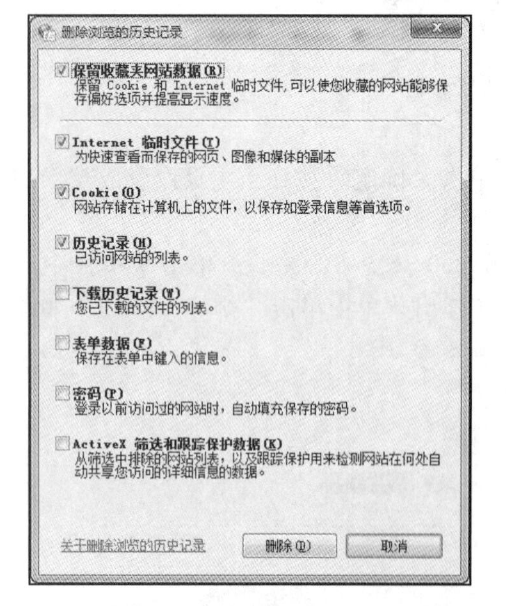

图 2-9　“删除浏览的历史记录”对话框

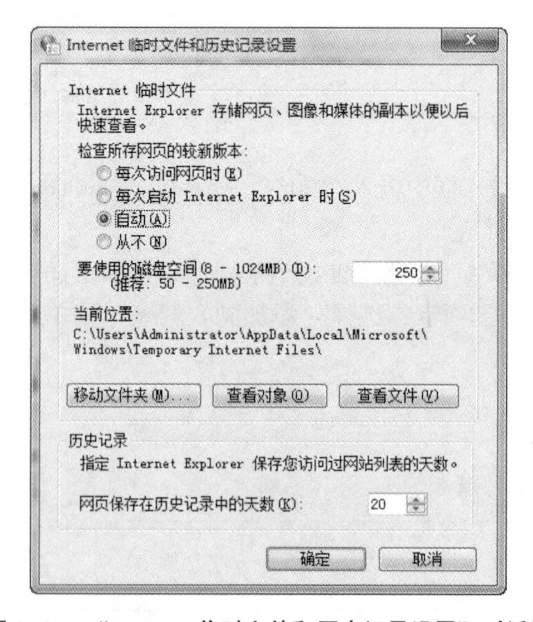

图 2-10　“Internet 临时文件和历史记录设置”对话框

步骤 6（查看历史记录网站）： 单击菜单栏中的“工具”选项卡，选择“历史”菜单命令，在出现的“历史记录”界面中，若要获取浏览网页的日期和已浏览网页的信息，打开网页单击网址即可。已浏览网页的信息如图 2-11 所示。

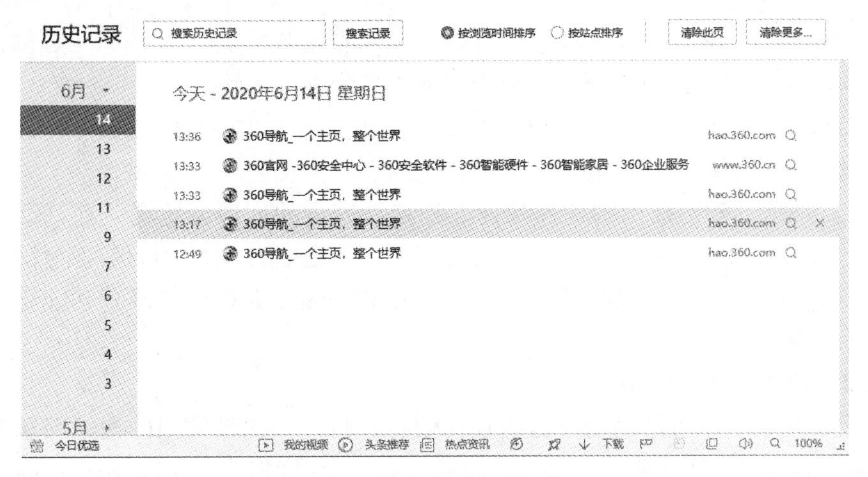

图 2-11　已浏览网页的信息

若要删除当天浏览过的某个网页，则可以单击网址后的“删除”按钮，如图 2-12 所示。

图 2-12　删除某个网页

若要删除当天浏览过的所有网页，则可以选择日期，单击“清除此页”按钮，然后在“清除记录”对话框中单击“确定”按钮，如图 2-13 所示。

若要删除过去几天浏览过的所有网页，则可以单击“清除更多”按钮，在“清除上网痕迹”对话框中进行参数设定，如图 2-14 所示。

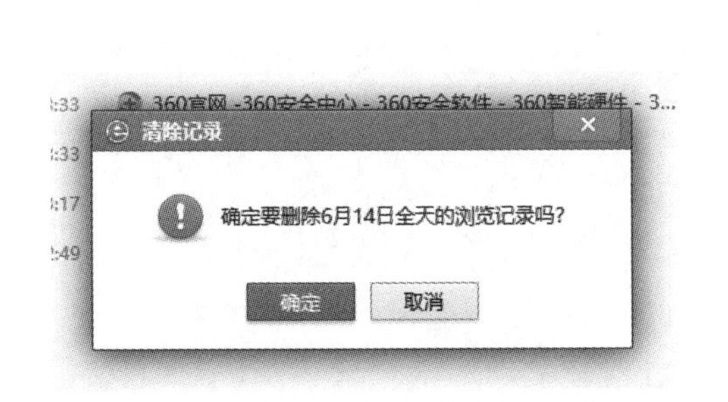

图 2-13　删除当天浏览过的所有网页

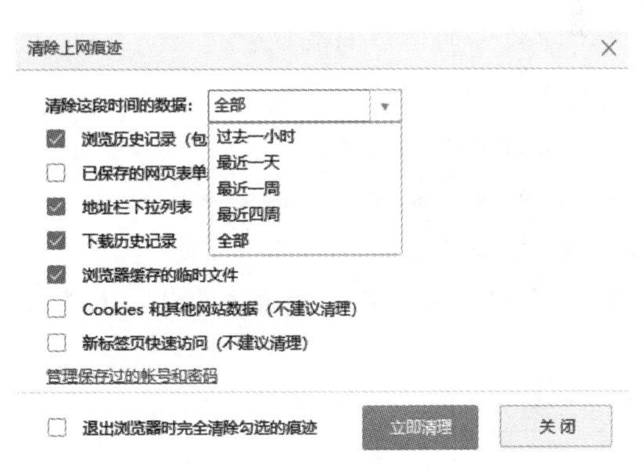

图 2-14　删除过去几天浏览过的所有网页

知识拓展

知识点 1　各种各样的浏览器

浏览器的种类很多，而且在应用方面各有侧重。360 安全浏览器是 360 安全中心推出的一款基于 IE 和 Chrome 双内核的浏览器，采用先进的恶意网址拦截技术，可自动拦截欺诈、网银仿冒等恶意网址。

Internet Explorer（IE，最新版本为 IE11）是 Windows 操作系统自带的一款浏览器，使用范围较广，可以给用户带来速度更快、响应程度更高的浏览体验。

国内的百度浏览器依靠百度强大的搜索平台，在满足浏览网页的基础上，以百度体系业务整合为优势，为用户提供优质的具有百度特色的上网体验。

QQ 浏览器是腾讯公司推出的一款快速、稳定、安全的优质浏览器，在其微信版中，用户可使用台式计算机登录微信账号，边上网边聊天，享受更为高效的微信沟通体验。

国外的 Google Chrome（谷歌浏览器）、Mozilla Firefox（火狐浏览器）功能也很强大，用户可根据个人需要下载安装后使用。

知识点 2　搜索引擎的使用

简而言之，搜索引擎可帮助用户迅速查找信息。目前，比较常用的搜索引擎有谷歌搜索（www. google. com. hk）、雅虎搜索（www. yahoo. com）、百度搜索（www. baidu. com），谷歌搜索提供的主要搜索服务有网页、图片、音乐、视频、地图、新闻、问答。

任务小结

360 安全浏览器具有 9 层安全防护，全面保护用户的上网安全，浏览器的使用为用户在网络海洋中畅游提供了基础工具，本任务详细介绍了 360 安全浏览器的基本操作。熟练使用浏览器是获取网络信息的便捷方法。

任务 2　网络通信

知识要点

- QQ 软件的下载与安装；
- QQ 号码的申请；
- QQ 的个性化设置；
- QQ 好友的添加和信息交流；
- QQ 邮箱的登录；
- 电子邮件的接收、删除、发送、回复和转发

任务描述

提供网络交流服务的软件很多，本任务以腾讯 QQ 为例，介绍网络即时交流软件 QQ 和非实时交流工具 QQ 邮箱的基本操作，目的是使用户掌握灵活使用网络通信工具的方法。

具体要求

1. QQ 软件的下载与安装及 QQ 号码的申请

学会正式使用 QQ 软件的前期操作并在联网状态下申请 QQ 号码。

2. QQ 的个性化设置、好友的添加和信息交流

对 QQ 进行个性化设置，学会添加好友，能够完成和好友聊天、收发文件资料等信息交流过程。

3. QQ 邮箱的基本操作和使用

登录 QQ 邮箱，完成收发邮件等基本操作。

任务实施

步骤 1（QQ 软件的下载与安装）： 输入"im. qq. com"网址下载 QQ 软件并打开其所在目录，双击图标可执行文件，按照提示进行自定义安装，建议不要安装在系统盘中，设置完毕后，单击"立即安装"按钮，如图 2-15 所示。

步骤 2（申请 QQ 号码）： 打开 QQ 软件，单击"注册账号"链接，如图 2-16 所示。按照操作步骤申请账号，建议使用数字组成的经典通行账号注册，申请成功即可获得号码。

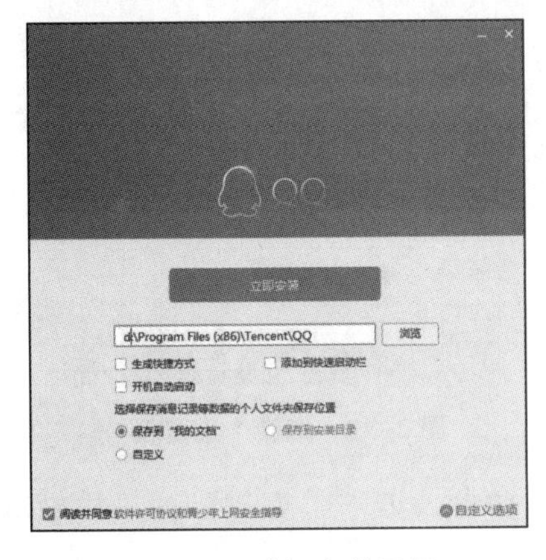

图 2-15　选择安装目录

图 2-16　注册账号界面

在更改外观窗口中，可以进行"皮肤设置""场景秀""多彩气泡"和"界面管理"设置，以美化外观并彰显个性，如图 2-17 所示。

图 2-17　更改外观窗口

步骤4（设置在线状态）： QQ有7种在线状态，如图2-18所示。其中隐身也属于在线状态，只不过头像是灰色的。

步骤5（编辑个人资料）： 单击主面板中的QQ头像，打开“我的资料”对话框，单击“编辑资料”按钮，按照要求填写相应的信息，但应注意保护个人隐私，如图2-19所示。

图2-18 在线状态设置

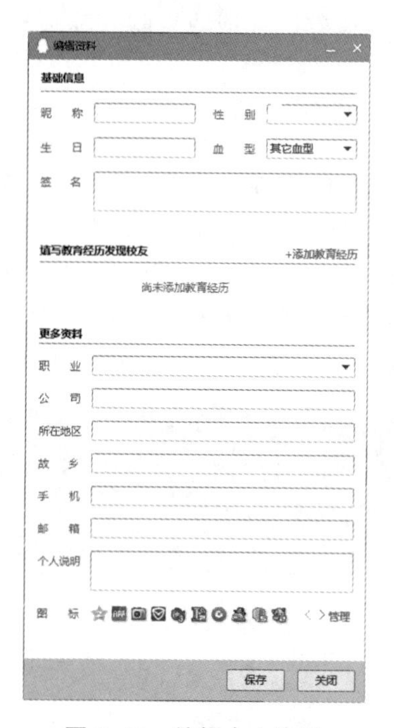

图2-19 编辑个人资料

步骤6（添加好友）： 在主面板中选择“查找”命令，进入“查找”窗口后可以添加好友，也可以申请加入群，如图2-20所示。

步骤7（信息交流）： 作为即时通信工具，QQ在网络上提供了平台，让人们不仅可以和好友聊天，发送和接收文件资料，而且当好友不在线时，还可以发送离线文件。另外，还可以进行实时语音和视频聊天、屏幕截图、远程协助等操作，也可以创建群、加入群、和群成员交流（群聊、私聊都可以）。QQ聊天窗口如图2-21所示。

图2-20 “查找”窗口

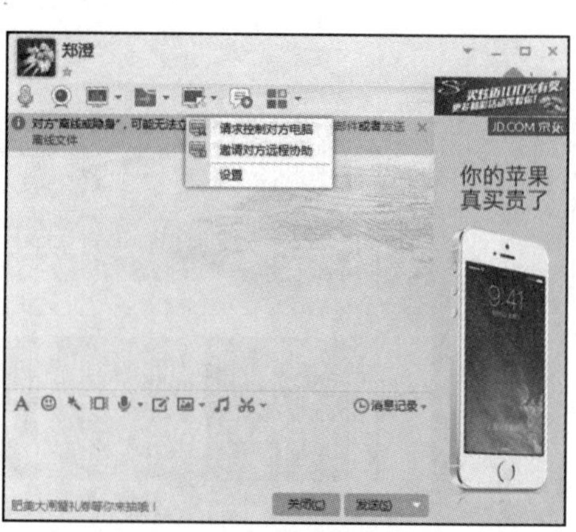

图2-21 QQ聊天窗口

步骤 8（登录 QQ 邮箱）： 在 QQ 主面板中单击“QQ 邮箱”按钮，或者在浏览器中输入“mail. qq. com”网址，用 QQ 账号和密码登录 QQ 邮箱。QQ 邮箱工作界面如图 2-22 所示。

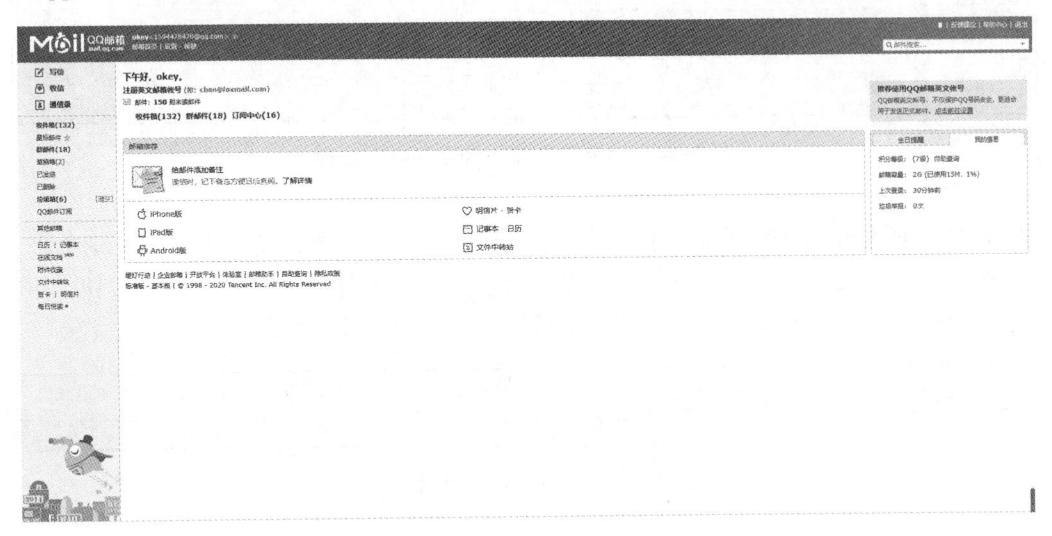

图 2-22　QQ 邮箱工作界面

步骤 9（发送电子邮件）： 单击左侧的“写信”按钮进入邮件发送界面。在“收件人”栏里输入收件人的电子邮箱地址（可以在右侧通信录里直接点击收件人），在“主题”栏里输入邮件的标题，“正文”栏里内容过多时，可以单击“添加附件”“超大附件”等按钮进行内容添加，输入完毕后单击“发送”按钮即可发送邮件，如需特殊设置，可选择“定时发送”或“存草稿”命令，如图 2-23 所示。

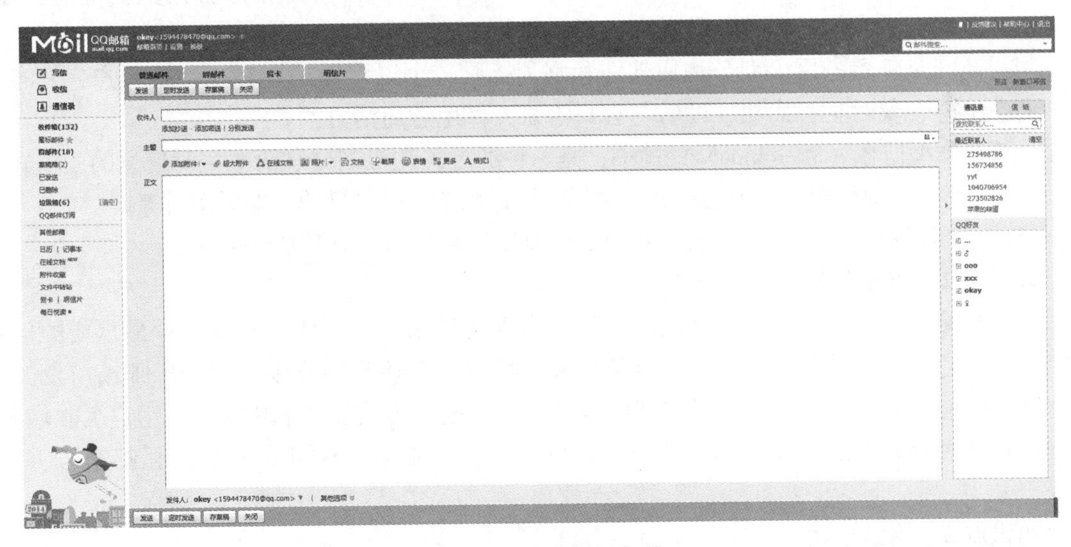

图 2-23　发送电子邮件

步骤 10（接收和删除电子邮件）： 单击 QQ 邮箱首页左侧的“收信”按钮，进入收件箱。收件箱里存放的就是别人发来的邮件。若电子邮件看完后需要删除，则可单击“删除”按钮。此时，删除的邮件可以在“已删除”文件夹中找到。如需彻底删除邮件，则可以单击

“彻底删除”按钮，如图 2-24 所示。

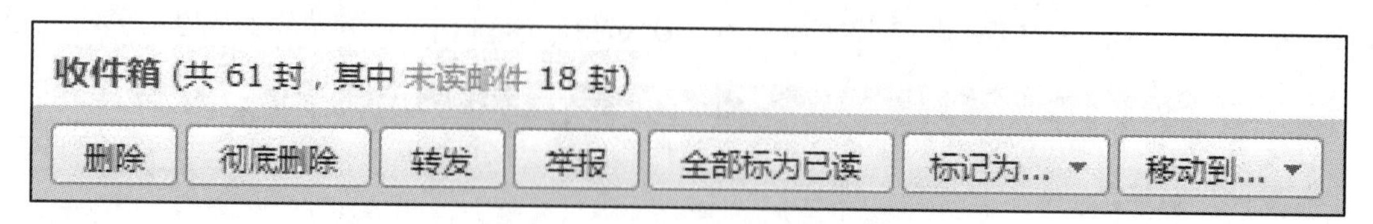

图 2-24　“删除”和“彻底删除”按钮

步骤 11（回复和转发电子邮件）：阅读电子邮件后，若需要回复或者转发，则单击“回复”按钮，在“正文”栏中输入需要回复的内容或者添加附件，单击“转发”按钮，更改收件人地址，输入正文，单击“发送”按钮即可转发，如图 2-25 所示。

图 2-25　电子邮件的回复和转发

知识拓展

知识点 1　网络交流工具

即时通信软件是通过即时通信技术实现在线聊天、交流的软件。目前主要有 QQ、百度 HI、Skype、Gtalk、新浪 UC、MSN 等，在中国，腾讯公司推出的腾讯 QQ 迅速成为中国最大的即时通信软件。其他国家使用的即时通信软件各不相同，可上网了解、下载并使用。

微信（WeChat）是腾讯公司推出的一个为智能终端提供即时通信服务的免费应用程序，是亚洲地区拥有最大用户群体的移动即时通信软件。

阿里旺旺是免费的网上商务沟通软件和聊天工具，可以帮助用户轻松寻找客户，发布并管理商业信息，及时把握商机，随时与客户洽谈，做生意简洁方便。

微博是微型博客（Microblog）的简称，是一种通过关注机制分享简短实时信息的广播式的社交网络平台。目前国内的微博包括新浪微博、腾讯微博、网易微博、搜狐微博等。

目前，部分网络交流工具开发了相应的网页版、手机版、软件版等版本。

知识点 2　电子邮箱

电子邮箱（E-mail Box）是互联网中较早出现的应用之一，作为互联网中最重要的信息交流工具，它具有存储和收发电子信息的功能，可以自动接收网络中任何电子邮箱所发的电子邮件，并能存储规定大小、多种格式的电子文件。电子邮箱的一般格式为：用户名@域名。中国用户使用得较多的电子邮箱主要有 163 邮箱、新浪邮箱、TOM 邮箱、搜狐邮箱、QQ 邮箱等。

知识点 3　网络电话

网络电话又称为 VOIP 电话，是通过互联网直接拨打对方的固定电话和手机，包括国内长途和国际长途，而且资费仅为传统电话费用的 10%~20%。阿里通是中国香港电信运营商阿里通科技有限公司面向全球推出的一款网络电话产品。它具有功能简单、极易操作、语音加密、实时计费等特点，其拨打方式有 3 种：PC to PC、PC to Phone、Phone to Phone。钉钉是阿里巴巴公司最新发布的一款团队通信软件，引领高效沟通新潮流，支持多方通话，发送

的消息是以免费电话或短信的形式送达的，支持单聊和群聊。

任务小结

QQ 软件能够进行即时和非实时通信，为人们的网络生活提供了信息交流互通方面的很大便利。本任务详细介绍了 QQ 软件的操作方法和使用技巧，以期使用户能够快速上手、熟练操作。

任务 3　云存储

知识要点

- 注册百度账号，登录百度网盘；
- 初步认识百度网盘界面；
- 上传文件；
- 添加好友，创建群组；
- 分享文件；
- 下载与离线下载文件；
- 删除与还原文件；
- 上传手机中的照片。

任务描述

本任务以百度网盘为例，介绍文件的上传下载等操作技巧，介绍如何使用网盘进行大容量云存储，为人们的网络生活提供便利。

具体要求

1. 注册并登录百度网盘

能够通过网络注册百度账号，登录百度网盘，并认识其工作界面。

2. 上传、下载、删除和还原文件

使用百度网盘进行文件的上传、下载与离线下载、删除与还原等基本操作。

3. 分享文件

添加百度好友，创建群组，进行文件的共享操作。

4. 使用手机客户端完成照片上传等操作

安装百度网盘手机客户端，登录账号，上传手机中照片等文件资料，其他操作参考网页版。

任务实施

步骤 1（注册百度账号）：输入“pan. baidu. com”网址，单击界面右下角的“立即注册”按钮。若用户有百度账号，则可直接登录。也可使用其他方式登录，如图 2-26 所示。

图 2-26 百度网盘登录注册界面

步骤 2（注册百度账号）：为了更好地使用百度的功能，此处应注册百度账号，在出现的界面中的“手机/邮箱”栏中输入之前申请的 QQ 邮箱，按照操作步骤注册，如图 2-27 所示，此时的密码最好不要与原 QQ 邮箱密码相同，以免信息泄露。

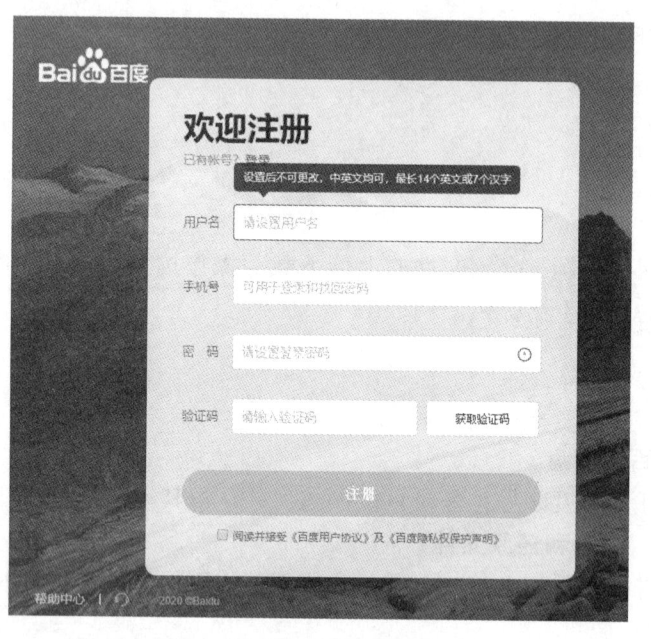

图 2-27 输入注册的相关信息

步骤 3（激活邮箱，完成注册）：单击“注册”按钮后出现图 2-28（a）所示界面，提示激活邮件才可完成注册，单击“立即进入邮箱”按钮，链接进入注册时使用的 QQ 邮箱，单击链接完成注册，如图 2-28（b）所示。百度云管家是百度网盘在台式计算机上的客户端，方便离线上传和下载文件，可在 pan. baidu. com 下载，将其安装到计算机中，然后申请百度账号，操作步骤与上类似。

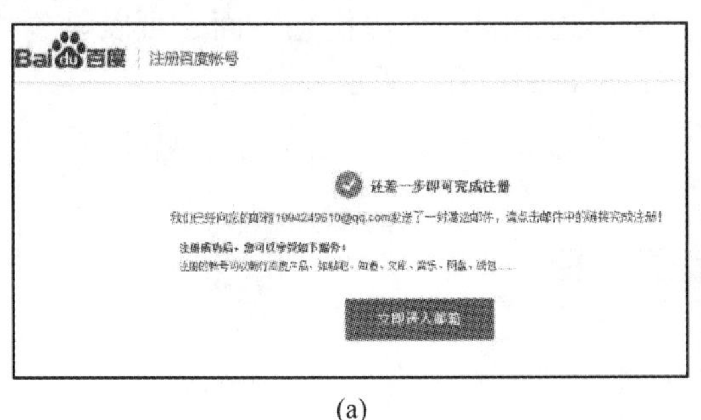

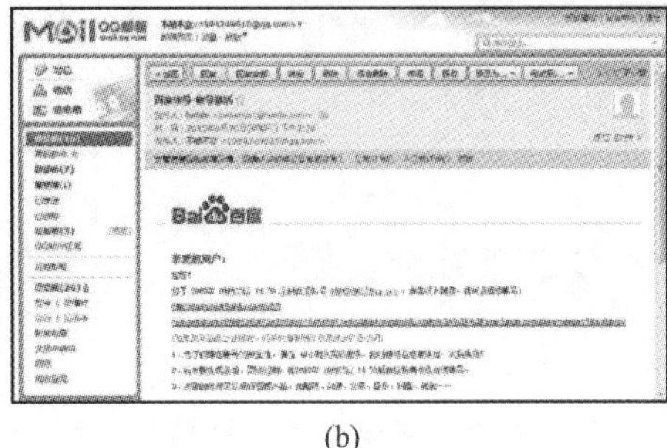

(a) (b)

图 2-28 激活邮箱，完成注册

（a）激活邮件的提示信息；（b）单击链接完成注册

步骤 4（百度网盘界面）：登录账号，进入百度网盘界面，如图 2-29 所示。百度网盘默认的容量是 5GB，用户可以申请扩容，登录官网 yun. baidu. com 免费扩容 2 048GB（2TB）存储容量。如果容量不够，可以单击账号右上角下拉列表中的“购买容量”按钮。通过百度网盘可以对文件进行上传、下载操作并将其分享给好友，而且还可以进行文件的存储备份以及文件的搜索、删除、恢复管理操作和同步传输等。

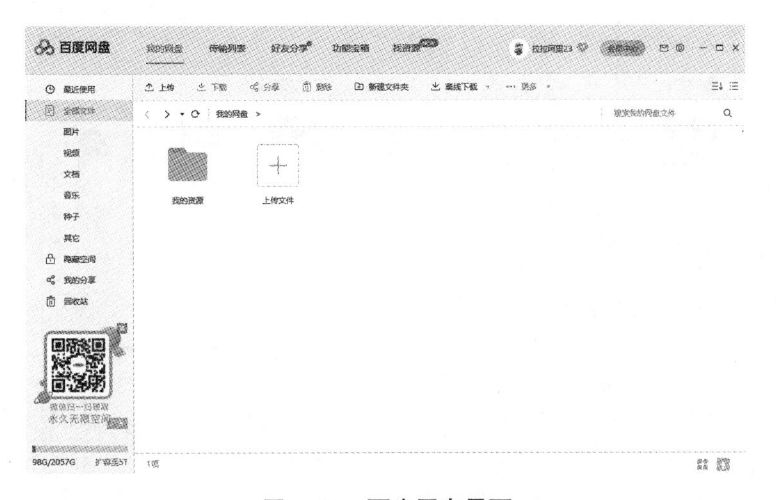

图 2-29 百度网盘界面

步骤 5（上传文件）：单击“上传文件”按钮，选择要上传的文件，单击“打开”按钮，如图 2-30 所示，上传完成，在百度网盘界面中出现已全部上传的 4 个文件。可以上传的文件在界面左侧显示，有图片、文档、视频、种子、音乐或其他文件。

步骤 6（添加好友）：单击页面上端的“分享”按钮，单击“添加好友”按钮，出现“添加好友”对话框，可直接输入百度账号搜索，也可输入姓氏“赵”搜索，然后单击“加为好友”按钮，好友添加成功，如图 2-31

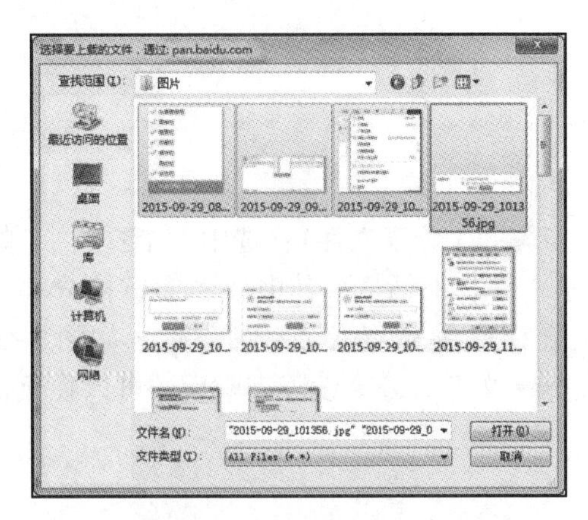

图 2-30 选择上传的文件

（a）所示。在“好友”选项卡中，选中好友，在右边出现的头像信息下面，可以设置状态好友，如添加备注、删除好友、加入黑名单等，如图 2-31（b）所示。

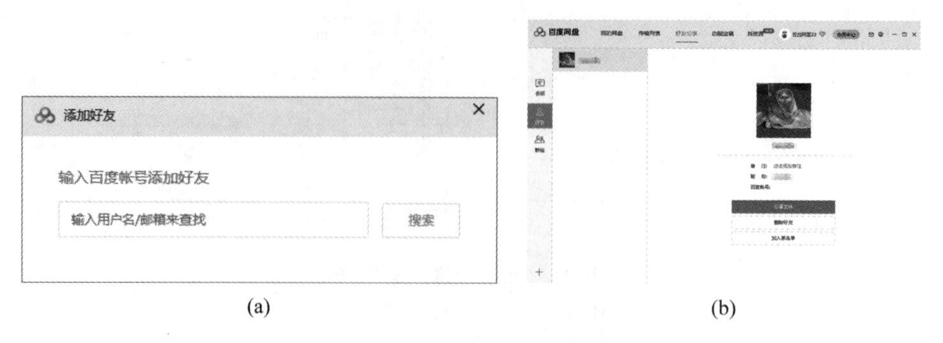

(a)　　(b)

图 2-31　添加好友相关操作

（a）添加好友；（b）设置好友状态

步骤 7（创建群组）： 单击页面上端的“分享”按钮，单击“创建群组”按钮，出现“创建群组”对话框，勾选“我的好友”，单击“立即创建”按钮，如图 2-32 所示。后面的操作步骤按照提示进行。

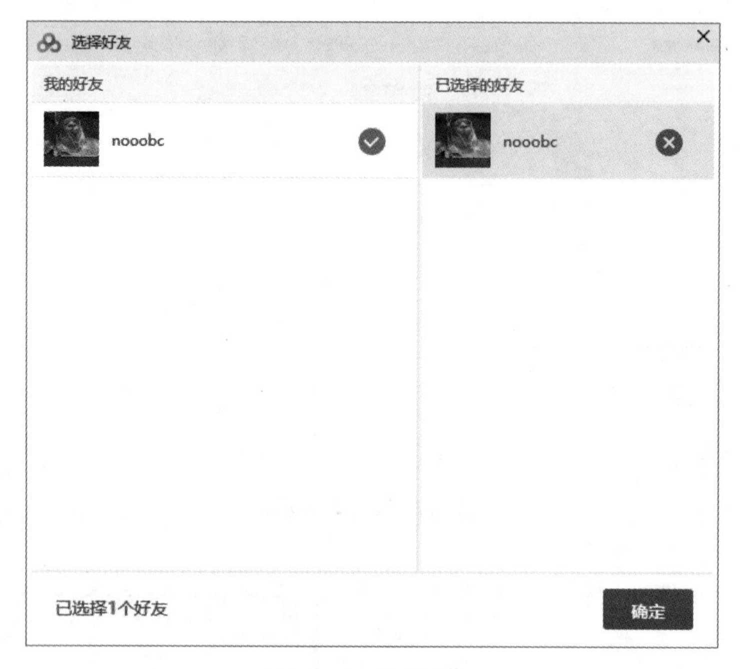

图 2-32　创建群组

步骤 8（分享文件）： 选中一个文件，单击“分享”按钮，如图 2-33（a）所示，出现“分享文件”对话框。其中“私密链接分享”选项卡的作用是生成下载链接，可复制链接并发送给 QQ、MSN 等好友供其下载，如图 2-33（b）所示。“发给好友”选项卡的作用是选择好友分享文件。分享设置完毕后，可以在页面左侧“我的分享”中查看用户已分享的文件。

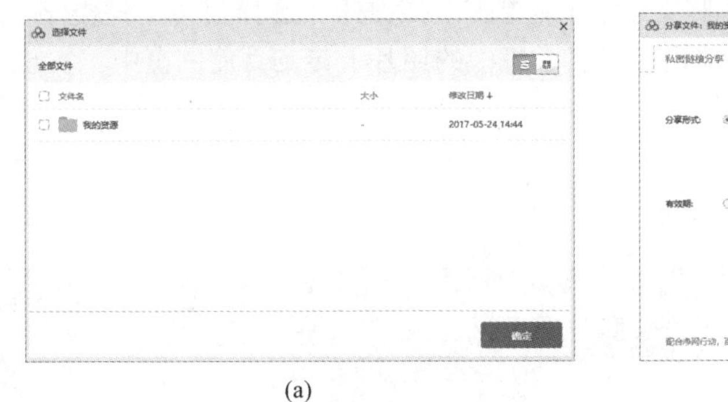

(a)

(b)

图 2-33 文件的分享

(a) 选择要分享的文件；(b) "私密链接分享"对话框

步骤 9（下载与离线下载文件）：在图 2-33（a）所示界面中选中一个文件，单击"下载"按钮，就会将该文件从百度网盘下载到本地计算机中。单击"离线下载"按钮，在出现的"离线下载任务列表"对话框中单击"新建链接任务"按钮，在弹出的"新建下载任务"对话框中复制百度文库中的"三星手机使用说明书.pdf"文件的链接网址，单击"确定"按钮，离线下载成功，如图 2-34 所示。

图 2-34 离线下载界面

选中已下载的"三星手机使用说明书.pdf"文件，单击"删除"按钮，在弹出的"确认删除"对话框中单击"确认"按钮，文件就被放入回收站，如图 2-35（a）所示。在页面左侧的"回收站"中选中文件，单击 按钮即可还原该文件，单击 按钮文件将被彻底删除。另外，也可以单击页面右上角的 清空回收站 按钮将整个回收站清空，如图 2-35（b）所示。

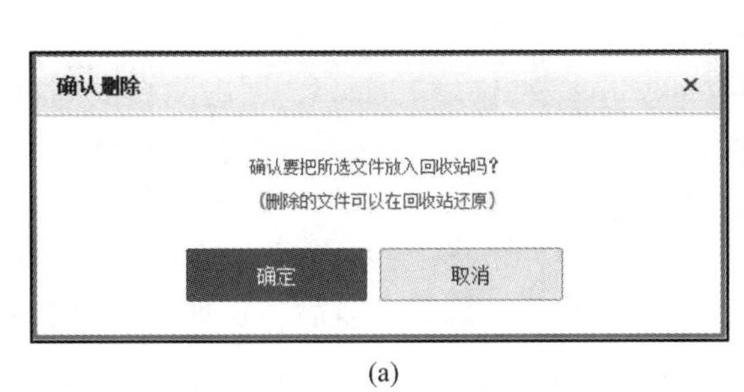

(a)

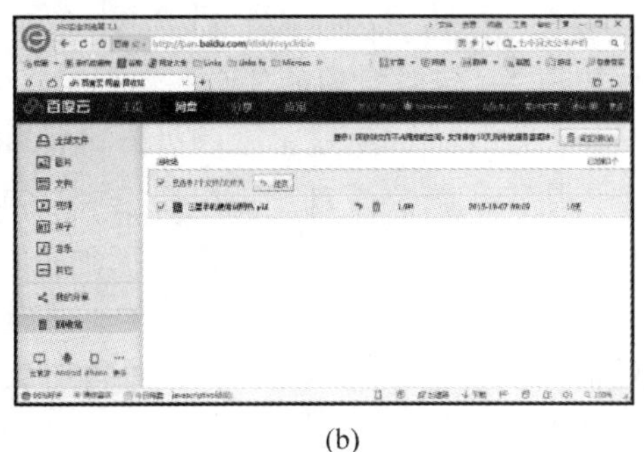

(b)

图 2-35 文件的下载与离线下载

(a) "确认删除"对话框；(b) "回收站"界面

步骤 10（将手机中的照片上传到百度网盘）：根据手机现有操作系统选择并安装好百度

网盘手机客户端（图 2-36），登录账号，打开后单击上传按钮，选择上传文件类型“图片”，然后选中手机中需要上传的照片，单击即可将手机中的照片上传到百度网盘中，实现云存储，从而节省手机的存储空间。

图 2-36　不同版本的百度网盘手机客户端

知识拓展

知识点 1　U 盘与云盘的优劣

U 盘和云盘在存储文件方面功能相同，但云盘最大的优点是在联网状态下可以随时随地保存、分享一些重要文件资源，而且不用担心丢失，现在的云盘有很多种，其中一些还支持在线播放功能、备份通信录功能等，非常方便。U 盘可以移动并随身携带；云盘存储容量大，不需要携带，但需要记住账号和密码，必要时还需要在计算机上安装云盘插件才可以使用。

知识点 2　目前常用的云盘

云储存市场上产品众多，国外有 dropbox、skydrive/gdrive 和 icloud；国内除百度网盘外，还有金山快盘、新浪微盘、腾讯微云和 360 云盘等。虽然各大公司都争相推出云储存产品，希望抢占先机，但目前尚未形成一家独占市场的局面。百度并非第一家推出云产品的公司，若没有特色的功能和出众的用户体验，必定难以在云储存市场上有所作为。目前，云盘产品的文件输入功能已经基本完善，很难再有太大的发展空间，因此，以后的发展会集中在云端和输入功能（特别是分享功能）上。

任务小结

本任务学习使用百度网盘进行计算机与计算机以及手机与计算机之间的同步云存储，主要利用百度网盘存储备份文件、上传/下载文件、进行文件管理、共享文件等。

任务 4　有道云笔记

知识要点

- 下载并安装有道云笔记；
- 注册账号；
- 新建笔记、笔记本和笔记本组；
- 排列并搜索已有笔记；
- 分享笔记；
- 保存并同步笔记；
- 网页端有道云笔记的主要功能。

任务描述

有道云笔记是一款非常好用的云同步笔记工具，用户可以用它来随时记录紧急的事项或稍纵即逝的灵感，笔记完成后，还可实现打印、分享和同步等功能。

具体要求

1. 下载、安装有道云笔记并注册账号

在联网状态下载有道云笔记并安装，按照提示注册有道云笔记的账号。

2. 新建笔记、笔记本和笔记本组

使用有道云笔记创建笔记，记录自己的工作和生活状态，并能够认识三者之间的区别和联系。

3. 分享笔记

将自己的笔记分享给更多的好友。

4. 网页版的网页简报功能

使用有道云笔记的网页版，实现网页简报功能。

任务实施

步骤 1（下载并安装有道云笔记）：输入“note. youdao. com”网址，下载有道云笔记，打开有道云笔记所在目录，双击其图标即可执行文件，按照提示，选择自定义安装，建议不要安装在系统盘中。设置完毕后，单击“立即安装”按钮，如图 2-37 所示。

图 2-37　有道云笔记安装界面

步骤 2（注册账号）： 安装完成后，打开有道云笔记，登录界面如图 2-38（a）所示，如果已经有网易通行证账号、新浪微博或者 QQ 账号，可以直接登录。如果以上账号都没有，可以单击"注册新用户"链接进行注册。在图 2-38（b）所示的注册界面，按照提示填写注册信息，注册完成后即可进入有道云笔记工作界面。

(a)　　(b)

图 2-38　注册账号

（a）登录界面；（b）注册界面

步骤 3（新建笔记）： 单击左上方的"新建"列表，在出现的菜单中选择"新建笔记"命令，如图 2-39（a）所示。新建两个笔记"第一封信"和"第二封信"的方法，单击"编

辑”按钮，输入标题和正文笔记内容，可以单击标题上方按钮，设置字体和段落格式，如图 2-39（b）所示。单击“插入”按钮，插入图片，也可插入附件和表格截图等，如图 2-39（c）所示。笔记编辑完成后自动保存。

步骤 4（排列和搜索已有笔记）：存储诸多笔记后，可以按照“摘要”“缩略图”等方式排列已有的笔记，若要查找需要的笔记，可以在搜索栏内输入关键词，有道云笔记会根据关键词在笔记标题和笔记内容中搜索。

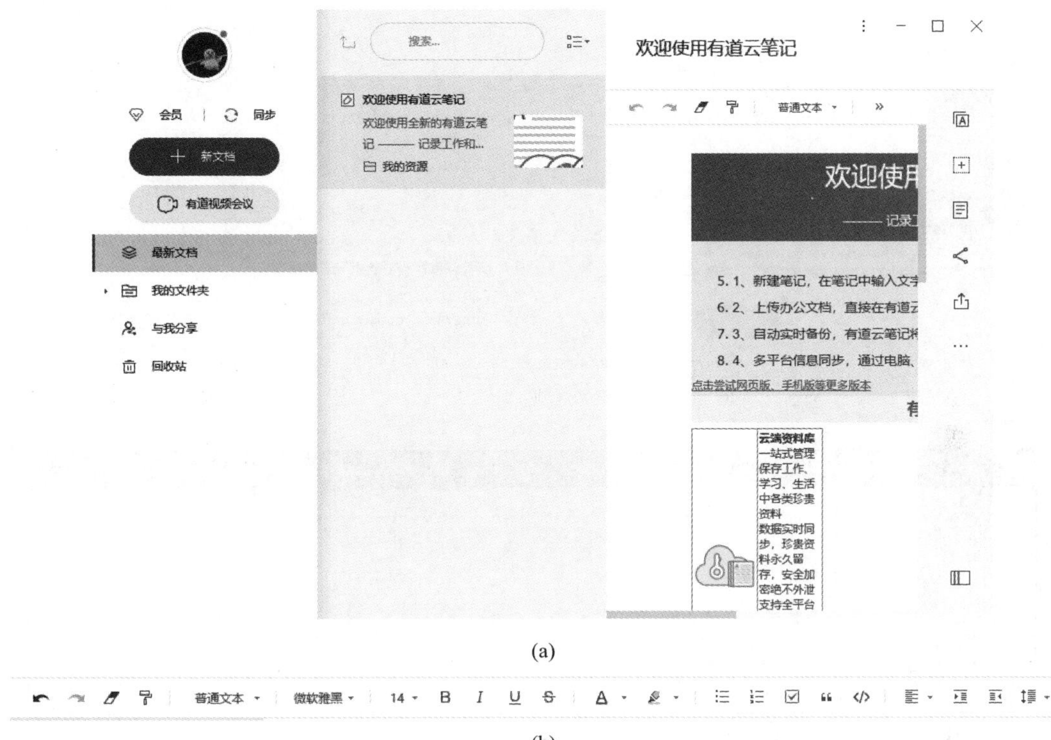

(a)

普通文本　微软雅黑　14　B　I　U　S　A

(b)

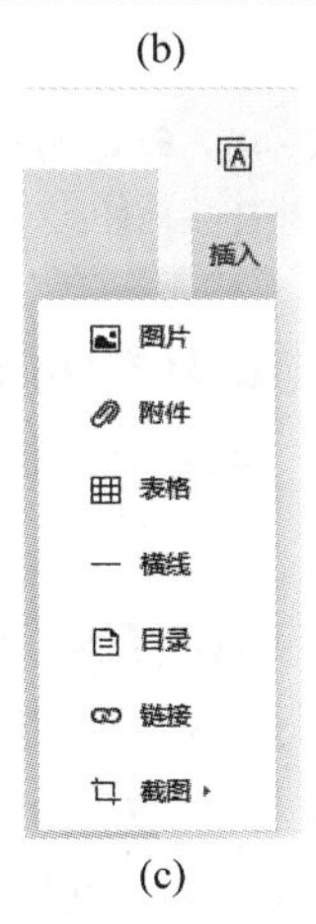

(c)

图 2-39　新建笔记

（a）有道云笔记的工作界面；（b）设置字体和段落格式的按钮；（c）“插入”下拉列表

步骤 5（分享笔记）：选中“第一封信”笔记，在鼠标右键弹出菜单中选择“分享链接”命令，在出现的“分享管理”对话框中单击“开始分享”按钮，如图 2-40（a）所示，然后出现链接地址，可以复制链接地址分享给好友，如图 2-40（b）所示，单击“查看分享”按钮，出现分享笔记的网页页面，如图 2-40（c）所示。

(a)　(b)　(c)

图 2-40　笔记的分享

（a）分享链接；（b）出现链接地址；（c）分享笔记的网页页面

步骤 6（保存并同步笔记）：有道云笔记具有实时同步功能，可以保证用户异地读取、编辑笔记（跨平台和跨地点）。只要单击工具栏中的 保存并同步 按钮，即可实现保存和同步。

步骤 7（网页端有道云笔记）：有道云笔记有网页版，可通过浏览器直接访问，网页端有道云笔记有个很重要的网页简报功能，通过这个功能，用户浏览网页时，如果遇到自己感兴趣的网页、图片、链接，单击鼠标右键选择“收藏到有道云笔记”命令，即可保存到网页端有道云笔记。网页保存后，计算机端通过同步，也可以看到这些保存的网页元素。在有道云笔记中单击“一键保存网页，尝试网页简报功能”链接，如图 2-41（a）所示，在出现的网页中，借助演示视频，按照要求设置网页简报功能，如图 2-41（b）所示。

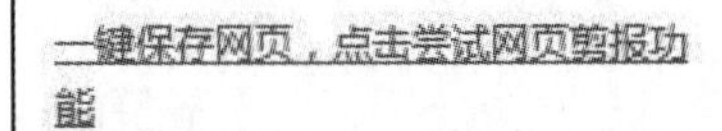

(a)

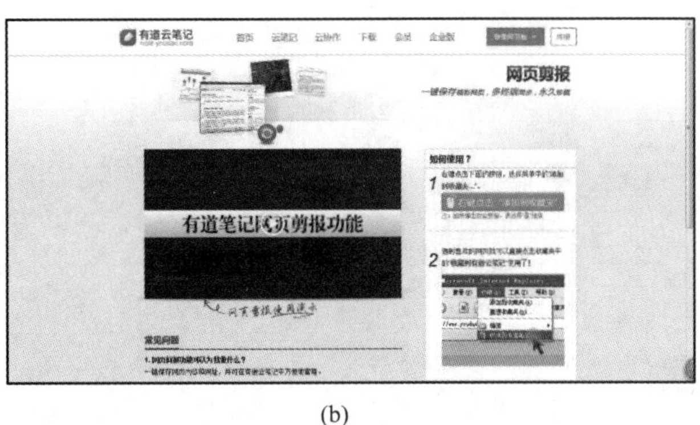

(b)

图 2-41　网页端有道云笔记

（a）单击链接；（b）按照步骤设置网页简报功能

知识拓展

知识点　有道云笔记中的有道云协作

有道云协作是网易出品的团队协作服务。在有道云协作中，用户可以建立群组，与团队成员共同管理资料、协同编辑和实时沟通。有道云协作可以满足 7×24h 不间断使用，以降低公司的 IT 成本并提升团队的工作效率。

有道云协作目前是完全免费的，在免费版中，每个用户可以新建 5 个群组，对于加入群没有数量限制，每个群组的容量上限为 5GB，每个群组的成员上限为 20 人，上传到群组的单个文件的大小上限为 500MB。

存储在有道云协作的内容在安全方面有很大程度的提高，所有内容会进行三重备份，即同时备份在 3 台不同的服务器上，确保用户的信息不会丢失。有道云协作对数据采用安全的存储方式，确保用户的信息安全。另外，服务器提供商有专业的服务器管理流程，确保服务器无间断运行。

任务小结

本任务利用有道云笔记进行笔记的新建、保存与同步、分享等功能的操作，旨在通过使用该软件，把网络、工作的计算机、朋友分享的资源等诸多元素综合利用起来。其有条理的收集、整理和迅速便捷的查找、编辑、分享功能，都是其他散而杂的存储方式无法比拟的，从而极大限度地提高了工作效率。

第3章

硬件管理工具

导 论

人们平时能够用到的计算机硬件管理功能包括硬盘分区、调整硬盘分区大小以及制作分区助手启动盘等。

情景导入

小雪：大鹏，我新买了个硬盘，想分成几个盘，例如C盘、D盘、E盘3个盘，请问怎么做啊？

大鹏：哦，这个需要使用硬盘分区软件进行分区。硬盘分区有很多种方式，有些是在装操作系统时顺便分区的，有些是使用专用的硬盘分区软件进行分区。

小雪：我就想了解一下应该如何分区，并且以后还可以调整各盘的容量，这样，使用哪种方式好呢？

大鹏：那我给你介绍一款使用方便而且功能强大的硬盘分区软件吧，它的名字叫作“分区助手”，我们可以搜索“分区助手”找到并下载这个软件，然后使用它对计算机进行硬盘分区。

小雪：那很好啊，我们一起来操作吧。

任务1 启动光盘的制作

知识要点

- 分区助手的概述及功能；
- 分区助手的下载及安装；
- 启动光盘的制作。

任务描述

通过本任务的学习，读者可以掌握利用分区助手制作启动光盘的方法。

具体要求

（1）能够通过网络搜索分区助手软件并下载。

（2）能够安装分区助手软件。

（3）能够根据实际需要制作启动光盘。

任务实施

步骤1：使用百度搜索引擎搜索“分区助手8.3”，找到相关网页下载此免费软件，然后进行安装。下载后，打开安装软件，按提示进行安装操作，如图3-1所示。

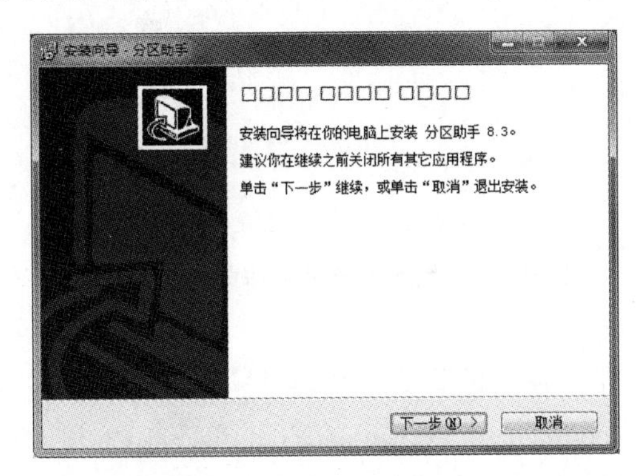

图3-1　安装分区助手

步骤2：双击分区助手图标，进入软件主页面后，可以看到左边有很多详细的工具命令，如硬盘的容量以及使用率的描述等，如图3-2所示。

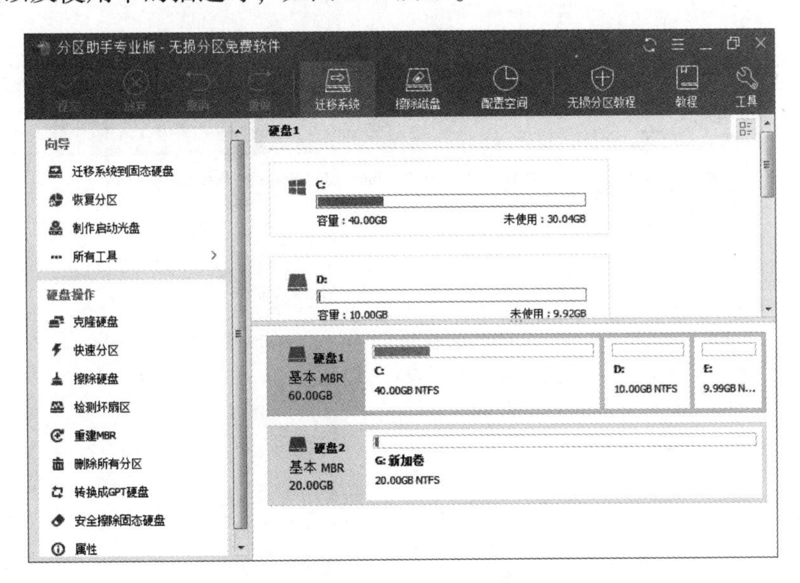

图3-2　软件主界面

步骤3：若要使用分区助手对裸盘（即没有安装操作系统的硬盘）进行快速分区，则需要先制作启动光盘，只有这样才能在没有安装操作系统的硬盘上进行快速分区。

单击分区助手左侧“向导”区域的“制作启动光盘”按钮，进入“启动光盘制作向导”

界面如图 3-3 所示。

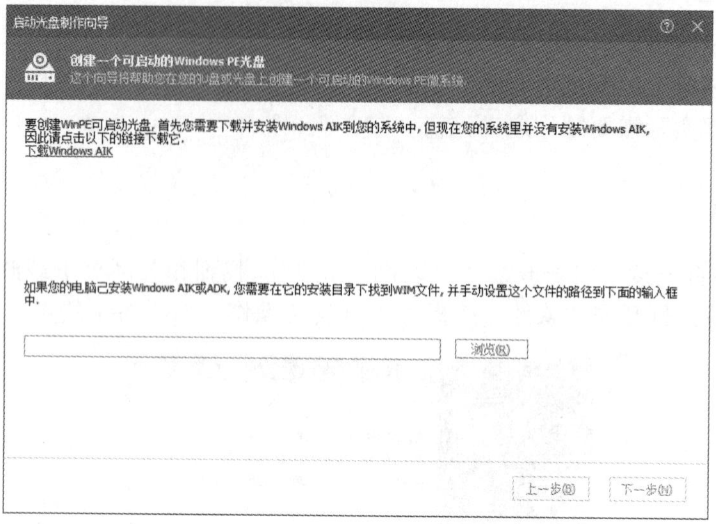

图 3-3　“启动光盘制作向导”界面

步骤 4：按照提示或单击下方网址下载 AIK 文件：

https：//www. microsoft. com/zh-cn/download/details. aspx？ id=5753

下载完成后用解压软件打开“AIK. ISO”，打开“StartCD. exe”，单击左侧第二个 Windows AIK 安装程序，按照指引完成安装。

步骤 5：如果仅创建一个可启动的 Windows PE 光盘，则单击“下一步”按钮继续，如图 3-4 所示。

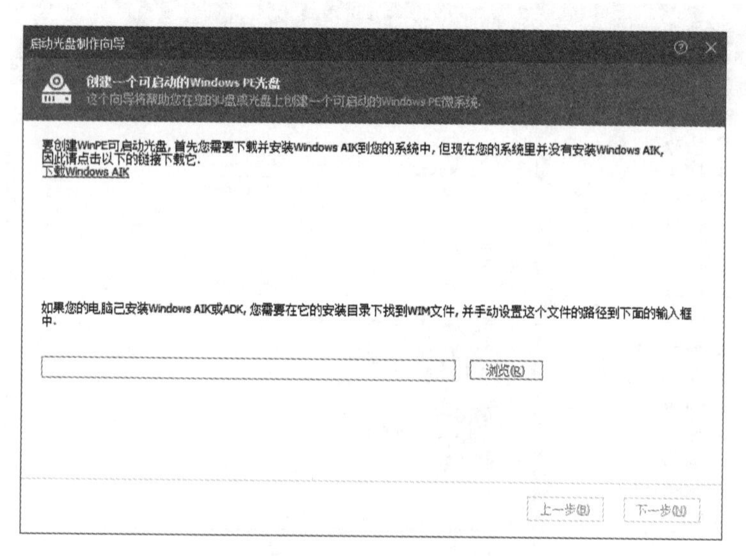

图 3-4　创建 Windows PE 光盘界面

步骤 6：根据需要，可以将启动光盘创建到光盘、U 盘或虚拟文件 ISO 中。

如果将启动光盘创建至光盘，那么就需要选择第一项“刻录到 CD/DVD”，在此之前必须有一个可以刻录的光驱和光盘。

如果将启动光盘创建至 U 盘，那么就需要选择第二项“USB 启动设备”，在此之前必须在计算机中插入一个 U 盘，在插入 U 盘前需要备份好资料，因为在创建启动光盘时，U 盘将会被格式化。

由于使用虚拟机系统进行教学，所以在此选择“导出 ISO”选项进行举例说明，真正安装操作系统时一般是用光盘或 U 盘模式建立启动光盘的，如图 3-5 所示。

步骤 7：单击“执行”按钮，可以看到程序正在执行。此时，需要等待几分钟，如图 3-6 所示。

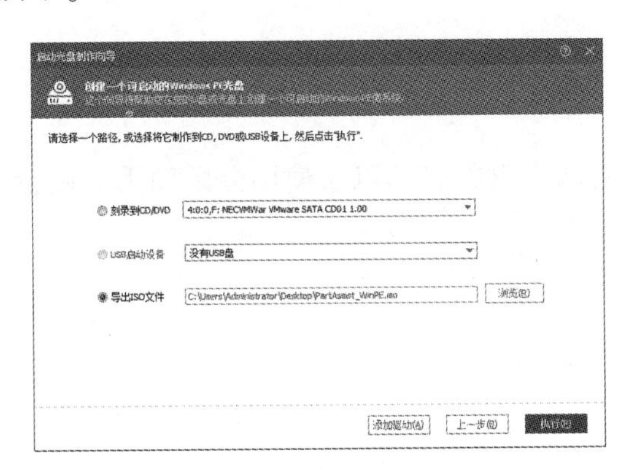

图 3-5　导出 ISO 文件

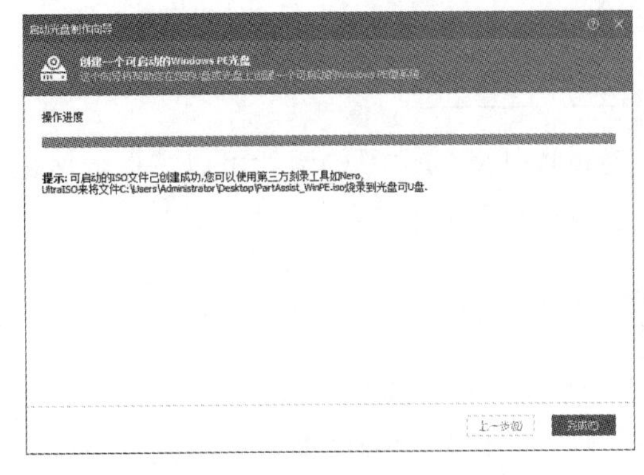

图 3-6　启动光盘制作过程

步骤 8：程序运行完毕后，在桌面上可以看到一个名为“PartAssist_WinPE. ISO”的可启动虚拟文件，这个文件名如果没有事先改动的话基本就采用系统默认的文件名。

知识拓展

知识点 1　分区助手概述

分区助手是一个简单易用且免费的磁盘分区管理软件，在它的帮助下，用户可以无损数据地执行调整分区大小、移动分区位置、复制分区、复制磁盘、合并分区、切割分区、恢复分区、迁移操作系统等操作，它是一个不可多得分区工具。作为分区魔术师（Partition Magic）的替代者，它不仅支持 Windows XP/2000/Windows PE，还支持最新的 Windows 7/Vista 和 Windows 2003/2008。不管是普通的用户还是高级的服务器用户，分区助手都能为其提供全功能、稳定可靠的磁盘分区管理服务。

知识点 2　启动光盘的选择

如果选择使用光盘启动，必须在计算机的 CMOS 设置中将“从光盘启动”设为第一启动选项。如果选择使用 U 盘启动，此计算机的 CMOS 必须支持“从 U 盘启动”这个选项并且将“从 U 盘启动”设为第一启动选项。

任务小结

本任务主要使用分区助手制作启动光盘。由于在实际装机过程中一般先分区后装操作系统，所以若要运行分区软件，必须先建立启动光盘，这样才可以在计算机启动后，使用分区助手对其进行快速分区。

任务2 硬盘快速分区

知识要点

- 在虚拟机中添加分区助手启动光盘 ISO 文件；
- 使用分区助手对硬盘进行快速分区。

任务描述

通过本任务的学习，读者可以掌握分区助手启动光盘的启动以及使用分区助手对硬盘进行快速分区的方法。

具体要求

1. 加载虚拟光驱

能够将制作好的分区助手启动光盘 ISO 文件添加到虚拟机中。

2. 引导启动虚拟机

能够使用分区助手启动光盘引导虚拟机启动。

3. 分区助手快速分区

能够使用分区助手对硬盘进行快速分区。

任务实施

步骤 1：启动虚拟机并添加已经制作好的分区助手启动光盘 ISO 文件。选择“虚拟机”→“设置”选项，如图 3-7 所示。

步骤 2：在设置窗口中选取“CD/DVD（SATA）”选项，在右侧“连接”区域选择“使用 ISO 映像文件”选项，选取已经制作好的分区助手启动光盘 ISO 文件，单击“确定”按钮，如图 3-8 所示。

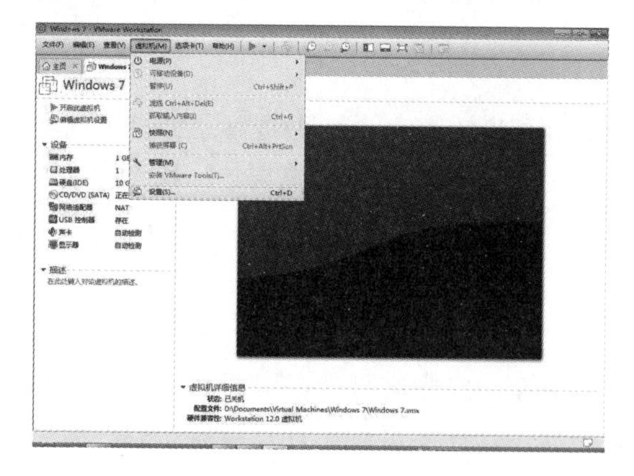

图 3-7 启动虚拟机

图 3-8 设置虚拟机

步骤 3：启动虚拟机，让客户机操作系统启动，这一步跟日常启动计算机一样，如图 3-9

所示。

步骤 4：系统启动完毕后会自动运行分区助手软件。这时，可以看到计算机中只有一个没有分区的硬盘，下面将对这个硬盘进行快速分区，如图 3-10 所示。

图 3-9　启动客户机操作系统

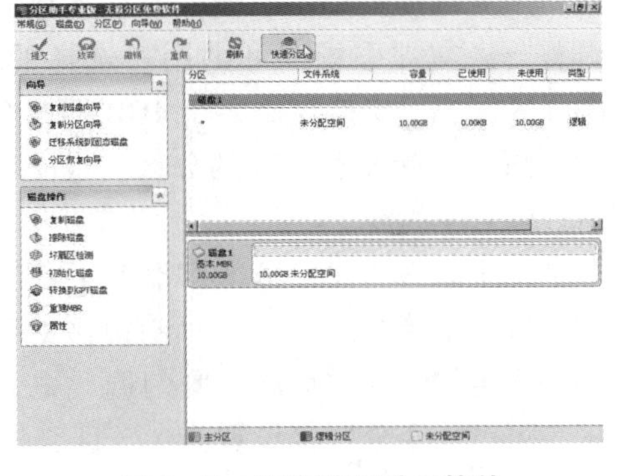

图 3-10　运行分区助手软件

步骤 5：单击分区助手界面上方工具栏中的“快速分区”按钮，进入快速分区窗口，选择磁盘，如图 3-11 所示。

请注意，如果该磁盘已存在分区，执行快速分区操作后，该磁盘上的分区会被全部删除。

步骤 6：在“选择磁盘”下拉列表中选择分区数目，如图 3-12 所示。可以按 1，2，3，4，5，6，7，8，9 键来快速选择分区数目，也可通过鼠标单击操作。选择完成后，对话框右半部分立即显示相应个数的分区列表。

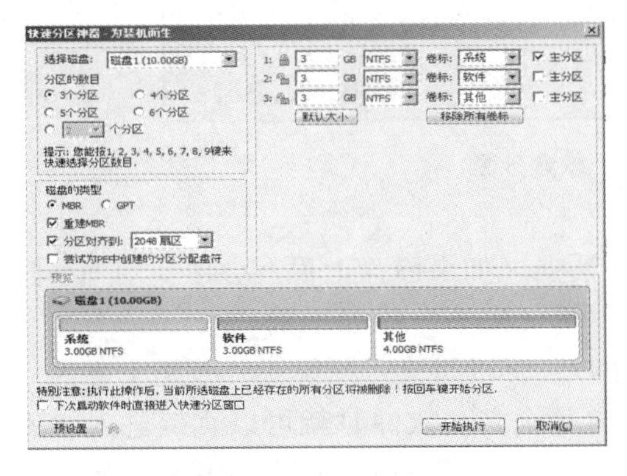

图 3-11　快速分区

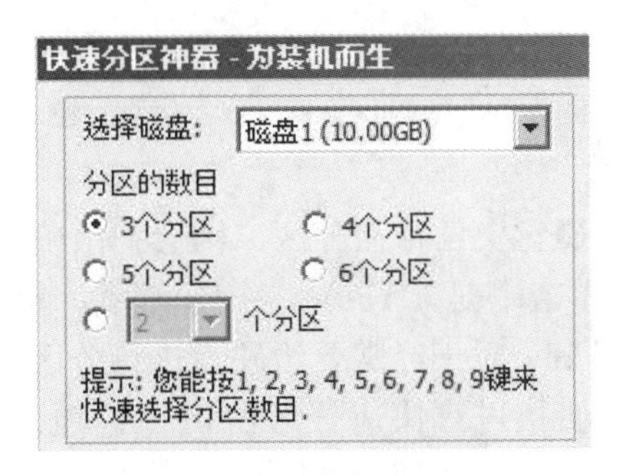

图 3-12　选择分区数目

步骤 7：在“磁盘的类型”区域选择 MBR 磁盘类型或 GPT 磁盘类型并决定是否为这个磁盘重建 MBR 及选择分区对齐到哪一种扇区。

MBR 磁盘：MBR 磁盘最大支持 2TB，如果磁盘大于 2TB，选择 MBR 格式会浪费磁盘容量，建议选择 GPT 磁盘类型。

GPT 磁盘：大于 2TB 的磁盘或者需要安装系统到该磁盘且使用 UEFI 模式引导启动时，建议选择 GPT 磁盘类型。

重建 MBR：如果磁盘上存在基于 MBR 的引导管理程序，且仍然需要保留，则不要勾选此选项。

分区对齐到：一般地，对于固态硬盘（SSD）可选择“4K8 扇区”选项。此选项对机械硬盘影响不大，可以不勾选。

步骤 8：分区参数区域显示了各分区的基本参数，包括分区类型、大小、卷标、是否为主分区等。

分区助手软件会自动根据硬盘大小给每个分区大小设置一个默认值。用户也可以输入数值设定每个分区的大小。单击“默认大小”按钮后，会自动恢复到默认大小。

调整分区文件系统。可供用户选择的有 NTFS 和 FAT32 文件系统。FAT32 不支持大于 2TB 的分区，也不支持存储大于 4GB 的单个文件，但 FAT32 的兼容性更好。NTFS 则稳定性、安全性更高，支持大于 2TB 的分区，也支持存储大于 4GB 的单个文件。一般情况下建议用户选择 NTFS 文件系统。

分区助手软件为每个分区都设置了默认的卷标，用户可以自行选择或更改，也可以通过单击“移除所有卷标”按钮将所有分区的卷标移除再自行设置卷标。

如果决定该卷为主分区，则勾选“主分区”选项；否则不勾选。如果在 MBR 磁盘创建 4 个分区，可把 4 个分区都设置为主分区，如果创建 4 个分区，则最多设置 3 个分区为主分区。如果选择 GPT 磁盘，该项不可选择，因为 GPT 磁盘不存在主逻辑分区概念，创建的所有分区默认为主分区。

步骤 9：设置完成后，可以在下面的预览窗口直观地查看磁盘的分区情况。单击“开始执行”按钮即可实现一键快速分区，如图 3-13 所示。

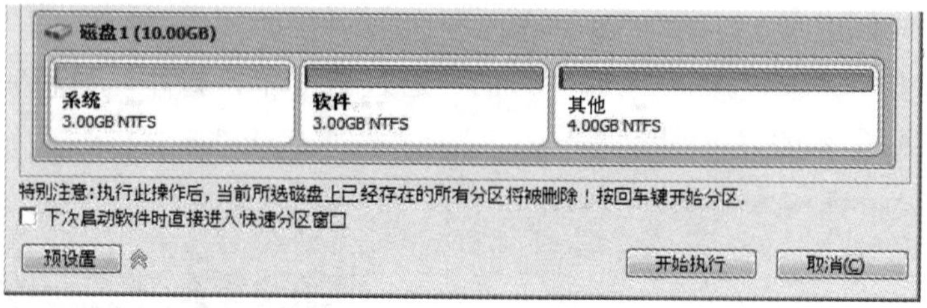

图 3-13　快速分区

如果磁盘上已存在分区，则会弹出确认对话框（如果磁盘上没有分区，则不会弹出此对话框）。单击“是（Yes）”按钮继续，单击“否（No）”按钮取消。

步骤 10：对于经常要给硬盘进行分区的用户，可以勾选“预设置”按钮上方的“下次启动软件时直接进入快速分区窗口”选项，这样每次启动软件时就可以直接进入快速分区窗口，同时，单击“预设置”按钮，可以对硬盘的分区个数和大小进行预设置。这对给多块硬盘进行相同类型的分区提供了便利。经常需要给硬盘分区的装机工作者，可以通过预设置保存想要给硬盘分区的个数及大小等，下次使用快速分区对硬盘分区时，就可以直接使用保存的设置，如图 3-14 所示。

图 3-14　预设置界面

步骤 11：“预设置”按钮右侧有一个按钮，单击该按钮可以进入快速分区的精简模式窗口。精简模式看起来更干净、更清爽。

知识拓展

知识点　快速分区注意事项

在 Windows 环境下，分区助手不支持直接对当前系统盘进行重新分区。建议先创建一个分区助手启动光盘，然后再从启动光盘启动，对系统盘进行快速分区。

对已存在的分区进行操作时要特别注意，分区后硬盘中原来的信息资料将被删除，在进行快速分区操作之前要注意备份信息资料。

任务小结

本任务主要介绍了通过虚拟机如何使用分区助手启动光盘启动系统并使用分区助手对硬盘进行快速分区。

任务 3　分区大小的调整

知识要点

- 使用分区助手对现有的分区情况进行调整。

任务描述

安装操作系统时，磁盘分区与设置分区大小的问题一般由装机人员设定，有时系统分区原因造成 C 盘太小、数据盘太多或 C 盘分区太大、其他数据盘太小，甚至一个硬盘的所有容量都划分给系统盘使用，也就是磁盘分区不合理，这应该怎么解决呢？这时需要重新调整硬盘分区的大小。

具体要求

（1）能够使用分区助手扩展 C 盘容量。

（2）掌握使用分区助手对硬盘分区进行重新调整的方法。

任务实施

步骤 1：启动分区助手后可以看到图 3-15 所示的主界面，同时，也可以看到 C 盘分区是 30GB，E 盘分区是 15GB，F 盘分区也是 15GB。

图 3-15　分区助手主界面

步骤 2：在不改变数据资料的情况下，若要将 C 盘扩容至 35GB。首先，将 E 盘缩小到 10GB，在 E 盘上单击鼠标右键，在左侧分区操作中选择“调整/移动分区”选项，如图 3-16 所示。

图 3-16　选择“调整/移动分区”选项

步骤 3：如图 3-17 所示，向右拖动左侧的手柄以缩小 E 盘至 10GB，也可以在输入栏中输入精确数值进行调节。

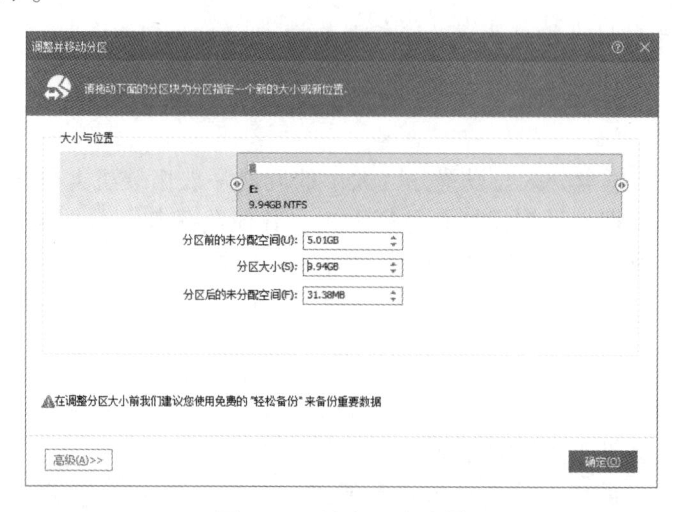

图 3-17　缩小 E 盘容量

步骤 4：单击“确定”按钮，返回主界面，可以看到 C 盘后面多出一块容量为 5GB 的未分配空间，如图 3-18 所示。

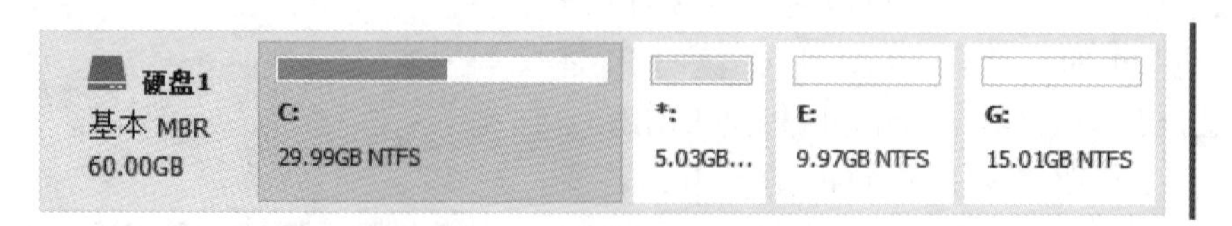

图 3-18　“硬盘 1”的基本情况

步骤 5：用鼠标右键单击 C 盘，在左侧分区操作中选择“调整/移动分区”选项，如图 3-19 所示。

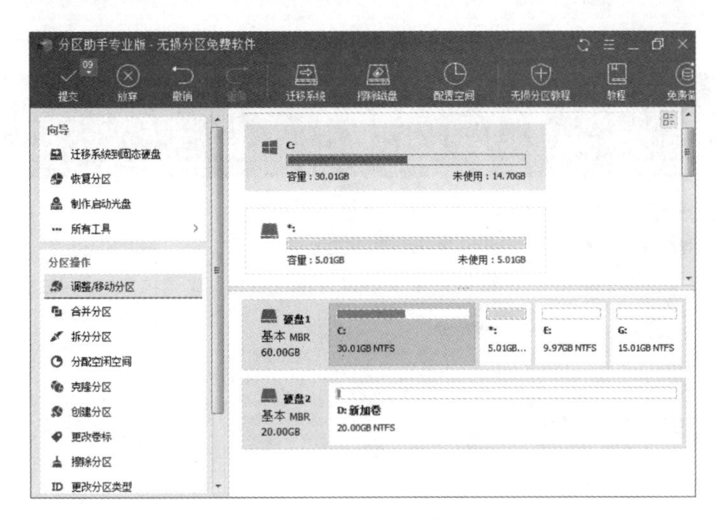

图 3-19　选择“调整/移动分区”选项

步骤 6：弹出窗口，向右侧拖动手柄，直到 C 盘的大小被调整至 35GB，如图 3-20 所示。

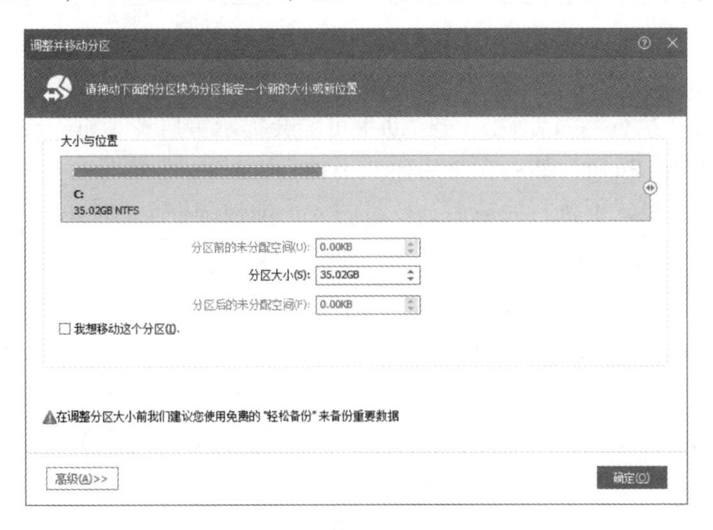

图 3-20　调整 C 盘的大小

步骤 7：单击“确定”按钮，返回主界面。这时列表框中 C 盘的大小为 35GB，同时，E 盘的大小为 10GB，如图 3-21 所示。

图 3-21　调整后“硬盘 1”的基本情况

步骤 8：单击左上角的“提交”按钮。

步骤 9：进入执行界面，单击“执行”按钮应用这两个操作到真实的磁盘上，如图 3-22 所示。

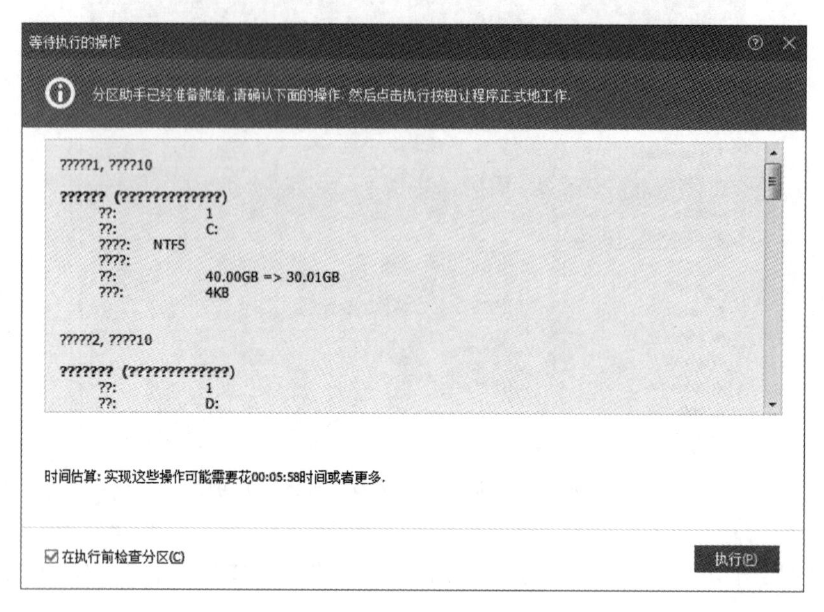

图 3-22　执行界面

步骤 10：单击“执行”按钮后，分区助手可能会提示重启计算机，在重启模式下执行这些操作，再单击“是”按钮，然后在重启模式下执行。

步骤 11：在重启模式下执行完成后，C 盘的大小即被调整至 35GB。

知识拓展

知识点　硬盘容量及其单位

1TB = 1 024GB；

1GB = 1 024MB；

1MB = 1 024KB；

1KB = 1 024B。

任务小结

本任务主要使用分区助手，在不影响数据资料的情况对磁盘的分区大小进行调整，使磁盘达到所需要的容量。

第 4 章

系统管理工具

导　论

随着计算机的普及和网络的快速发展，人们的生活和工作已越来越离不开计算机，计算机的信息化程度也不断提升，已成为人们密不可分的好帮手，但是，随之而来的网络安全问题让人们感到头疼，病毒、木马、恶意软件、流氓软件、垃圾数据等遍布人们周围，计算机的使用安全问题已变得越来越突出，人们不断地面临着信息被侵犯、数据丢失、系统崩溃等问题。如何行之有效地处理这些问题是必须首要解决的任务。

本章主要介绍 360 安全套装的安全、优化、修复以及系统的备份和恢复操作，最后，通过硬件检测软件了解系统硬件的相关信息。

情景导入

小雪：大鹏大鹏，不好了，今天我使用电脑时发现每打开一个文件都生成一个新的文件，吓死我了，而且电脑用着用着会卡住不会动啦，这可怎么办啊？

大鹏：哦，这是死机啦，引起死机的原因可能是你的电脑中病毒了，耗尽了资源。

小雪：那你快点帮我处理一下啊。

大鹏：好的，我马上给你处理。

……

任务 1　系统安全

知识要点

- 认识 360 安全套装；
- 利用 360 安全套装进行系统病毒的查杀操作。

任务描述

通过本任务的学习，读者可以学会安装 360 安全套装（360 杀毒和 360 安全卫士）并会利用 360 安全套装查杀病毒和木马，提高系统的安全性。

具体要求

1. 安装 360 安全套装

通过素材包中的 360 安全套装的安装文件安装。

2. 利用 360 杀毒进行病毒查杀

利用 360 杀毒软件进行病毒的快速查杀和全面查杀等操作。

3. 利用 360 安全卫士进行木马查杀

利用 360 安全卫士软件的查杀修补模块查杀木马。

任务实施

步骤 1：打开本章软件素材文件夹下的“360 杀毒”安装文件，进行软件的安装操作，如图 4-1 所示。安装完成后，自动在桌面生成快捷方式图标，可以显示 360 杀毒新版的特性，便于了解新功能，如图 4-2 所示。

图 4-1　安装 360 杀毒

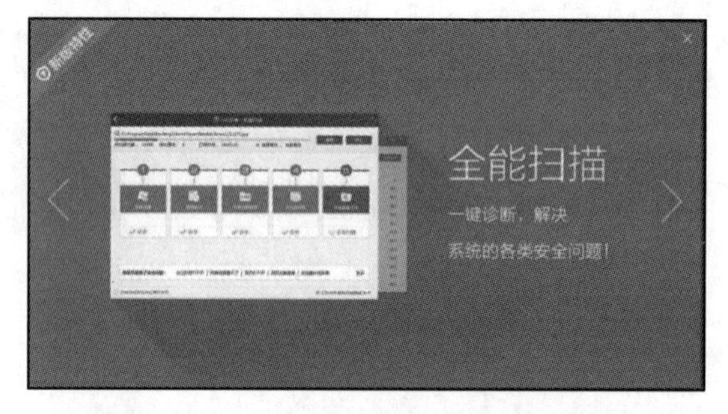

图 4-2　360 杀毒安装后的特性显示

步骤 2：每次安装完杀毒软件后，系统会自动运行杀毒软件，双击桌面上生成的 360 杀毒快捷方式图标，可以进入软件界面进行具体操作，如图 4-3 所示。

步骤 3：单击 360 杀毒界面中的“一键开启”按钮开启系统的全方位的保护（一般是默认开启，第一次安装好后需要手动开启）。为了快速对系统进行病毒扫描，可以单击 360 杀毒界面中的“快速扫描”按钮。此按钮用来快速扫描系统的各个重要区域（系统设置、常用软件、内存、开机启动项、系统关键位置）的文件情况，如图 4-4 所示。

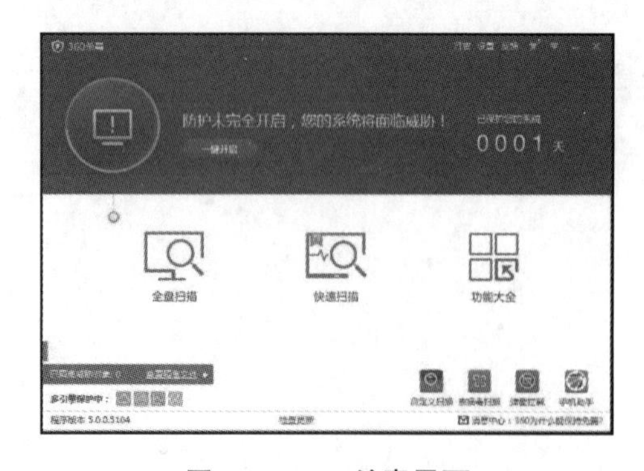

图 4-3　360 杀毒界面

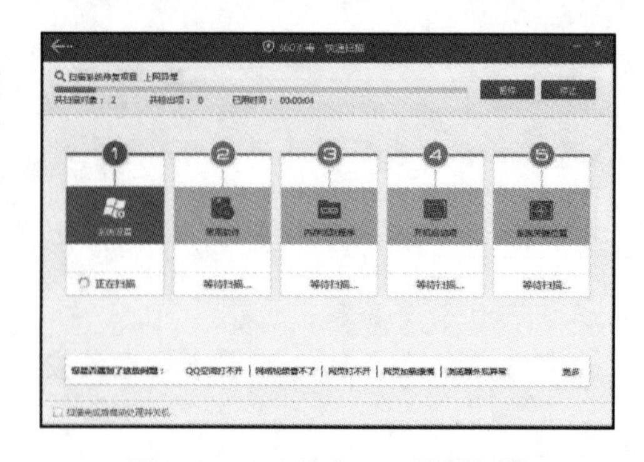

图 4-4　360 杀毒——快速扫描

步骤 4：通过扫描可以清楚地发现 3 个重要区域存在安全隐患，如图 4-5 所示。扫描完成后可以显示具体信息，如图 4-6 所示。单击项目的名称可以具体查看威胁和病毒情况。了解

情况后，系统有“暂不处理”和“立即处理”两种方法供用户选择。

图 4-5　安全隐患区域

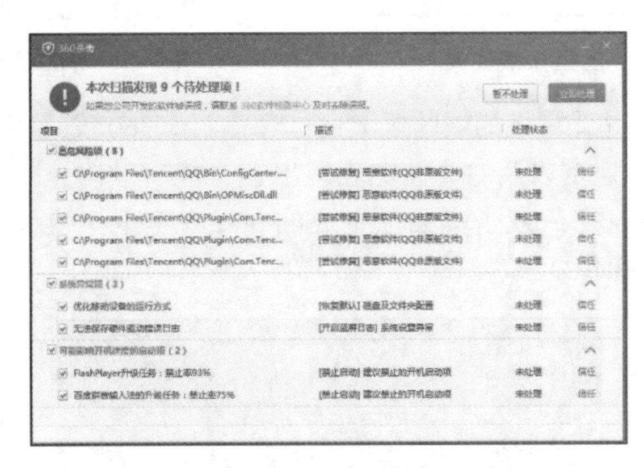

图 4-6　扫描完成后显示的具体信息

步骤 5：单击“立即处理”按钮进行病毒查杀，查杀后告知用户威胁和病毒的处理状态、扫描了多少文件对象、检出了多少项、未处理多少项、本次处理所需时间等信息，如图 4-7 所示。一般进行病毒查杀后，都会出现图 4-8 所示的告知信息，用户可以单击“返回”按钮或“立即重启”按钮。至此快速杀毒全部完成。

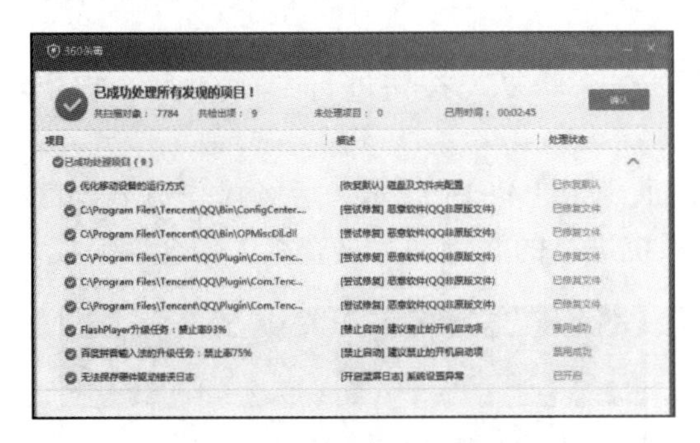

图 4-7　杀毒完成后的具体信息

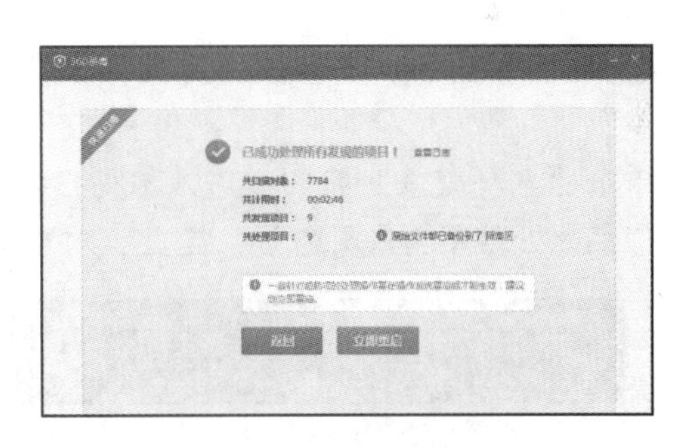

图 4-8　最后的告知信息

步骤 6：如果用户还不放心，可以在图 4-3 所示的界面中单击“全盘扫描”按钮进行病毒查杀，此功能对比快速扫描，最大的区别是扫描区域广，涵盖了计算机的所有区域，但耗费的时间较长，如图 4-9 所示。为此，360 杀毒软件提供了两种扫描方式（速度最快和性能最佳的）并且提供了自动化处理模式（扫描完成后自动处理并关机），建议用户在空余时间进行这项操作。

步骤 7：打开本章软件素材文件夹下“360 安全卫士”安装文件，进行软件安装，如图 4-10 所示。

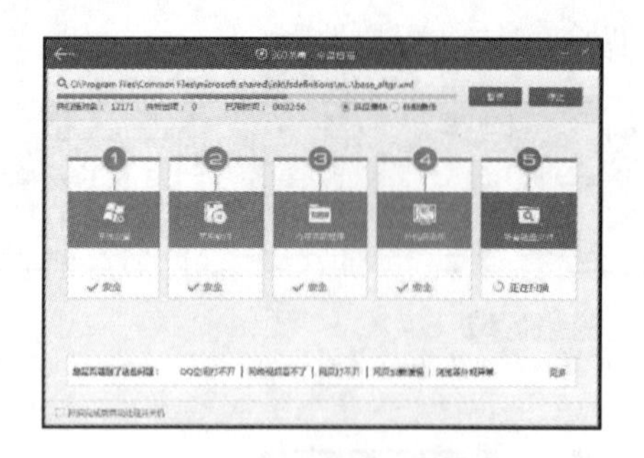

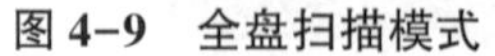
图 4-9　全盘扫描模式

图 4-10　360 安全卫士安装界面

步骤 8：目前，木马对计算机的威胁之大已远超病毒。360 安全卫士运用云安全技术，在拦截和查杀木马的效果、速度以及专业性上表现出色，能有效防止个人数据被木马窃取，被誉为“防范木马的第一选择”。双击桌面上生成的 360 安全卫士快捷方式图标，进入软件界面（图 4-11）进行具体操作。

图 4-11　360 安全卫士界面

步骤 9：单击 360 安全卫士界面左下角的“查杀修复”按钮进行专项查杀，如图 4-12 所示。

单击“木马查杀”按钮，进入木马扫描界面，如图 4-13 所示。后续操作方式与 360 杀毒类似，此处就不再展开叙述。至此，对整个系统进行的病毒和木马查杀工作全部完成。

图 4-12　360 安全卫士运行界面

图 4-13　360 安全卫士木马扫描界面

知识拓展

知识点 1　杀毒引擎的选择

单击图 4-3 所示的 360 杀毒界面右上方的“设置”按钮，在弹出菜单中选择“多引擎设置”选项，选择自己所需要的杀毒引擎进行查杀。当然不是选得越多越好，要合理运用，才能达到事倍功半的效果，如图 4-14 所示。

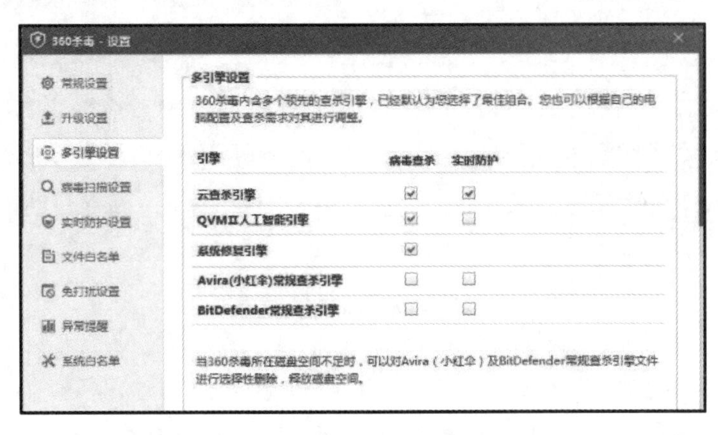

图 4-14　杀毒引擎的选择

知识点 2　自主设置杀毒

有时碰到特殊情况需要设置对某些区域或在某个时间点进行定向性病毒查杀，这时单击图 4-3 所示 360 杀毒软件界面右下方的“自定义扫描”按钮进行设置，如图 4-15 所示。单击图 4-3 所示 360 杀毒软件界面右上方的“设置”按钮，在弹出的菜单中的“病毒扫描设置”区域设置定时查毒，如图 4-16 所示。

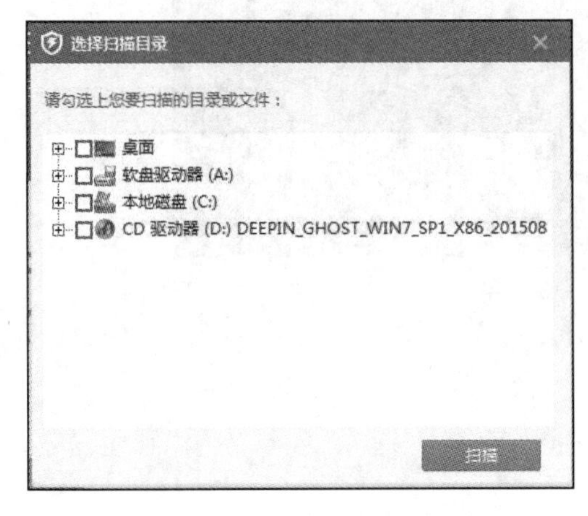

图 4-15　自定义扫描目录

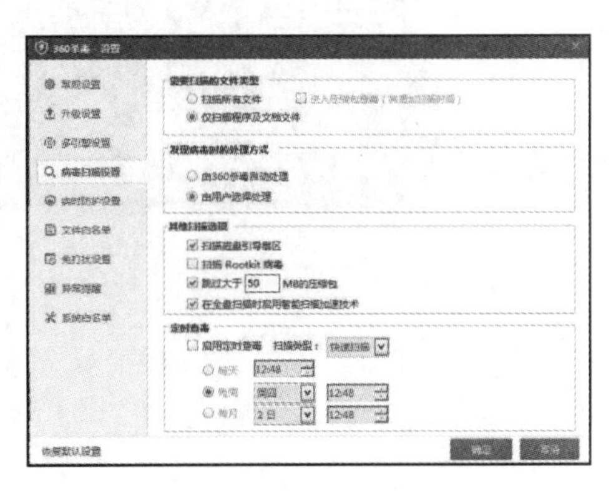

图 4-16　定时查毒

知识点 3　找回被误杀的文件

应如何找回被误杀的文件呢？可以在图 4-3 所示 360 杀毒软件界面的左下方单击“查看隔离文件”按钮，在 360 隔离区找回，如图 4-17 所示。

图 4-17　360 隔离区

知识点 4　功能大全

当前的每一款杀毒软件不仅具有杀毒功能，而且还具有众多个性化、多样化、实用化的工具包，从 360 杀毒软件界面中间右侧的“功能大全”模块进入，可以看到很多小工具。它们可以帮助用户更好地对计算机进行保护和急救，如图 4-18 所示。

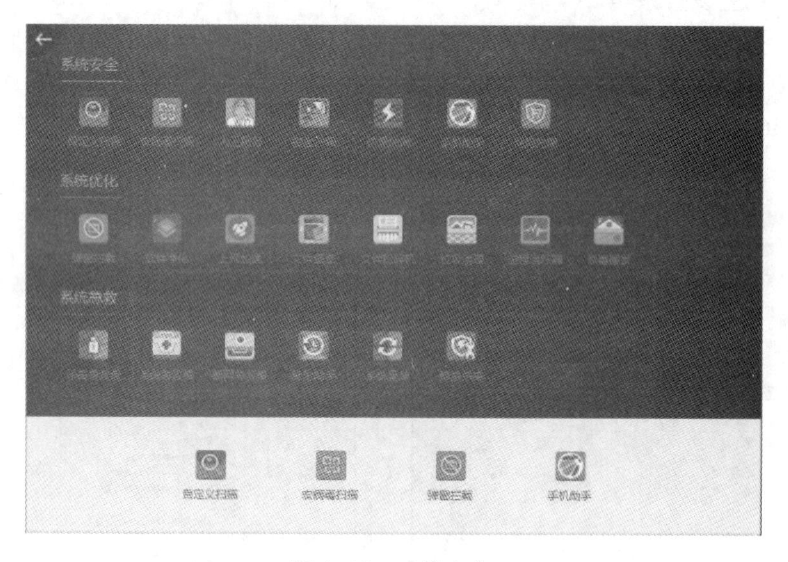

图 4-18　功能大全

任务小结

本任务讲述了合理防毒和杀毒的相关知识，详细介绍了使用 360 杀毒软件进行病毒扫描和查杀的操作步骤，为用户查杀病毒提供了操作参考。

情景导入

小雪：大鹏你好，这些天我发现我的电脑开机速度很慢，这是怎么回事啊？

大鹏：哦，这是你的电脑启动时候加载的程序太多，或者系统中有很多垃圾文件，我帮你看看吧。

小雪：好的，有时我还发现系统经常提示我有漏洞，这又是什么情况？

大鹏：没事，这也是系统的自我保护，我来帮你修复完善吧。

小雪：那太感谢你了。

大鹏：没事。

任务 2　系统维护

知识要点

- 认识 360 安全卫士；
- 利用 360 安全卫士进行系统维护。

任务描述

通过本任务的学习，读者可以利用 360 安全卫士进行系统的维护并认识此类系统防护软件的功能，提高自身的计算机操作水平。

具体要求

1. 360 安全卫士的垃圾清理

本任务介绍了如何使用 360 安全卫士的“电脑清理”模块进行垃圾清理，让读者了解并掌握系统中的垃圾类别及清理操作方法。

2. 360 安全卫士的查杀修复

本任务介绍了如何使用 360 安全卫士的“查杀修复”模块进行漏洞的修复，让读者了解并掌握系统中的漏洞类别及不同的修补方法。

3. 360 安全卫士的优化加速

本任务介绍了如何使用 360 安全卫士的“优化加速”模块进行系统优化，让读者了解并掌握系统中的优化类别及有效的优化操作。

任务实施

一、电脑清理

步骤 1：双击桌面上生成的 360 安全卫士快捷方式图标，进入软件界面进行具体操作，如图 4-19 所示。

图 4-19　360 安全卫士界面

步骤 2：单击 360 安全卫士界面左下区域的“电脑清理”按钮，可以进行“清理垃圾”“清理痕迹”“清理注册表”“清理插件”“清理软件”“清理 Cookies”等六大类项目的操作，每类都标注了项目内容信息，如图 4-20 所示。单击图标中的“√”可选择清理项目，然后单击“一键扫描”按钮，图 4-20 中选择的是全部扫描。

图 4-20　360 安全卫士清理扫描界面

步骤 3：扫描完成后，界面会显示详细的垃圾清单，如图 4-21 所示。查看每一个扫描出的垃圾，在对应项目上打“√”，可进行选择性清理。

图 4-21　360 安全卫士清理扫描后的界面（1）

步骤 4：单击“一键清理”按钮，360 安全卫士会提供一个详细的图表，以供用户具体了解哪些项目进行了清理，如图 4-22 所示。

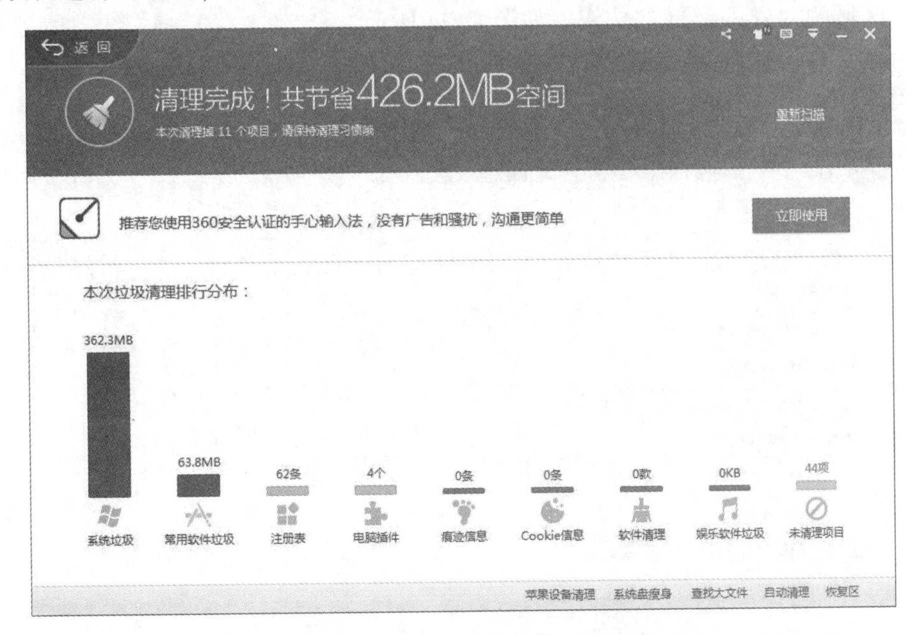

图 4-22　360 安全卫士清理扫描后的界面（2）

二、查杀修复

步骤 1：返回 360 安全卫士界面，单击界面左下区域的“系统修复”按钮，进入查杀修复界面，单击界面右下区域的“常规修复”按钮，如图 4–23 所示。

图 4–23　360 安全卫士查杀修复界面

步骤 2：该操作会对系统的常规运行项目进行检查，看是否存在着问题或错误。若存在，则单击右上区域的“立即修复”按钮，如图 4–24 所示。

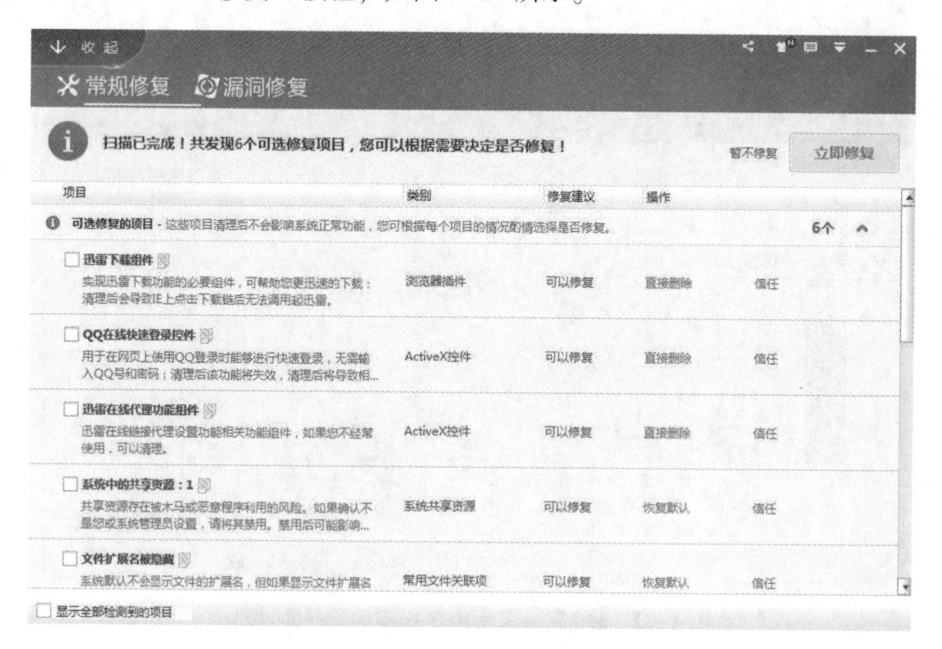

图 4–24　360 安全卫士扫描完成界面

步骤 3：完成常规修复后，单击“漏洞修复”按钮进行扫描，看是否存在高危漏洞，360安全卫士软件安全更新后，选择高危漏洞或者功能性漏洞打上补丁，如图 4–25 所示。

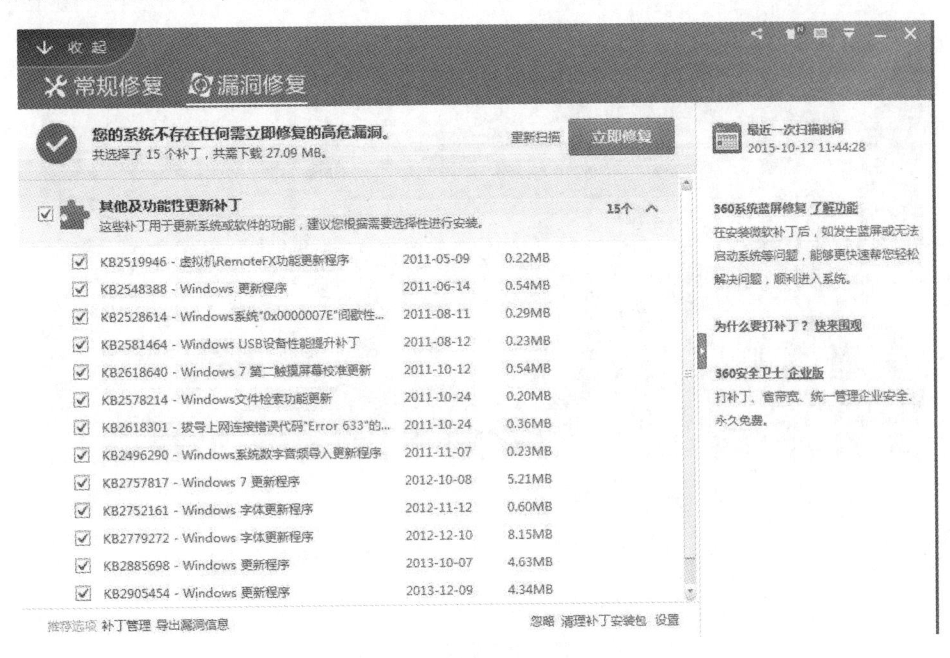

图 4–25　漏洞扫描完成后的界面

步骤 4：单击“立即修复”按钮，完成漏洞修复。修复时可以选择后台修复，这样不影响其他程序的运行，修复完成后会出现图 4–26 所示的修复完成界面。

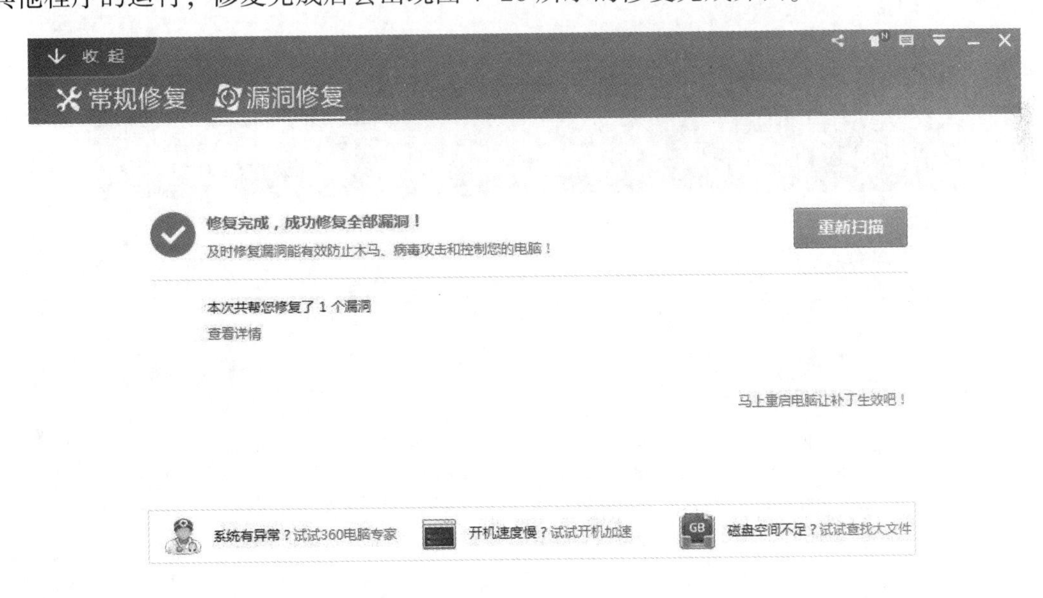

图 4–26　修复完成界面

三、优化加速

步骤 1：返回 360 安全卫士界面，单击左下区域的“优化加速”按钮，如图 4-27 所示。

图 4-27　360 安全卫士界面

步骤 2：优化项目有 4 个，分别是“开机加速”“系统加速”“网络加速”“硬件加速”，如图 4-28 所示。默认是所有项目都优化，也可以选择其中几个进行优化。此处选择默认，直接单击“开始扫描”按钮。

图 4-28　360 安全卫士优化界面

步骤 3：对 4 个项目逐个进行检查，找出需要优化的项目，优化扫描后的界面如图 4-29

所示。其中，A 区域是具体优化项目，B 区域是可收缩查看栏目，然后单击“立即优化”按钮进行优化。

图 4–29　优化扫描后的界面

步骤 4：在优化过程中会出现一个人性化提示，如图 4–30 所示。此窗口可以帮助初学者更好地优化系统。

图 4–30　优化过程界面

步骤 5：优化过程完成后，会提供一个优化情况说明（图 4–31），用来为用户展示优化后项目的系统提速值。

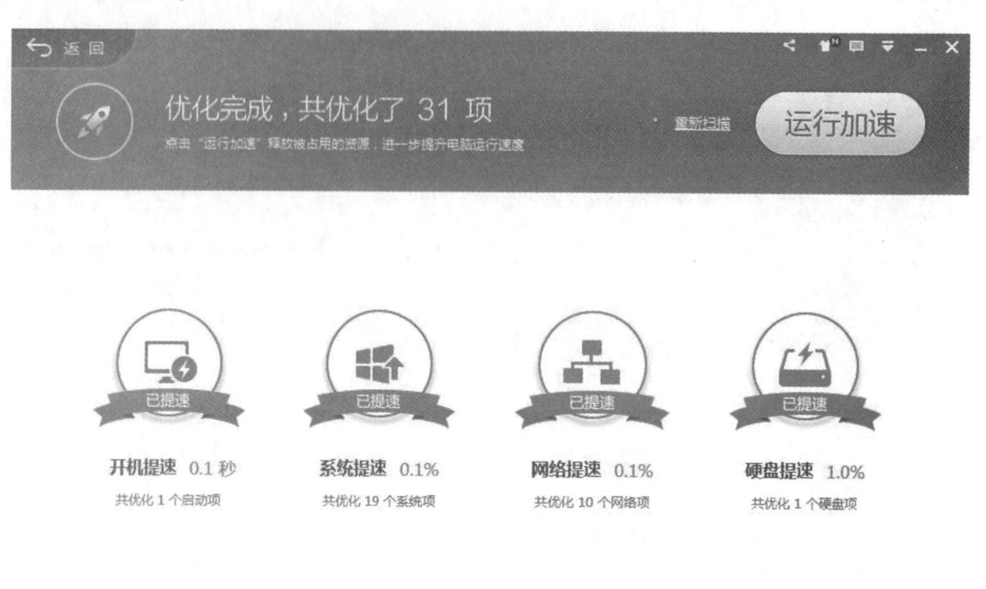

图 4–31　优化过程完成后的界面

四、一键优化

步骤 1：360 安全卫士提供的一键优化操作可以快速帮助用户给整个系统的优化提速，如图 4–32 所示，单击“一键傻瓜式优化”按钮进行优化。

图 4–32　360 安全卫士界面

步骤 2：在体检过程会列出所有需要修复的漏洞、需要优化的项目并对病毒、木马进行检测，如图 4-33 所示。

图 4-33　一键优化后的界面

步骤 3：体检完成后，用户可以单击“一键修复”按钮进行修复。如果还有部分内容没有修复好，可继续进行修复，直至所有内容修复完成，如图 4-34 所示。

图 4-34　查杀和优化过程

五、驱动维护优化

步骤 1：系统检查完成后，用户可以单击 360 安全卫士界面右下角的“更多”按钮，选择更多的工具进行操作，如图 4-35 所示。

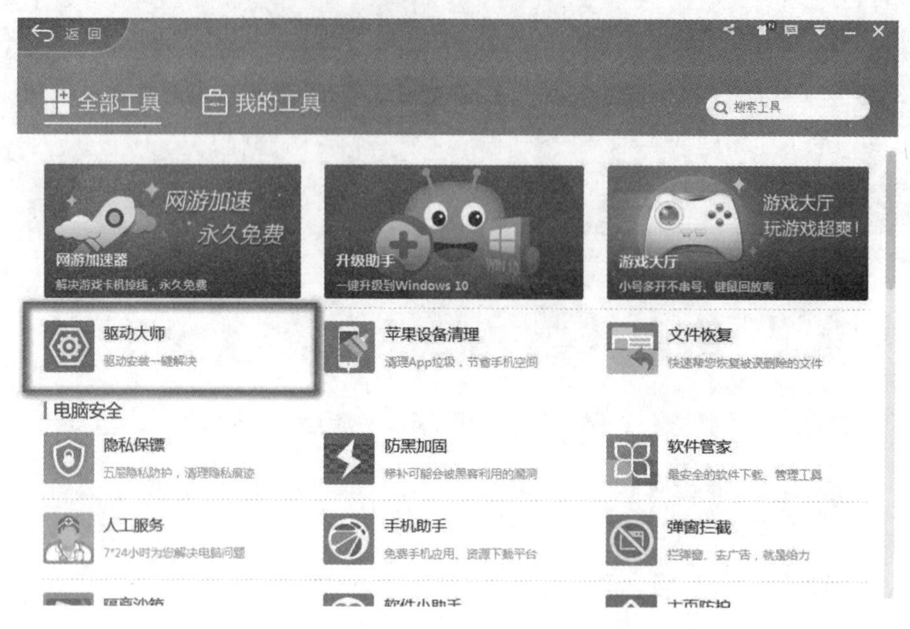

图 4-35　360 安全卫士工具集

步骤 2：单击“驱动大师”图标，自动进行安装。安装完成后，进入 360 驱动大师界面，每次进入都会对系统的驱动进行检测，查看需要升级的驱动和未安装的驱动，如图 4-36 所示。单击“一键安装”按钮进行更新安装。当然，用户也可以自由选择更新和安装（提示：并非最新的驱动程序就是最好的）。

图 4-36　360 驱动大师界面

步骤 3：“驱动管理”是进行系统驱动备份、还原、卸载的页面。通过这个页面，用户可以进行上述操作，如图 4-37 所示。单击“开始备份”按钮，对页面中的驱动进行备份。

图 4-37　360 驱动大师的界面驱动管理

步骤 4：单击图 4-38 中方框所示的选项卡，可以对驱动进行还原和卸载操作。还原驱动在当前版本和备份版本不一致时进行，卸载驱动时要注意，可能会影响硬件的正常运行。

图 4-38　驱动的还原和卸载

步骤 5：360 驱动大师还提供了强大的驱动门诊功能，单击“驱动门诊”按钮进入该功能界面。左侧显示了一些常规的硬件问题，单击右侧的“快速诊断”按钮可以进入 360 人工服务界面，帮助寻求问题答案，用户可以选择众多的方法解决问题，如图 4-39 所示。

图 4-39　360 人工服务界面

知识拓展

知识点 1　软件管理

单击桌面上的“360 软件管家”  快捷方式图标直接进入 360 软件管家界面，其可以帮助用户找到很多软件，并在“软件升级”界面对系统中现有的软件进行升级，同时，还可以管理系统中所有已安装的应用软件，如图 4-40 所示。

图 4-40　360 软件管家界面

知识点 2　360 工具大全

360 工具大全提供了多种实用工具，有针对性地帮助用户解决计算机问题。用户可以单击左侧“全部工具”区域的各个工具进行添加，如图 4-41 所示。

图 4-41　360 工具大全

添加好的工具保存在“我的工具”区域。这里的小工具都是模块化的，可以添加，也可以卸载，如图 4-42 所示。

图 4-42　“我的工具”区域

任务小结

360 安全卫士是一款拥有查杀流行木马、修复系统漏洞、实时保护系统、清理恶评及系统插件、管理应用软件等多个强大功能的免费软件。此外，它还提供使用痕迹清理、弹出插件免疫以及系统还原等特定辅助功能。本任务介绍了利用 360 安全卫士对系统进行全面诊断和优化的方法，让读者了解其强大的辅助功能。书中只讲解了 360 安全卫士的常规使用方法，至于其他功能的应用，读者可参照本任务步骤，自行研究和学习。

情景导入

小雪：大鹏，谢谢你帮我进行了系统的清理和优化。

大鹏：不用谢，小雪。其实为了真正做到万事无忧，建议你进行系统备份！

小雪：系统备份？这是什么意思，怎么操作啊？

大鹏：系统备份就是先对你的系统进行备份，万一你的系统崩溃了，就可以利用备份还原系统。

小雪：那太好了，你赶紧帮我备份一下吧。

大鹏：好的。

任务 3 系统恢复

知识要点

- 认识 Ghost 软件；
- 掌握 Ghost 的备份和还原操作。

任务描述

通过本任务的学习，读者可以了解常用备份还原软件 Ghost 并学会利用其进行系统的备份和恢复，提高计算机操作水平。

具体要求

1. Ghost 软件基本认识

Ghost 软件是美国赛门铁克公司推出的一款最常用的系统备份和还原软件。本任务通过操作讲解使读者掌握 Ghost 软件的基本功能和相关知识。

2. Ghost 软件的备份和还原操作

通过学习 Ghost 软件的使用，读者可以掌握对系统的分区进行备份和还原的方法。

任务实施

（一）备份系统

步骤1： 双击本章软件素材文件夹下的"Ghost32模拟器"，打开"GST. exe"，如图4-43所示。

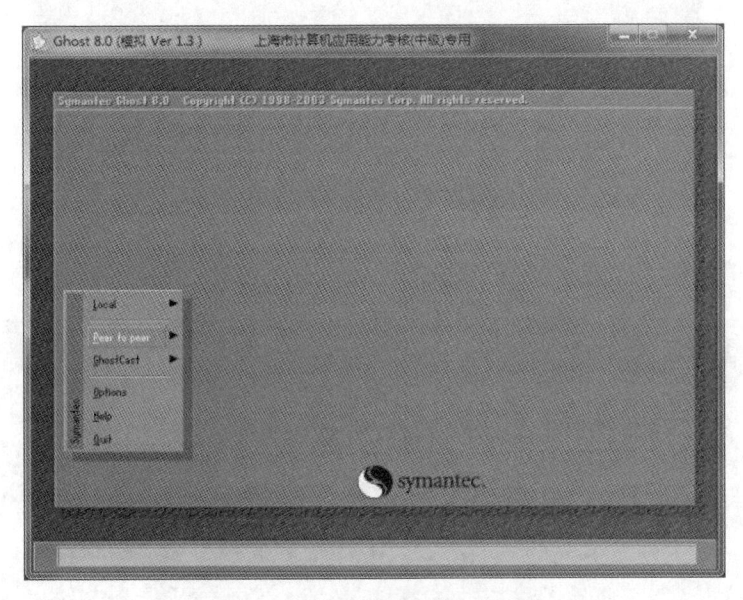

图4-43　Ghost软件启动界面

步骤2： 单击"OK"按钮进入操作界面，如图4-44所示。操作菜单主要有4项，从下至上分别为"Quit"（退出）、"Options"（选项）、"Peer to Peer"（点对点，主要用于网络）、"Local"（本地）。一般情况下只用到"Local"菜单项，其下有3个子项："Disk"（硬盘备份与还原）、"Partition"（磁盘分区备份与还原）、"Check"（硬盘检测）。前两项功能比较常用。

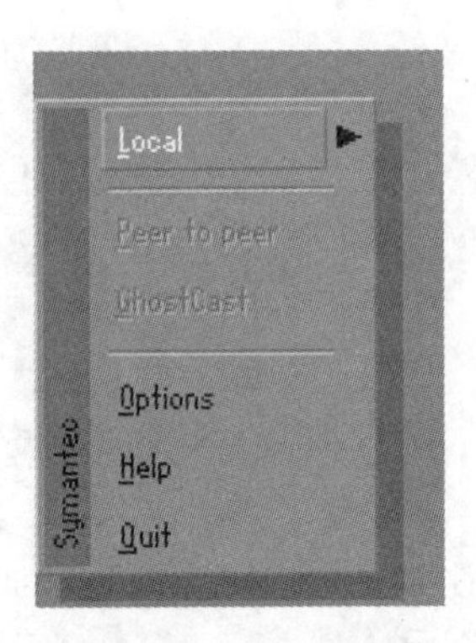

图4-44　Ghost软件操作界面

步骤3： 对系统进行备份操作，按光标方向键将选择"Local"选项，然后选择"Partition"选项，再将光标移动到"To Image"菜单项，如图4-45所示，然后按Enter键。

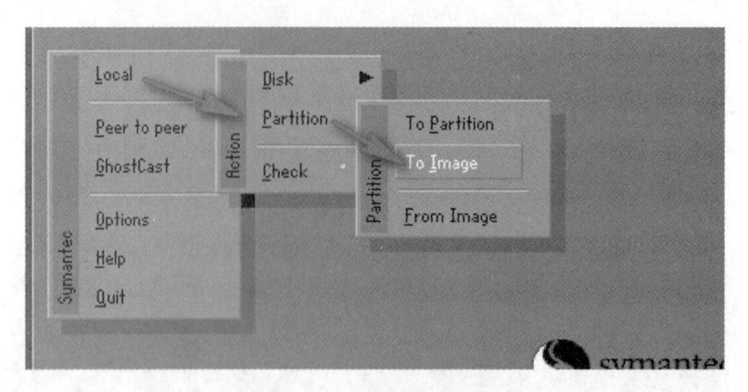

图 4-45　系统镜像备份

步骤 4：弹出选择本地硬盘窗口，如图 4-46 所示，单击“OK”按钮。

Select local source drive by clicking on the drive number

Drive	Size(MB)	Type	Cylinders	Heads	Sectors
1	8400	Basic	1071	255	63
2	15000	Basic	1912	255	63

OK　　Cancel

图 4-46　选择本地硬盘窗口

步骤 5：出现选择源分区窗口（源分区就是用户需要将其制作成镜像文件的那个分区），如图 4-47 所示。用上下光标键将光条定位到要制作镜像文件的分区上，按 Enter 键确认要选择的源分区，再按 Tab 键将光标定位到“OK”按钮上，然后按 Enter 键。

Select source partition from Basic drive: 1

Part	Type	ID	Description	Label	Size	Data Size
1	Primary	0b	Fat32		1111	111
2	Logical	0f	Fat32 extd		2222	600
3	Primary	07	NTFS		1133	170
4	Primary	83	Linux		2233	223

OK　　Cancel

图 4-47　选择源分区窗口

进入镜像文件存储目录，默认存储目录是 Ghost 文件所在的目录，在“File name”栏输入镜像文件的文件名，也可带路径输入文件名（此时要保证输入的路径是存在的，否则会提示非法路径），如图 4-48 所示，输好文件名后，单击“Save”按钮。

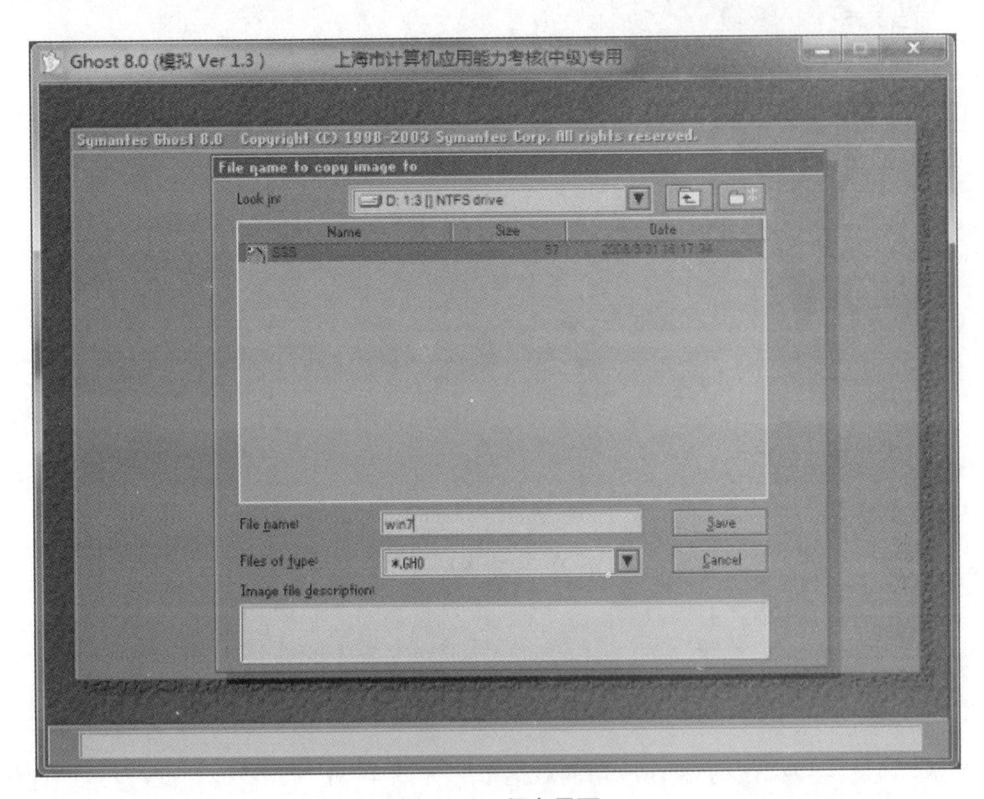

图 4-48　保存界面

步骤 6：弹出询问是否要压缩镜像文件的对话框，如图 4-49 所示。可以选择的按钮有“No”（不压缩）、“Fast”（快速压缩）、“High”（高压缩比压缩），压缩比越低，保存速度越快。一般单击“Fast”按钮即可，向右移动光标到“Fast”按钮上，按 Enter 键确认。

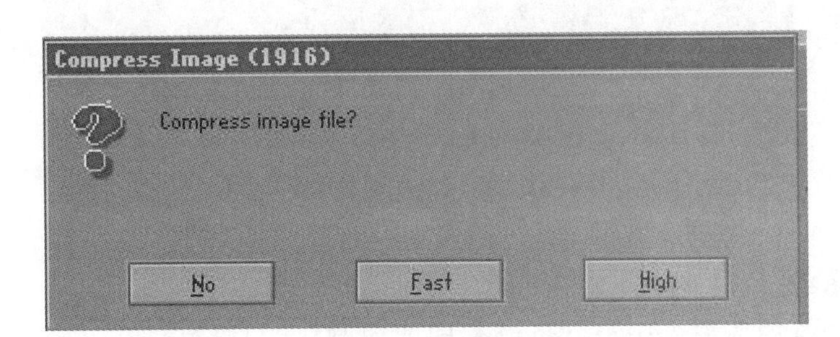

图 4-49　询问是否要压缩镜像文件的对话框

步骤 7：弹出镜像制作界面，单击“Yes”按钮进行制作，如图 4-50 所示。

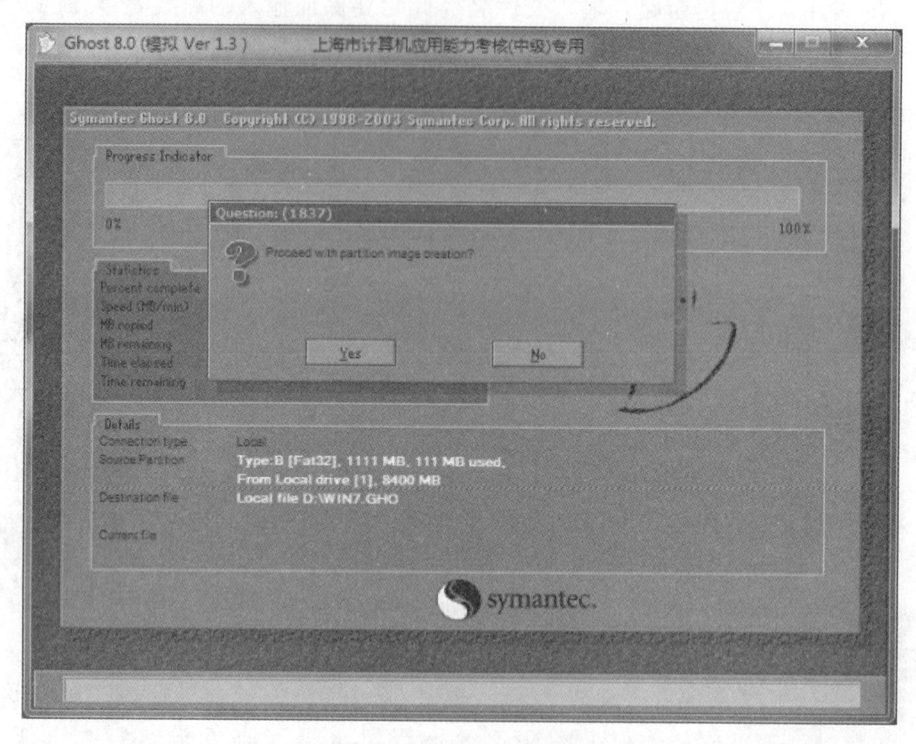

图 4-50　镜像制作界面

备份成功后，会弹出提示制作成功的对话框，如图 4-51 所示。按 Enter 键返回起始 Ghost 软件主菜单界面。

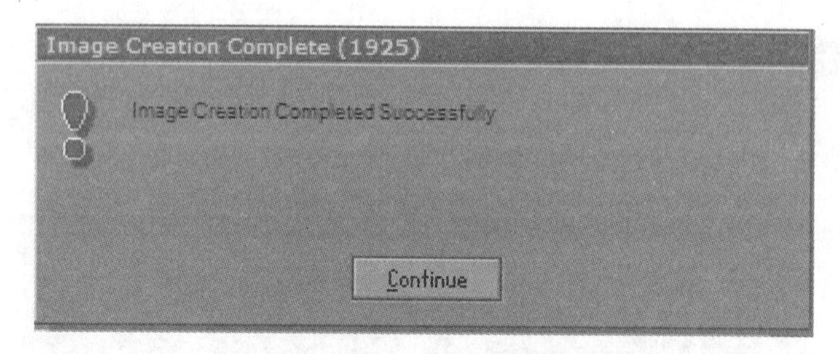

图 4-51　提示制作成功的对话框

（二）还原系统

步骤 1：当系统崩溃后，用户就可以利用前面制作的备份镜像文件对其进行还原操作。还原后，系统恢复到备份前的状态。

在 Ghost 软件主菜单中，选择“Local”→“Partition”→“From Image”选项，系统还原操作如图 4-52 所示。

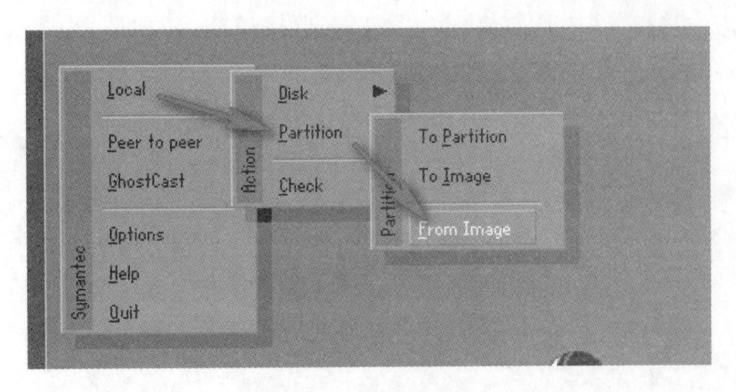

图 4-52　系统还原操作

步骤 2：出现镜像文件还原位置窗口，如图 4-53 所示，先在“File name”栏输入镜像文件的完整路径及文件名（也可以选择单击对应盘符下的具体镜像文件件名），再单击“Open”按钮。

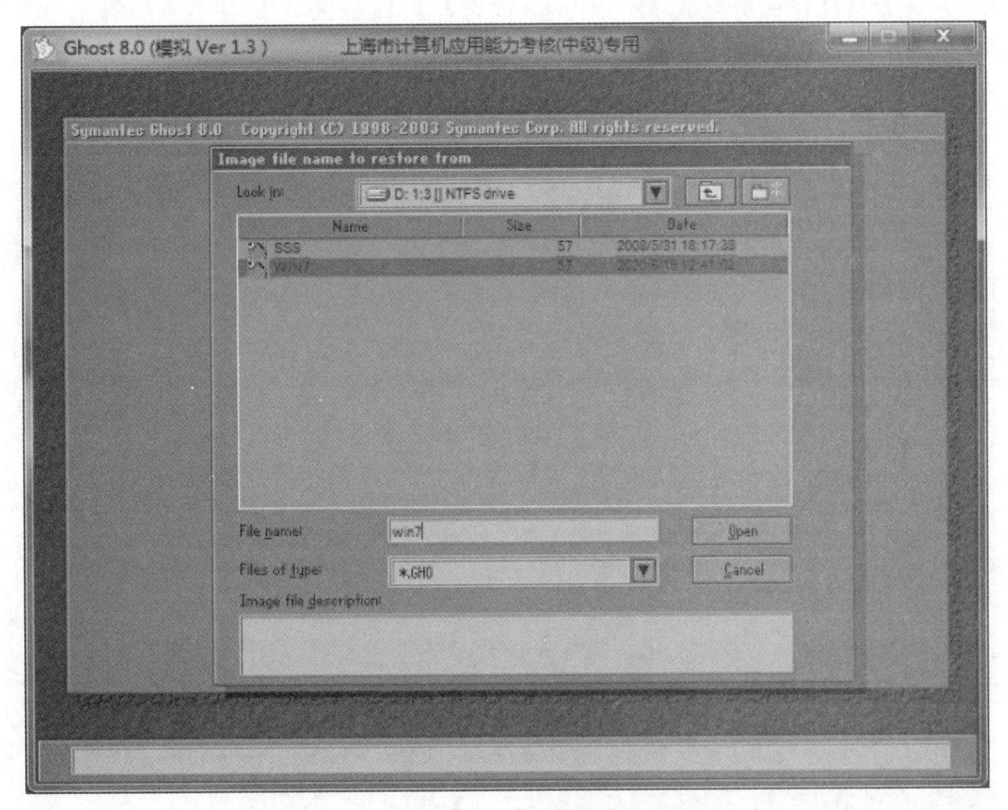

图 4-53　系统还原镜像文件确认

步骤 3：出现从镜像文件中选择源分区窗口，直接单击“OK”按钮，又出现选择本地硬盘窗口，如图 4-54 所示，再单击“OK”按钮。

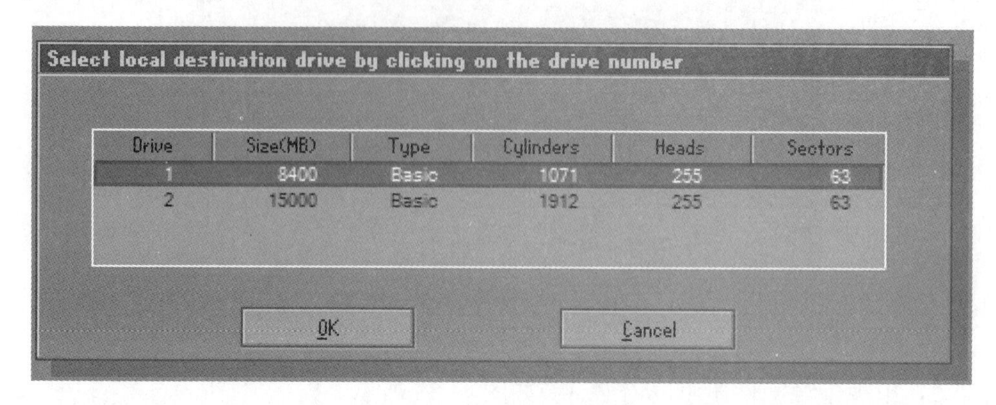

图 4-54　选择本地硬盘窗口

出现从硬盘选择目标分区窗口，用光标键选择目标分区（即要还原到哪个分区），按 Enter 键，如图 4-55 所示。注意：目标分区时一定要选对，否则会造成目标分区原来的数据全部消失。

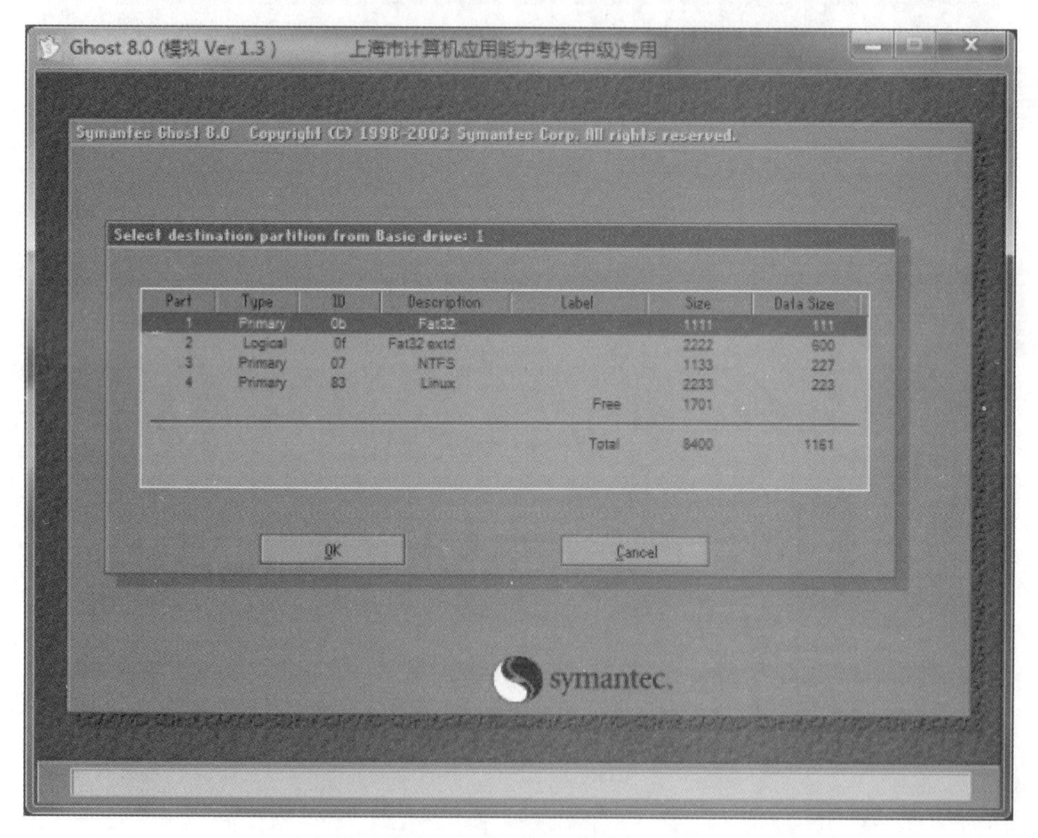

图 4-55　从硬盘选择目标分区窗口

步骤 4：此时出现还原窗口，如图 4-56 所示，确认是否还原分区，还原后不可恢复，单击“Yes”按钮，Ghost 软件开始还原分区。

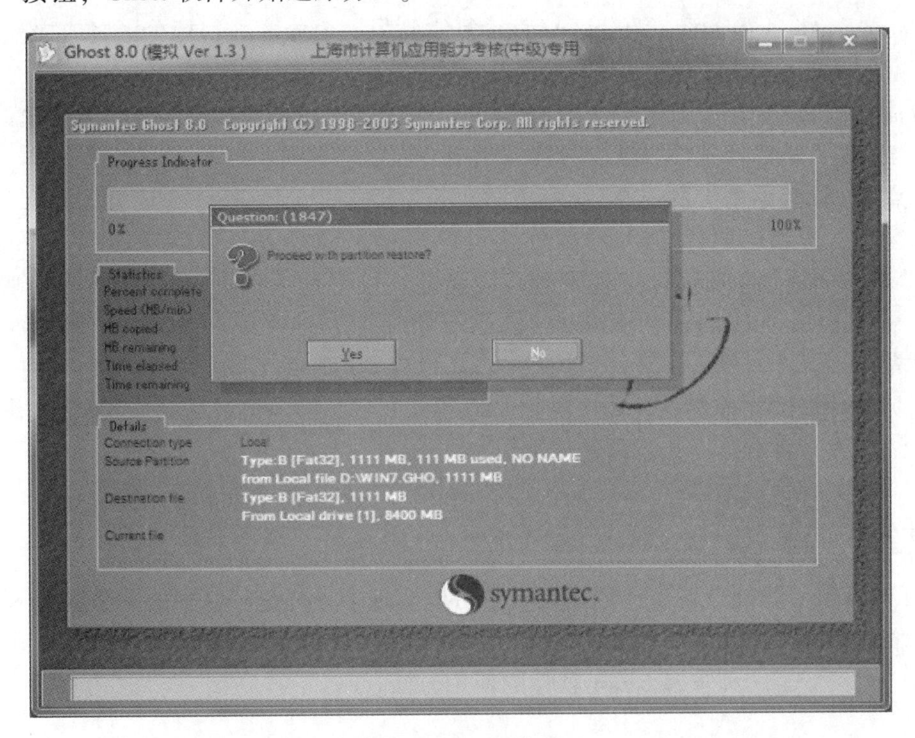

图 4-56 还原窗口

步骤 5：完成还原后，出现还原完成窗口，如图 4-57 所示，单击“Reset Computer”按钮，再按 Enter 键重启计算机。至此，还原系统操作正式完成。

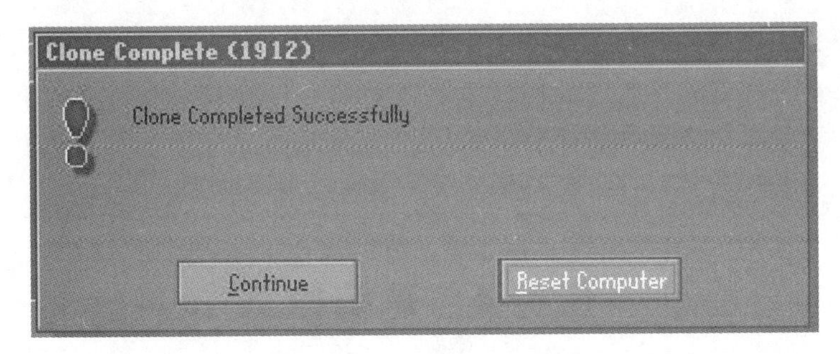

图 4-57 还原完成窗口

知识拓展

知识点 1 主要词汇理解

Disk：磁盘。

Partition：分区。在操作系统里，每个硬盘盘符对应一个分区。

Image：镜像。镜像是 Ghost 软件的一种存放硬盘或分区内容的文件格式，扩展名为“. gho”。

To：在 Ghost 软件运行时理解为“备份到”的意思。

From：在 Ghost 软件中理解为“从……还原”。

To Partion：将一个分区（源分区）直接复制到另一个分区（目标分区）。注意，操作时，目标分区空间不能小于源分区。

To Image：将一个分区备份为一个镜像文件。注意，存放镜像文件的分区不能比源分区小。

From Image：从镜像文件中恢复分区（将备份的分区还原）。

知识点 2　硬盘的备份及还原

除分区的备份和还原外，Ghost 软件还可以对整个硬盘进行备份和还原。Ghost 软件的“Disk”菜单下的子菜单项可以实现硬盘到硬盘的直接对拷（Disk-To Disk）、将硬盘复制到镜像文件（Disk-To Image）、从镜像文件还原硬盘内容（Disk-From Image）的操作。

可以先在一台计算机上安装好系统及 Ghost 软件，然后用 Ghost 软件的硬盘对拷功能将系统复制到其他计算机（前提是计算机配置必须相同），操作步骤跟 Partition 分区操作近似，这样安装系统的效率将会提高几十倍甚至上百倍。

任务小结

Ghost 软件是一款硬盘备份还原工具。它可以实现多种硬盘分区格式的分区及硬盘的备份及还原，俗称克隆软件。本任务详细介绍了利用 Ghost 软件对 C 盘分区进行备份和还原的操作，便于广大读者了解和掌握 Ghost 软件的使用方法。

情景导入

小雪：大鹏，电脑用了这么长时间了，我对自己电脑的配置情况还不是很清楚，你能帮我一下吗？

大鹏：这好办，我帮你安装一个硬件检测软件，什么信息用它都能搜索出来。

小雪：有这么神奇的软件啊，那你赶快帮我安装一下，让我看看。

大鹏：好的，马上给你安装软件然后检测。

……

任务 4　系统检测

知识要点

- 认识 AIDA64 Extreme 软件；
- 利用 AIDA64 Extreme 软件进行系统检测。

任务描述

通过本任务的学习，读者可以学会安装 AIDA64 Extreme 软件，利用其进行系统的全面检测并生成报告。

具体要求

1. 安装 AIDA64 Extreme 安全套装

通过素材包中的 AIDA64 Extreme 安装文件，学会 AIDA64 Extreme 的安装方法。

2. 系统检测

利用 AIDA64 Extreme 进行系统检测，并了解各软、硬件的基础知识。

任务实施

步骤 1：打开本章软件素材文件夹下的 AIDA64 Extreme 安装文件，进行软件的安装，如图 4-58 所示。安装完成后，桌面自动生成快捷方式图标。

图 4-58 安装 AIDA64 Extreme 软件

步骤 2：安装完 AIDA64 Extreme 后，软件会询问用户选择是否运行此软件，这里选择直接运行。当然，也可以双击桌面上的 AIDA64 Extreme 快捷方式图标运行软件。AIDA64 Extreme 软件安装完成界面如图 4-59 所示。

图 4-59 AIDA64 Extreme 软件安装完成界面

步骤 3：AIDA64 Extreme 软件运行后的第一步是扫描检测计算机的硬件设备情况，如图 4-60 所示。

图 4-60　扫描检测计算机的硬件设备情况

步骤 4：扫描完成后，进入 AIDA64 Extreme 软件界面，如图 4-61 所示。界面左侧部分囊括了该计算机所有软、硬件项目。从整个计算机的情况，到每个硬件部件、操作系统及其安装的相关软件等信息，其描述非常详尽。单击界面左侧的 ◢ 符号，可以展开项目，看到更为详细的内容。

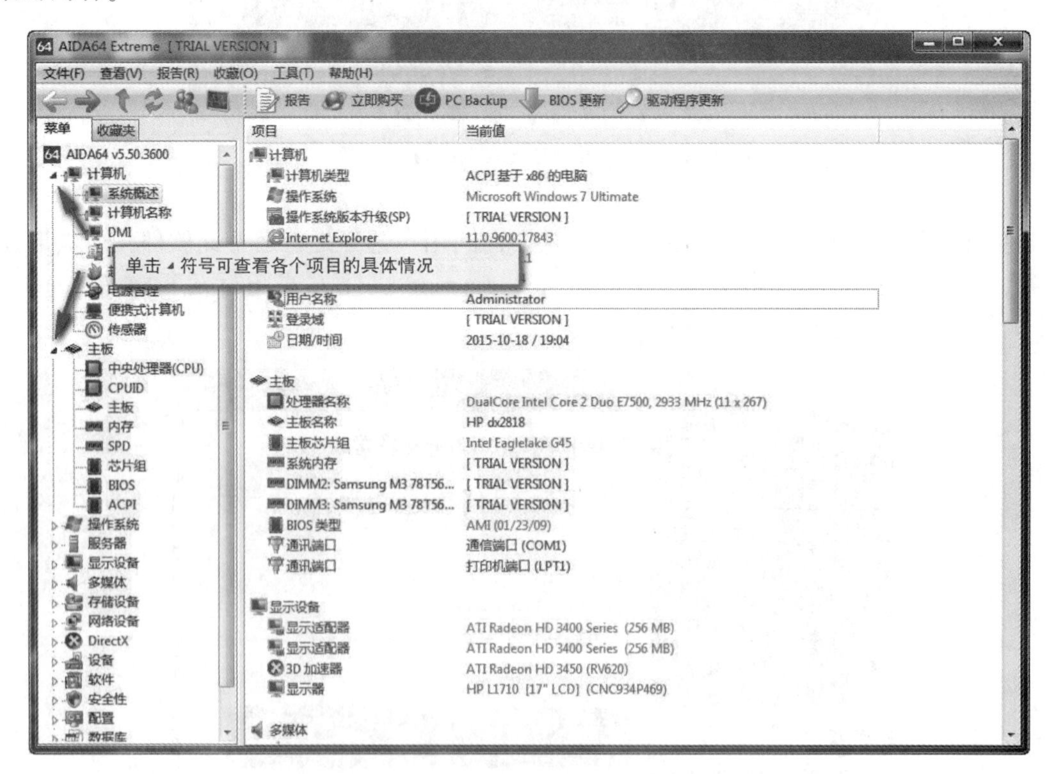

图 4-61　AIDA64 Extreme 软件界面

步骤5：选择“主板”→“中央处理器（CPU）”选项，在右侧可以看到CPU的详细情况，如图4-62所示。

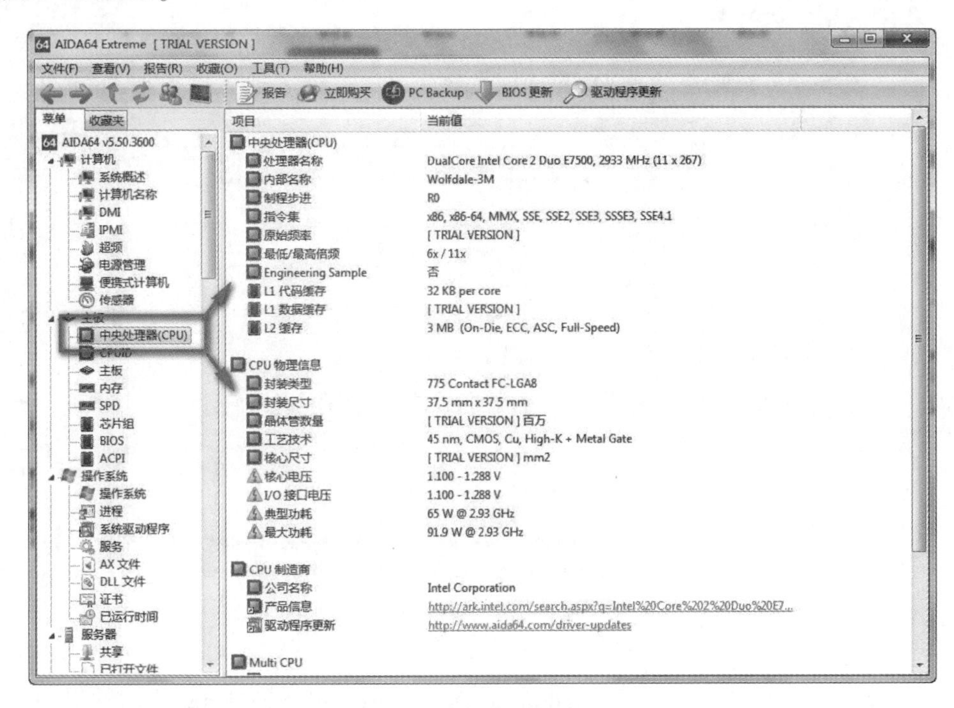

图4-62 CPU检测界面

步骤6：选择“显示设备”→“Windows视频”选项，可以看到显卡的相关信息，如图4-63所示，图中A区域是显卡型号名称，B区域是具体信息。

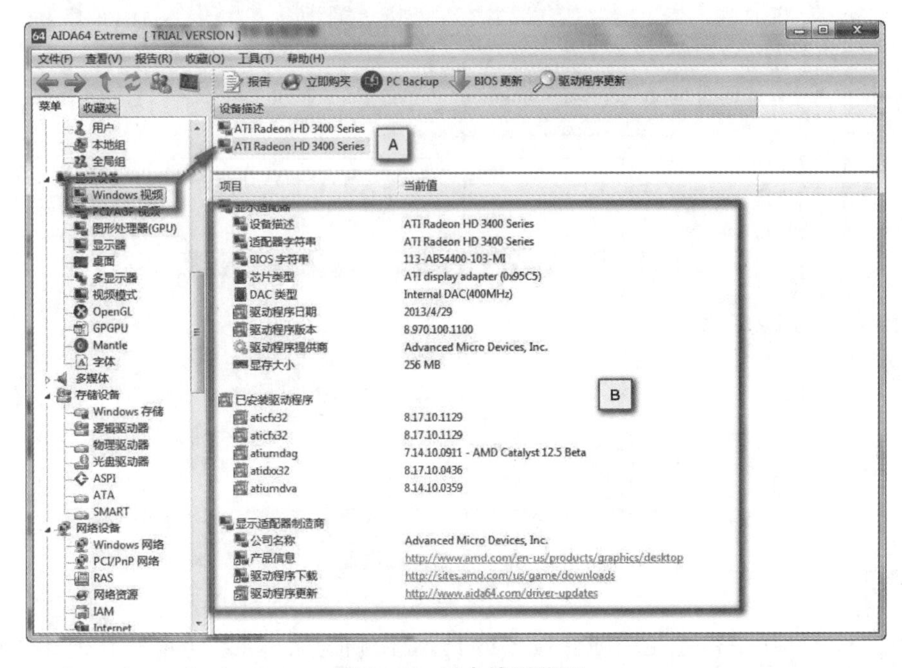

图4-63 显卡检测界面

步骤 7：选择“显示设备”→“显示器”选项，可以看到显示器的所有参数和信息，了解其性能特点，如图 4-64 所示，图中 A 区域是显示器型号名称，B 区域是具体信息。

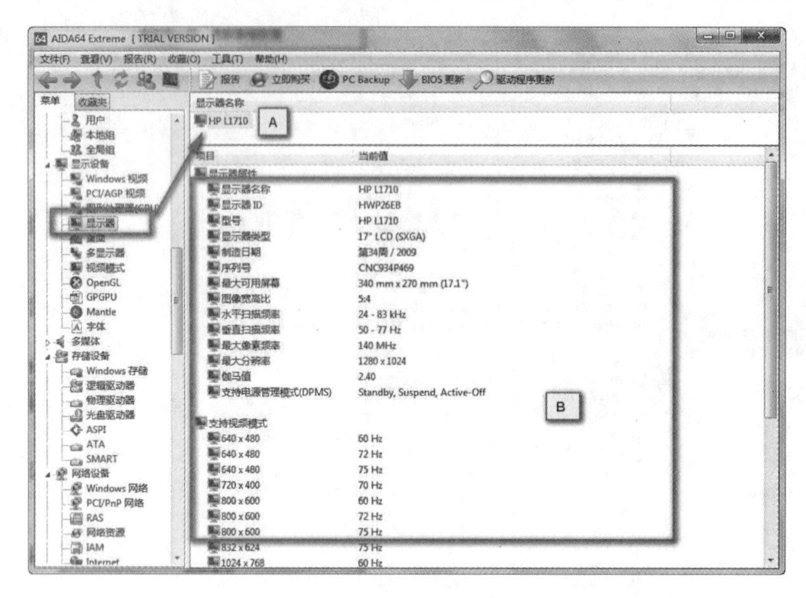

图 4-64　显示器检测界面

步骤 8：选择“存储设备”→“Windows 存储”选项，显示图 4-65 所示的界面。其中 A 区域有 3 个名称，都是存储设备。其中第一个是 U 盘，第二个是硬盘驱动器，第三个是光盘驱动器。B 区域是具体信息。

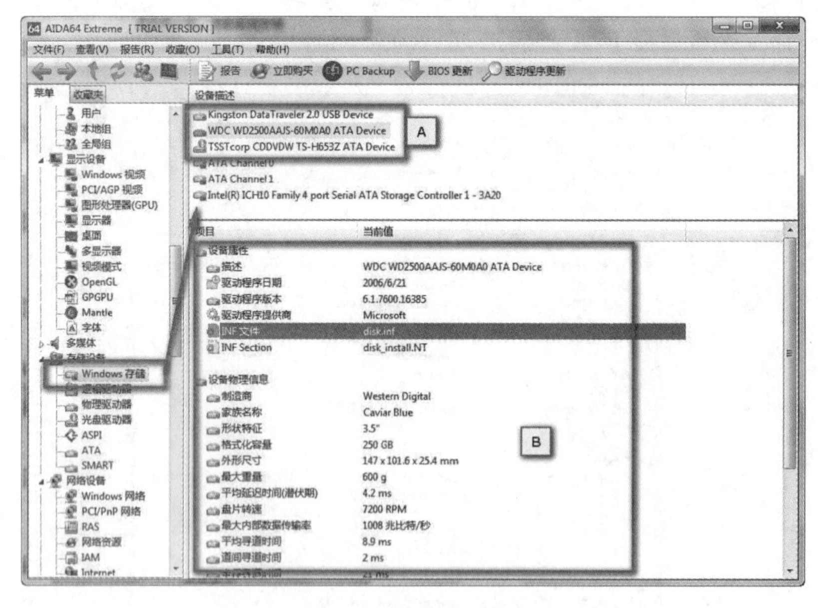

图 4-65　存储检测界面

步骤 9：上述操作是查看几个硬件设备的具体检测信息，如果要查看其他相关信息，则可以选择左侧对应项目查看。进行上述软、硬件检测后，可以通过“报告”菜单下的“报告

向导”和“快速报告”命令生成检测报告，如图4-66所示。

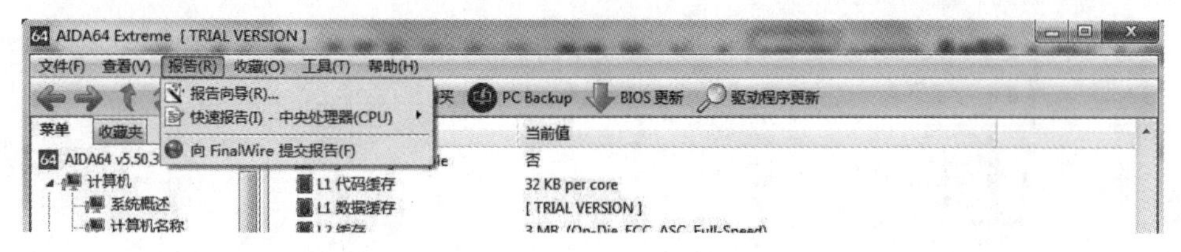

图4-66 “报告”菜单

步骤10：选择“报告向导”命令，弹出图4-67所示的报告配置界面，可在此选择需要的报告方式。

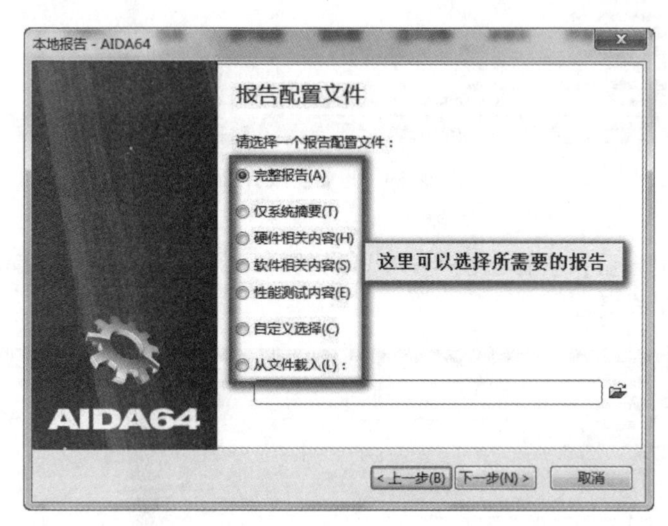

图4-67 报告配置界面

步骤11：单击“下一步”按钮进入报告格式选择界面，有纯文本文件、HTML、MHTML文件3种格式可选，如图4-68所示。一般情况下选择HTML格式。

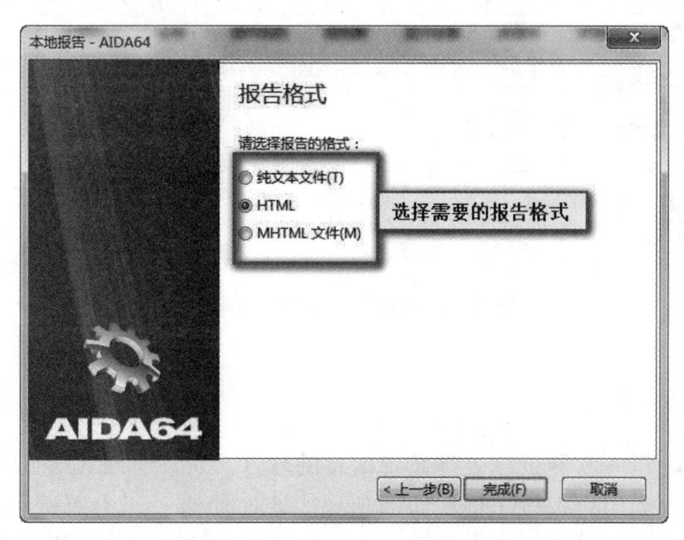

图4-68 报告格式选择界面

步骤 12：单击“完成”按钮后，逐行生成报告，如图 4-69 所示。

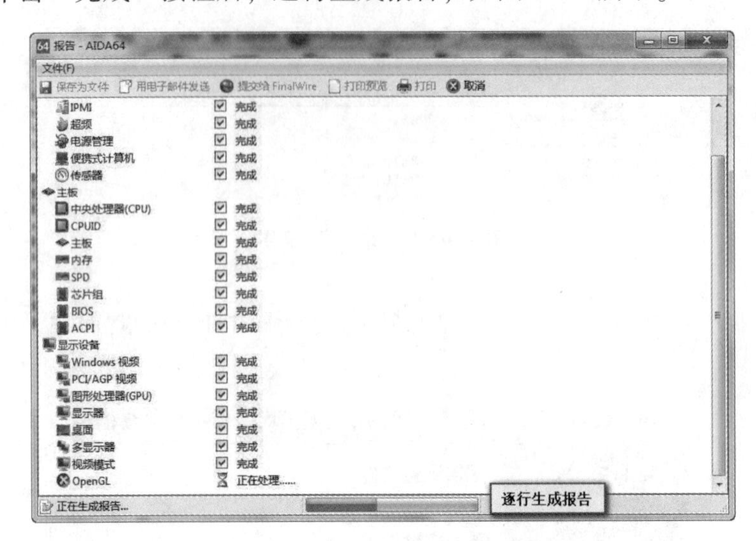

图 4-69　报告生成界面

步骤 13：生成报告后，会弹出图 4-70 所示的详细界面，此时，选择界面上方的“保存为文件”命令来保存该报告。

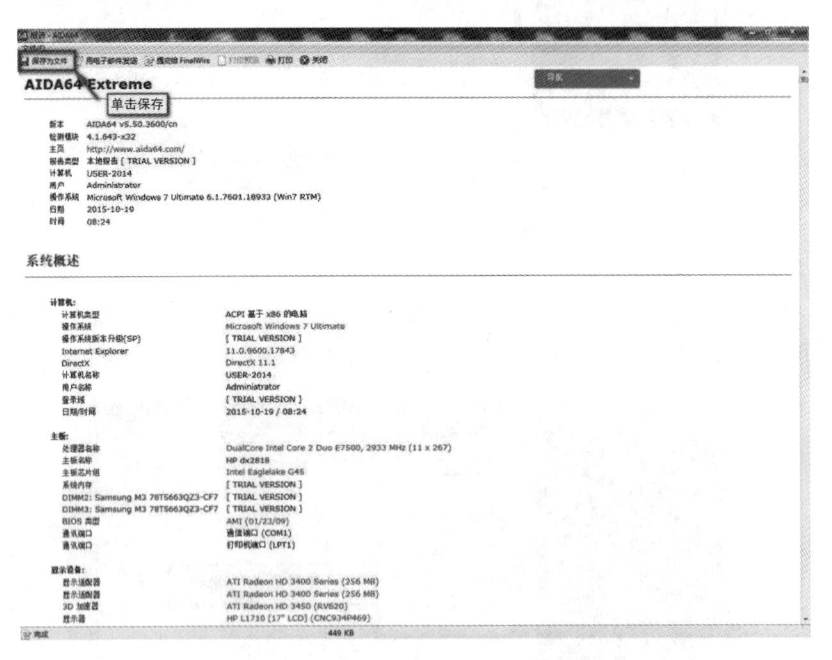

图 4-70　报告生成后的详细界面

任务小结

AIDA64 Extreme 是一款测试软硬件系统信息的软件，可以详细地显示计算机的硬件信息。AIDA64 Extreme 不仅为用户提供了诸如协助超频、硬件侦错、压力测试和传感器监测等多种功能，而且还可以对处理器、系统内存和磁盘驱动器的性能进行全面评估。

第5章

图形图像工具

导　论

在全媒体时代，信息获取和加工处理的途径及方法越来越多。本章主要介绍图形图像的获取方法和时下较为流行的、简单的图形图像工具。

随着计算机技术的发展，图形图像文件的种类越来越多，针对图形图像制作和处理的软件也越来越多。从总体上看，图形图像文件大致上可以分为两大类：位图（点阵图、栅格图）与矢量图（图元、向量图）。前者以点阵形式描述图形图像，被称为 image（图像）；后者以数学方法描述的一种由几何元素组成的图形图像，被称为 graphic（图形）。因此，严格地说，“图形”与“图像”是两种模式完全不同的图片存储方式，但随着计算机图形学的发展，二者之间的区别越来越小。

情景导入

小雪：大鹏，在“五一”长假我去杭州西湖玩了，你们去哪儿玩了呢？

大鹏：在“五一”长假我跟爸爸妈妈去好多风景名胜区玩了，还拍了好多照片呢。小雪，有没有拍照片回来啊？给大家分享一下啊！

小雪：可以啊，我明天把照相机带来给大家看看。

大鹏：不用带照相机，你把照片复制出来不就行了。

小雪：复制？怎么弄啊？我不会啊，大鹏，能不能教教我啊？

大鹏：当然可以，不过明天你还是要带照相机来，我教你怎么将照相机里的照片复制到电脑中。

小雪：好啊好啊，那明天见。

大鹏：嗯，明天见，不过不要忘了带上照相机的数据线哦。

小雪：嗯，知道了。

本章要点

- 获取图像的常见方法；
- 常用的照片管理软件及其使用方法；
- 大头贴的制作方法；
- 使用美图秀秀软件美化照片的方法。

任务 1　图像获取

知识要点

- 图形图像的基本知识；
- 获取图像的常用方法。

任务描述

通过本任务的学习，读者可以了解图形图像的基本知识，熟悉常用图像获取工具的使用方法，掌握常用的图像获取工具的基本操作。

具体要求

获取图像的常用方法

掌握获取图像的不同方法。

任务实施

照片拍摄完成后，从照相机中获取照片：

步骤 1： 用随机附带的 USB 连接线把照相机和计算机连接起来，将照相机的“操作模式”调至“播放”状态，系统会弹出图 5-1 所示的选择设备程序对话框。

图 5-1　选择设备程序对话框

步骤 2： 在对话框中选择“从照相机或扫描仪下载照片”选项后，单击“确定”按钮。

步骤 3： 通过提示和菜单中提供的复制、粘贴等方法就可以把照片下载到计算机的磁盘中。此操作类似计算机中复制文件夹、文件等操作，在此不重复。

步骤 4（从网络获取图像）： 打开 IE 浏览器，如图 5-2 所示。

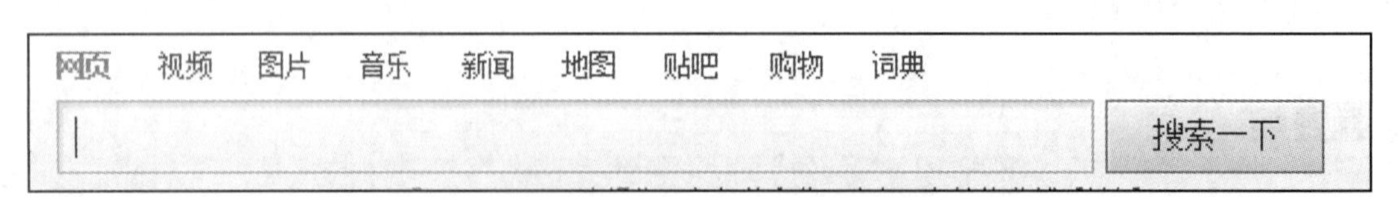

图 5-2　打开 IE 浏览器

步骤 5：在 IE 浏览器中输入搜索图像的关键字，如图 5-3 所示。

网页　视频　图片　音乐　新闻　地图　贴吧　购物　词典

西湖　搜索一下

图 5-3　输入搜索图像的关键字

步骤 6：从搜索到的图片中选择所需图片并下载。浏览器显示的搜索结果如图 5-4 所示。

图 5-4　浏览器显示的搜索结果

从素材光盘中获取图像：

素材光盘是获取图像的重要途径。现在电子出版机构已经正式出版了很多素材光盘，其中包含各种图片、图案等。读者可以根据自己的需要，收集相关类目的素材光盘。

知识拓展

知识点 1　图形图像的基本知识

图像是指一种由许多点组成的点阵。构成图像的点称为像素。图像的色彩显示自然、柔和、逼真，但是在放大或缩小的过程中容易失真，并且随着图像精度的提高或者尺寸的增大，图像所占存储空间也相应增大。

知识点 2　利用扫描仪获取图像

将照片或图片通过扫描仪直接上传到计算机中是获取图像的另一个重要手段。

任务小结

本任务介绍了获取图像的常用方法，对从照相机中获取照片及从网上获取图像进行了详细的说明并对其他方式进行了简单的介绍，为用户掌握图像的获取方法打下了良好的基础。

情景导入

小雪：大鹏，谢谢你啊，你看我已经将照相机中的照片读取出来了。

大鹏：不用谢，你做得不错哦，给你看看我“五一”旅游的文件吧。

小雪：哇，文件名都按地址重命名了，这是怎么做到的啊？

大鹏：这些都是用 ACDSee 软件来进行图像管理的。

小雪：ACDSee？我也想用它管理我的图像，大鹏，能教教我吗？

大鹏：可以啊。

……

任务 2　图片管理

知识要点

- 认识 ACDSee 软件；
- 使用 ACDSee 软件进行图片管理。

任务描述

本任务简单介绍 ACDSee 软件的操作界面。读者可以通过本任务学习 ACDSee 软件的使用方法，对图片进行有效管理。

具体要求

1. 使用 ACDSee 软件进行图片管理

使用 ACDSee 软件进行图片管理并利用 ACDSee 软件的各项功能使图片的管理更加合理。

2. 看图功能

使用 ACDSee 软件查看图片。

3. 图片格式转换功能

利用 ACDSee 软件进行图片格式转换操作。

任务实施

步骤 1：启动 ACDSee 软件后，出现图 5-5 所示的界面。

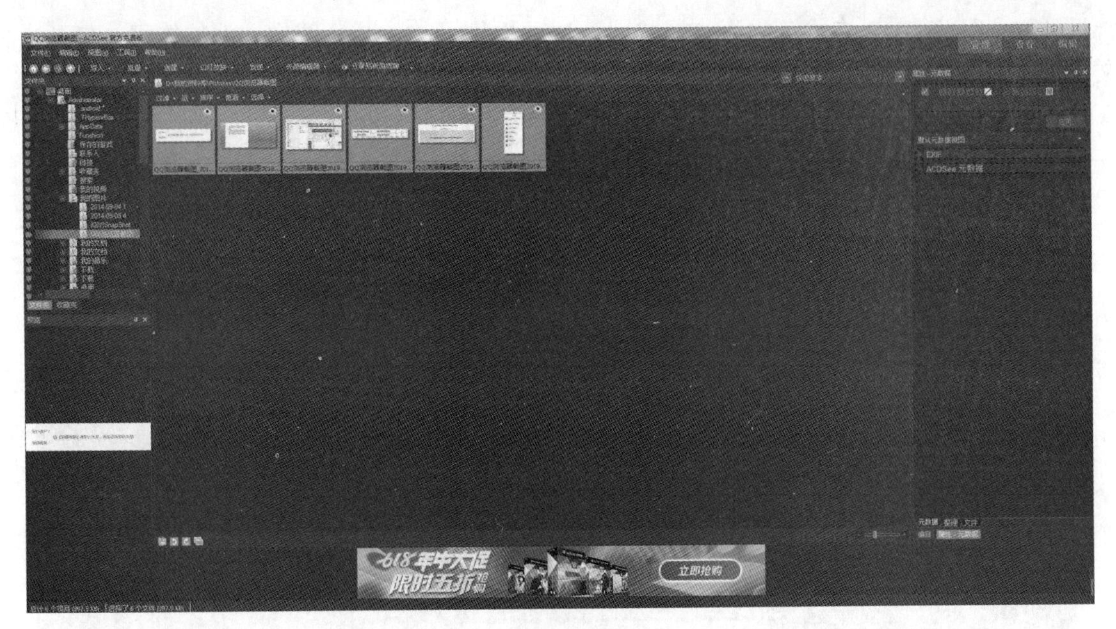

图 5-5 ACDSee 软件界面

在左上方目录窗口中，将路径切换到要显示的图形文件所在的路径上。在右侧文件列表窗口中将光标移到要显示的图形文件图标上，软件便会自动在左下角预览窗口中显示该图形文件的内容。

步骤 2：双击图形文件图标或用光标移动键将光标移动到需要显示的图形文件名上，按 Enter 键，软件自动切换到图片显示窗口并提供图形文件显示功能，如图 5-6 所示。

图 5-6 用 ACDSee 软件查看图片

步骤 3：利用 ACDSee 软件可轻松实现 JPG、BMP、GIF 等图像格式之间的任意转化。最常见的方式是将 BMP 格式转化为 JPG 格式，这种操作可大大减小图像文件的体积。打开素材文件夹，选择扩展名为“. BMP”的图像文件，如图 5-7 所示。

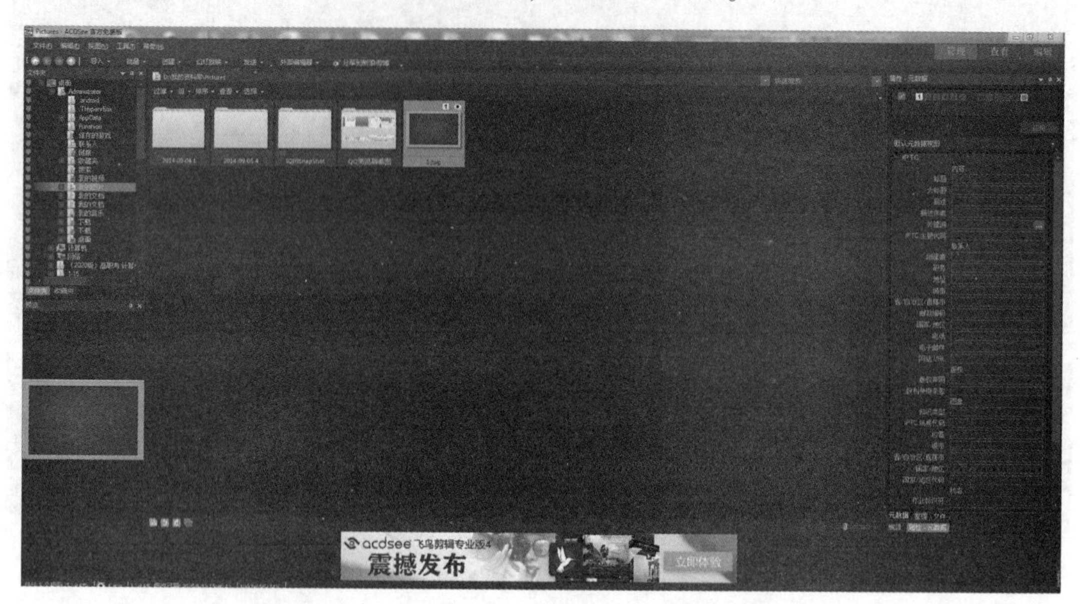

图 5-7 选择扩展名为“. BMP”的图像文件

步骤 4：用鼠标右键单击选择的图像文件，出现其快捷窗口及快捷菜单，如图 5-8 所示。

图 5-8 图像文件的快捷窗口及快捷菜单

步骤 5：选择快捷菜单中的“转换”子菜单，如图 5-9 所示。

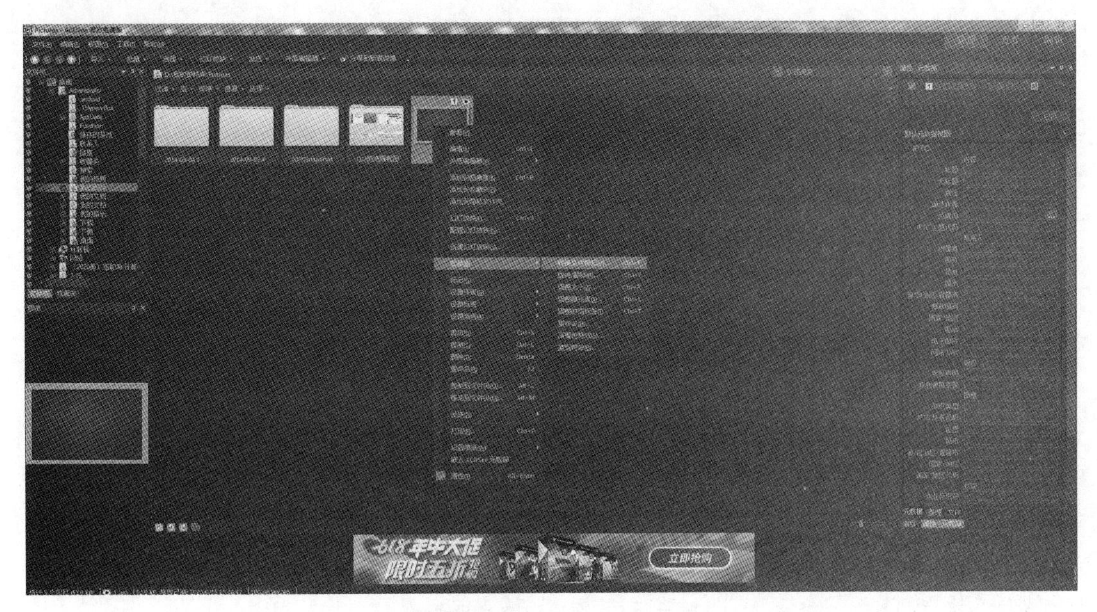

图 5-9　选择“转换”子菜单

步骤 6：选择“转换”命令，出现“批量转换文件格式”对话框，选择需要转换的图像格式，如图 5-10 所示。

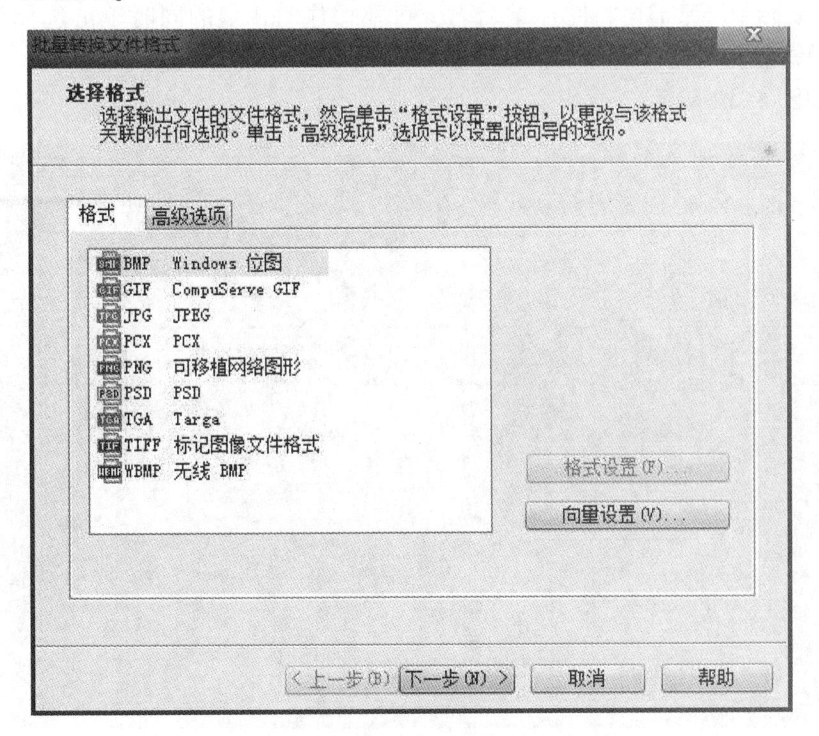

图 5-10　“批量转换文件格式”对话框

步骤 7：单击“确定”按钮完成图像格式转换，如图 5-11 所示。

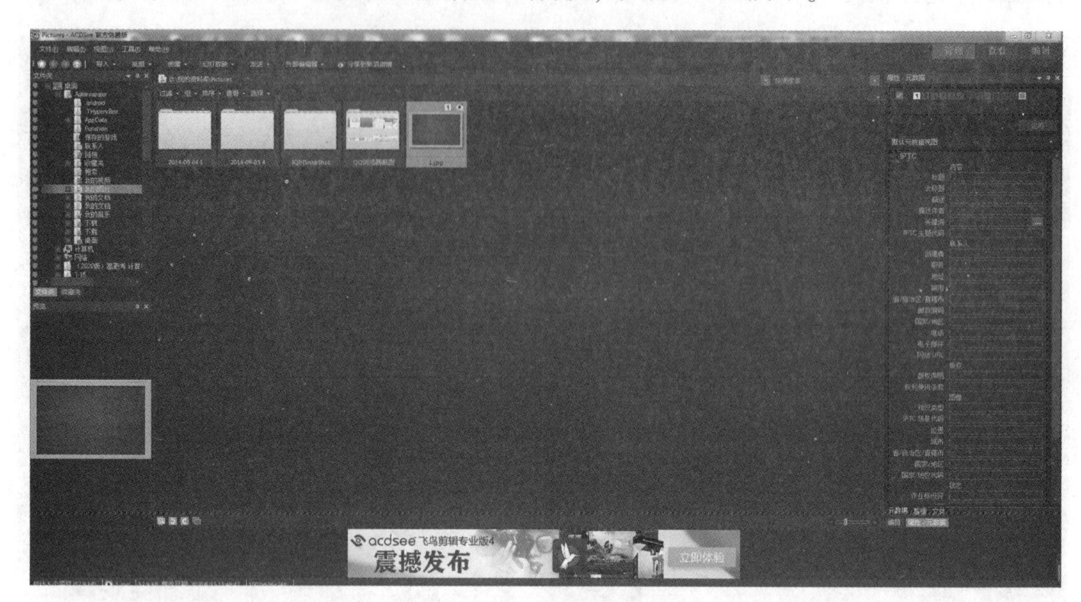

图 5-11　图像格式转换完成

小技巧（该操作支持批量转换文件格式）：在按住 Ctrl 键的同时选择多个图像文件，然后单击鼠标右键，选择相应的转换命令。

步骤 8：实际中经常需要将图片重命名，可在按住 Ctrl 键的同时单击选择需要重命名的文件，然后单击鼠标右键，选择“批量重命名”命令。打开软件素材文件夹，选择需要重命名的图片，如图 5-12 所示。

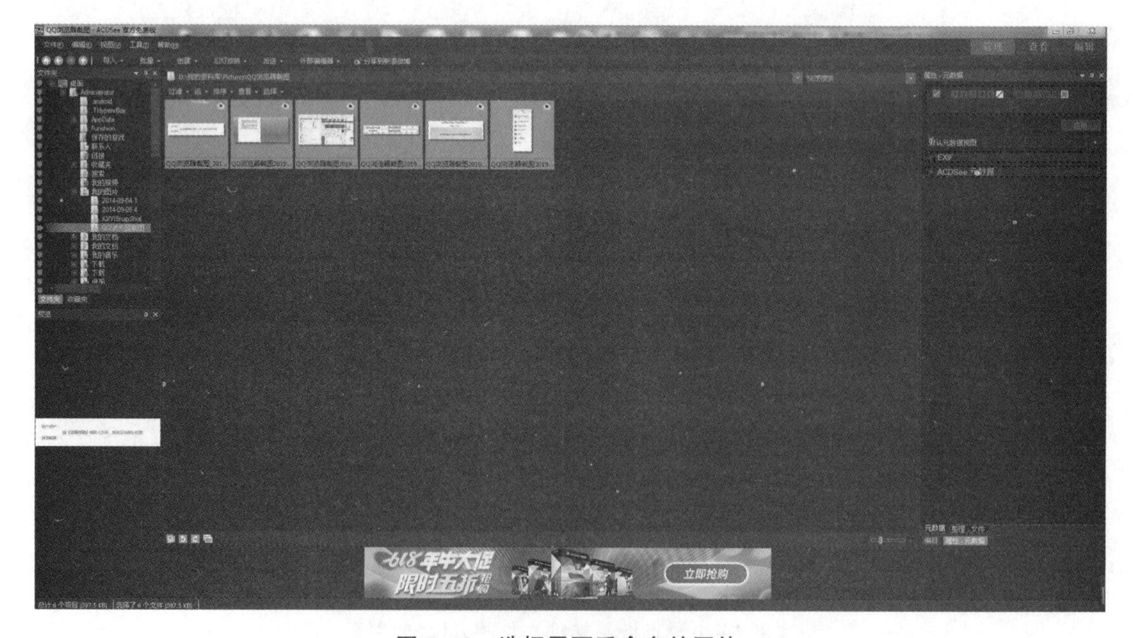

图 5-12　选择需要重命名的图片

步骤 9：在选中的图片上单击鼠标右键，出现快捷菜单，如图 5-13 所示。

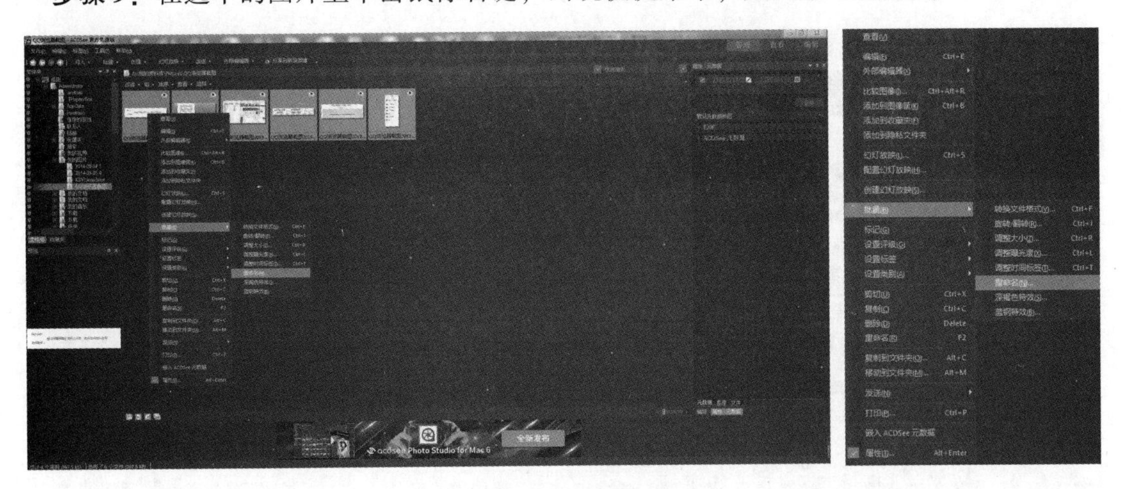

图 5-13　快捷菜单

步骤 10：选择“批量重命名”命令，出现“批量重命名”对话框，如图 5-14 所示。

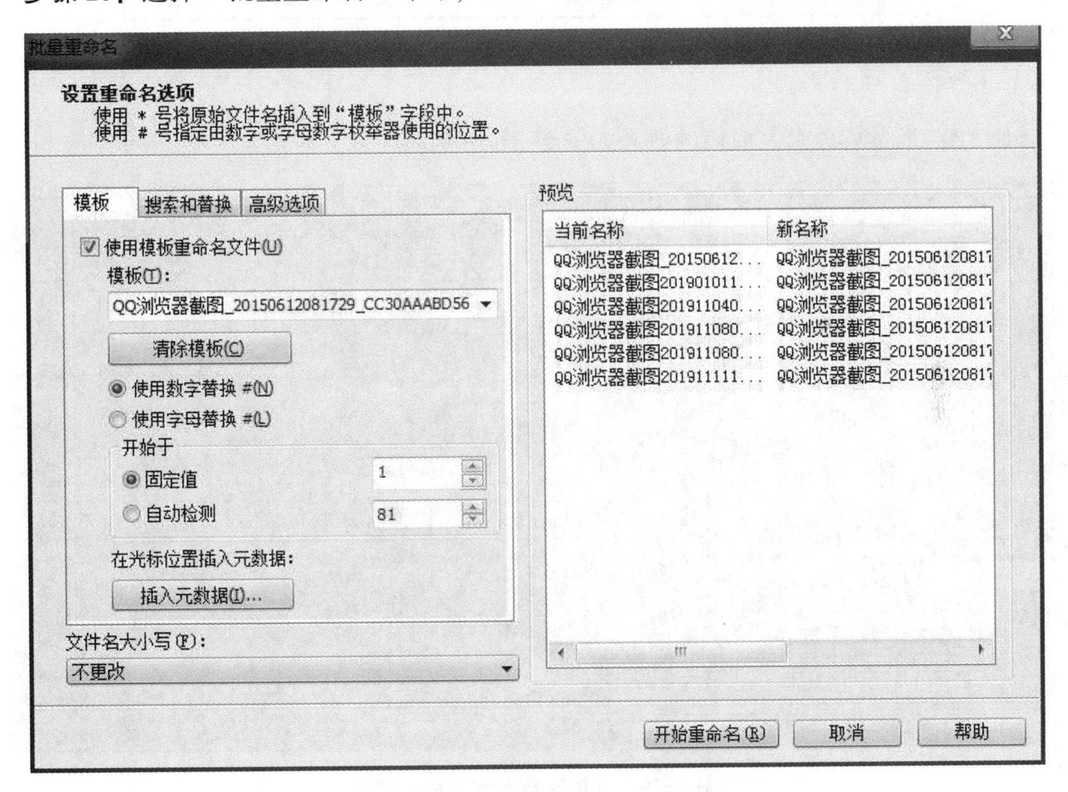

图 5-14　“批量重命名”对话框

步骤 11：进行参数设置，如图 5-15 所示。

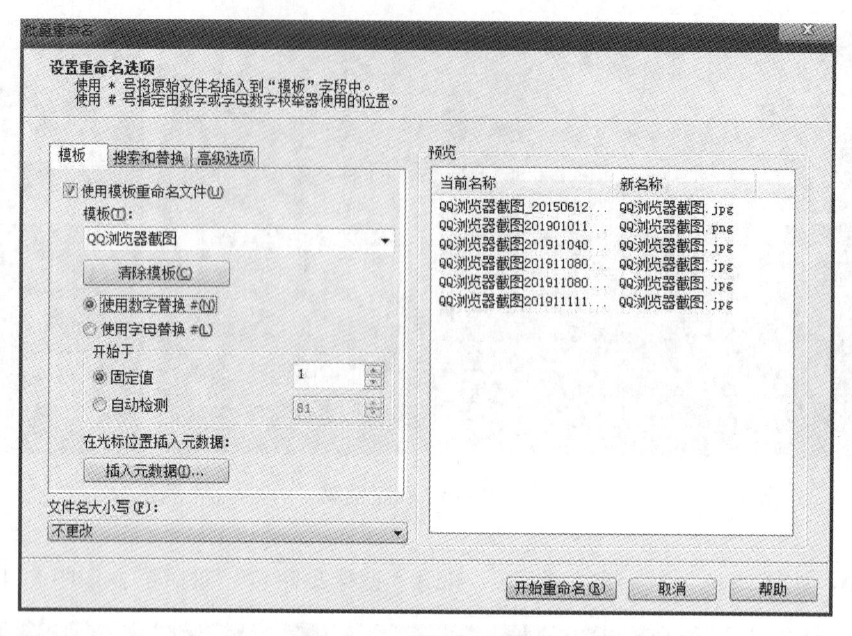

图 5-15　进行参数设置

步骤 12：批量重命名完成后的效果如图 5-16 所示。

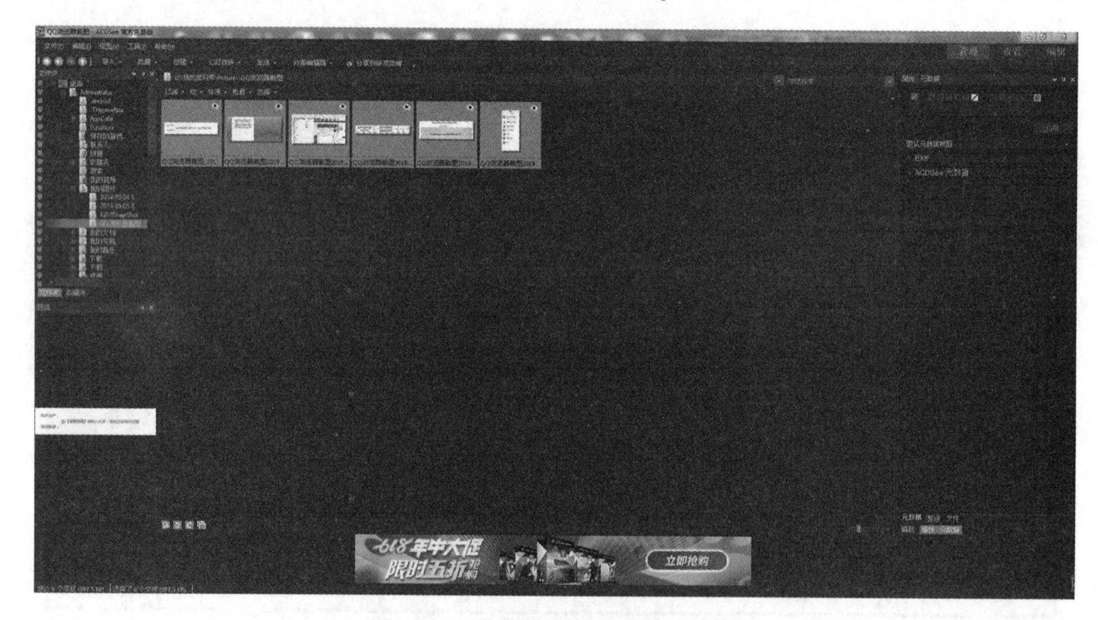

图 5-16　批量重命名完成后的效果

对于素材光盘，可以用 ACDSee 软件制作文件清单。运行 ACDSee 软件，从目录树中找到光盘，选择“工具”→“生成文件列表”命令，便产生一个文本文件，文件名为“Folder-Contents”，存放于临时目录“TEMP”下。该文件记录了素材光盘中的文件夹名称和其他信息。

知识拓展

知识点 1 ACDSee 软件

ACDSee 是目前非常流行的图片管理软件之一。它提供了良好的操作界面、简单的操作方式、优化的快速图形解码方式，支持丰富的图形格式，具有强大的图形管理功能。

ACDSee 软件广泛应用于图片的获取、管理、浏览、优化甚至分享。使用 ACDSee 软件，可以从数码相机和扫描仪高效获取图片并进行便捷的查找、组织和预览。作为最重量级的图片管理软件，ACDSee 软件能快速、高质量地显示图片，配以内置的音频播放器，还可以播放精彩的幻灯片。

ACDSee 软件目前也可以支持 WAV 格式的音频文件播放，还能处理 MPEG 之类常用的视频文件，向着多媒体显示/播放平台迈进。

知识点 2 预听声音

制作课件时，用 ACDSee 软件选择恰当的播放声音非常方便：用鼠标选择一个声音文件，在预览区便出现播放进度条和控制按钮，MP3、MID、WAV 等常用的格式都能得到支持。

知识点 3 预览影片

ACDSee 软件能够在媒体窗口中播放视频文件，并且可适当地提取视频帧并将它们保存为独立的图像文件。在文件列表中，双击一个多媒体文件可以打开媒体窗口，无论是播放还是提取都很简单。

知识点 4 获取图像

（1）截取屏幕图像：选择“工具→动作”选项，单击“获取”图标，选择“屏幕”并单击“确定”按钮，然后按需要选择即可。

（2）从扫描仪获取图像：选择主工具栏中的“获得”→“扫描仪”→“设置”命令进行扫描前设置，设置自动保存的命名规则、保存格式（BMP、JPG）、保存位置，然后调出扫描仪操作对话框进行扫描。关于格式：需要转移或放入课件中的一般是 JPG 格式，若用 OCR 软件进行文字识别，则必须是 TIFF 或 BMP 格式。

知识点 5 ACDSee 的图像简单处理功能

完全安装 ACDSee 5.0 PowerPack 会默认安装图片编辑工具 ACD FotoCanvas 2.0，使用其中的一些工具能够方便地增强图像效果。方法是：在需要处理的图像上单击鼠标右键，选择“编辑”命令，打开编辑器并载入需要编辑的图片。另外，还可以对其中的工具图片进行裁剪、尺寸调整、旋转、翻转、曝光调节等。

知识点 6 ACDSee5.0 制作专业级素描图片

可以利用 ACDSee5.0 PowerPack 自带的编辑器 ACD FotoCanvas v2.0 进行专业级素描图片的制作。

任务小结

本任务介绍了管理图片的常用软件 ACDSee 的常规使用方法。读者可以借助 ACDSee 软件对图片进行有效管理，使图片的放置更加合理。

情景导入

小雪：大鹏，你这个头像是怎么制作的啊？

大鹏：这个是大头贴啊，用专门的软件就可以制作。

小雪：大头贴？有什么用啊？

大鹏：它的用处可多了，可以制作 QQ 头像，可以制成照片贴在手机上，等等，可好看了。

小雪：我也想弄张大头贴制成 QQ 头像，你能告诉我怎么制作吗？

大鹏：好啊。

……

任务 3　大头贴的制作

知识要点

- 安装大头贴制作软件；
- 使用大头贴制作软件制作大头贴。

任务描述

通过本任务的学习，读者可以了解大头贴制作的基本知识并利用大头贴制作软件制作个性化的大头贴。

具体要求

1. 安装大头贴制作软件

"爱拍就拍"是一款免费的大头贴制作软件，只要计算机上装有摄像头，就能利用它制作大头贴，如果没有摄像头，也可以导入数码照片制作精美的大头贴。

本任务以此软件为例进行讲解，学生在教师的指导下，将软件素材文件夹下的"爱拍就拍"大头贴制作软件安装在计算机中。

2. 使用大头贴制作软件制作大头贴

通过学习"爱拍就拍"软件的使用方法，读者可以学会大头贴的制作方法，完成效果如图 5-17 所示。

图 5-17　完成效果

任务实施

步骤 1：打开本章软件素材文件夹下的“爱拍就拍大头贴”安装文件，进行软件的安装，如图 5-18 所示。安装完成后，桌面上自动生成快捷方式图标。

步骤 2：双击桌面上的快捷方式图标，运行“爱拍就拍”软件。运行时，如果系统发现未安装摄像头，则会弹出没有找到摄像头的提示，单击“确定”按钮即可进入“爱拍就拍”软件界面，如图 5-19 所示。

图 5-18　安装“爱拍就拍”软件

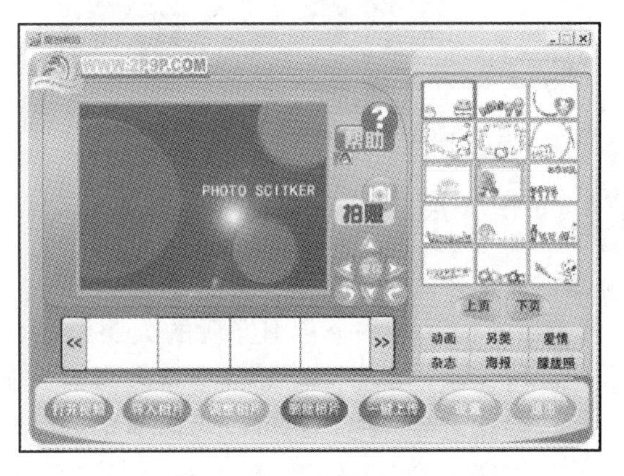

图 5-19　“爱拍就拍”软件界面

步骤 3：导入本任务素材文件夹下的图片，如图 5-20 所示。

步骤 4：选择相框（此例选择“朦胧照”下的第一行第一列的相框），如图 5-21 所示。

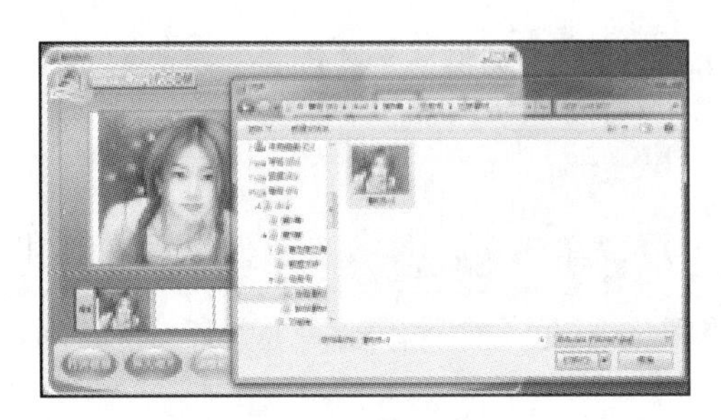

图 5-20　导入图片

图 5-21　选择相框

步骤 5：调整图片位置，单击相应的方向移动按钮进行调节，如图 5-22 所示。

步骤 6：完成大头贴的制作，退出“爱拍就拍”软件，系统将制作好的大头贴文件自动进行保存，文件格式为“. BMP”。如需将制作的大头贴文件上传至网络，可单击软件界面下的“一键上传”按钮进行上传（用户须有上传的账号），同时，可在此查看保存位置，找到制作完成的大头贴文件。一键上传如图 5-23 所示。

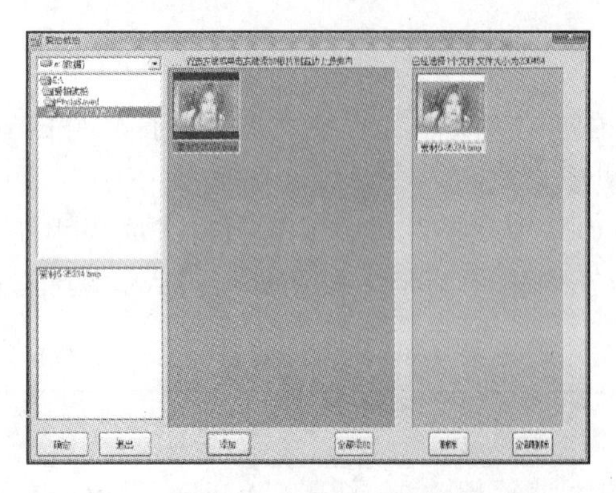

图 5-22　调整图片位置

图 5-23　一键上传

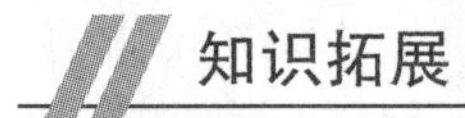

知识拓展

知识点 1　“爱拍就拍”软件的特点

“爱拍就拍”是一个实用好玩的大头贴制作软件。只要用户的计算机装有摄像头，就可以利用它快速制作富有个性并且丰富多彩的大头贴。“爱拍就拍”软件可以将照片加上不同的边框。除此之外，用户还可以为以前拍的照片加上边框，调整照片的质量，如亮度、对比度等，并且快速上传至 www.2p9p.com，参与各类评比活动。当然，用户首先要注册成为“爱拍就拍”会员。

知识点 2　如何用摄像头进行自拍

在计算机装有摄像头的情况下，用户可进行自拍，现场制作个性化的大头贴，单击 打开视频 按钮进入拍照模式；单击 拍照 按钮就可以拍下自己的照片，如果想继续拍照，则单击 继续 按钮。后续的制作方法跟任务 3 中的任务所述类似。

知识点 3　使用摄像头拍照时的设置

在拍照模式下，如果想对照片进行一些改变，可以单击 设置 按钮，然后在弹出的“属性”对话框中设置相应的亮度、对比度、色调和饱和度，然后单击“应用”→“确定”按钮。

知识点 4　调整照片

单击 调整相片 按钮，在弹出的对话框中设置相应的“红色”“绿色”“蓝色”“对比度”“亮度”参数，然后单击“确定”按钮。

知识点 5　其他大头贴制作软件

时下流行的大头贴制作软件众多，如“大头贴制作大师”“FotoMorph”。用户可以通过百度搜索查找符合自己需要的大头贴制作软件。各种大头贴制作软件功能相差不大，操作方法基本类似，这里不再赘述。

任务小结

本任务简单介绍了“爱拍就拍”大头贴制作软件的安装方法并详细介绍了使用该软件制作大头贴的操作步骤，为用户制作大头贴提供了操作参考。

情景导入

小雪：大鹏，谢谢你啊，你看我制作的大头贴好看吗？

大鹏：不用谢，你制作的大头贴不错哦，给你看看我制作的“五一”旅游相册，漂亮吧？

小雪：哇，好漂亮哦。这是怎么做的啊？

大鹏：这些都是用美图秀秀软件制作的。

小雪：美图秀秀？我也想把我的照片处理一下，大鹏，能教教我吗？

大鹏：可以啊。

任务4　美图秀秀图片处理

知识要点

- 认识美图秀秀软件界面；
- 使用美图秀秀软件处理图片。

任务描述

本任务主要简单介绍美图秀秀软件的操作界面，通过本任务的学习，读者可以熟悉美图秀秀软件的操作方法。

具体要求

1. 认识美图秀秀软件界面

美图秀秀是一款很好用的免费图片处理软件，其独有的图片特效、美容、拼图、场景、边框、饰品等功能，以及每天更新的精选素材，可以使用户快速制作出影楼级图片，并且还能一键分享到新浪微博等平台

学生在教师的指导下，将软件素材文件夹下的美图秀秀软件安装到计算机中，并认识软件界面，了解其大致功能和作用。

2. 使用美图秀秀软件处理图片

通过本任务的学习，学生可以学会使用美图秀秀软件处理图片并利用其美化功能抠取图像的方法。本任务的素材如图5-24所示。

图 5-24　素材 5-4A 和素材 5-4B

使用美图秀秀软件的美化功能抠取图像的效果如图 5-25 所示。

图 5-25　抠取图像的效果

任务实施

步骤 1：打开已安装完成的美图秀秀软件，进入其界面，如图 5-26 所示。

图 5-26　美图秀秀软件界面

步骤 2：打开素材 5-4A，如图 5-27 所示。

图 5-27　打开素材 5-4A

步骤 3：选择“美化”→“抠图笔”选项，抠取人物图像，由于人物所在图片背景为纯色，可以用“自动抠图方式”抠取人物图像，在要抠取的图片上划线并完成抠取，其结果如图 5-28 所示。

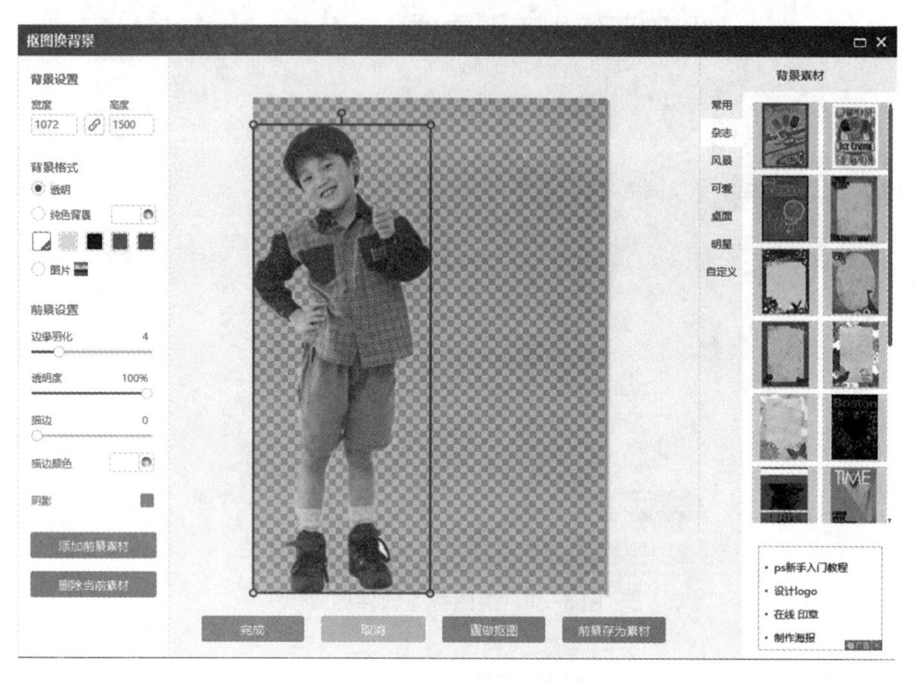

图 5-28　抠取人物图像的结果

步骤 4：完成人物图像的抠取后，单击界面右上方的“背景设置”按钮，将素材 5-4B（背景图片）添加进来，其效果如图 5-29 所示。

图 5-29　背景图片的设置效果

步骤 5：调整人物图像的大小和位置并确定最终效果，如图 5-30 所示。

图 5-30　调整人物图像的大小和位置

步骤 6：单击界面左上角的“保存与分享”按钮对文件进行保存。保存结果如图 5-31 所示。

图 5-31　保存结果

知识拓展

知识点 1　使用美图秀秀软件处理一张图片的过程

（1）打开美图秀秀软件。

（2）打开要处理的图片文件。

（3）选择处理图片的功能

（4）进行细节调整。

（5）完成图片处理并保存文件。

知识点 2　美图秀秀软件的主要功能

（1）对图片进行基础色调处理。

（2）对人物图片进行脸部美容处理。

（3）为图片添加各种可爱饰品。

（4）为图片添加文字。

（5）为图片添加各种边框。

（6）为图片添加可爱场景。

（7）将多张图片进行自由组合。

（8）“更多功能”里包括九格切图、摇头娃娃和闪图。利用九格切图功能可以切割图片，利用摇头娃娃功能可以制作好玩的动画效果，利用闪图功能可制作动感闪图。

知识点 3　在线素材下载

对于某些功能，美图秀秀软件提供了在线素材下载，如饰品、文字、边框、场景等功能支持在线从网上下载素材对图像进行更多的美化处理。

知识点 4　美图秀秀软件的帮助系统

可单击软件界面下的“新手帮助”按钮进入美图秀秀官网查看相应效果制作的图文教程，同时，美图秀秀官网还提供视频教程供用户参考学习。

知识点 5　美图秀秀软件其他功能应用

美图秀秀软件共有十大功能模块，本节仅以美化功能中的抠图为例进行介绍，其他功能模块的操作基本类似，不再赘述。

知识点 6　美图公司旗下其他产品

美图公司旗下主要有美妆相机、海报工厂、柚子相机、表情工厂、美图贴贴、美陌、美图 GIF、美图手机管理、美图秀秀、美图看看、美图拍拍等产品，具体可见官方网站（http：//www. meitu. com）。

任务小结

美图秀秀是一款功能强大而又操作简单的图片处理软件，人们可以利用其进行简单的图形图像处理并使用其提供的特效、场景及处理方法来制作漂亮的静态和动态图像。本任务简单介绍了美图秀秀软件界面并详细介绍了使用该软件抠取图像、改变背景的操作步骤。

第6章

音频和视频工具

导　论

音频与视频是人们日常工作生活中常见的多媒体形式。那么除了欣赏音频、视频外，能不能对音频、视频进行编辑呢？其实，音频、视频的编辑应用非常广泛，如音乐的改编，视频的剪辑，音频、视频格式的转换等。

通过这一章的学习，读者主要可以掌握 GoldWave 音频处理软件的使用方法、会声会影软件及常用音/视频格式的转换方法。

情景导入

小雪：大鹏，我准备在学校元旦文艺演出中演唱一首歌曲，但我想把伴奏音乐改编一下，而且把音频格式转换为 mp3。等演出结束后我想制作一段 MV，不知该怎么办？

大鹏：哦，这涉及多媒体素材的编辑工作。你别急，我教你几个音频与视频的编辑方法，这些问题就肯定能解决了。

小雪：哦，那真是太棒了，你赶快教我这些新知识吧！

大鹏：嗯，其实这些工具软件都很好学习的。比如，你想处理音频素材，就可以用 GoldWave 音频处理软件，如果你想转换格式，可以用格式工厂软件。我们一起来学习吧！如果你想制作一些动态音/视频，可以用会声会影软件。

任务1　GoldWave

知识要点

- GoldWave 软件的安装、界面介绍；
- 利用 GoldWave 软件播放音频文件、转换音频文件的格式、保存音频文件；
- 利用 GoldWave 软件对音频文件进行简单的编辑与处理。

任务描述

通过本任务的学习，读者可以掌握 GoldWave 软件的安装方法，熟悉该软件界面，学会用该软件播放音频文件、转换音频文件的格式、保存音频文件，掌握利用 GoldWave 软件对音频文件进行简单的编辑与处理（主要涉及音频文件的特效处理等）。

具体要求

1. GoldWave 软件的安装与界面介绍

介绍从网上下载 GoldWave 软件并将其安装在计算机中的方法。安装完成后，对其界面进行介绍。

2. 利用 GoldWave 软件播放音频文件、转换格式、保存音频文件

介绍利用 GoldWave 软件播放音频文件、转换音频文件的格式、保存音频文件的方法。

3. 利用 GoldWave 软件对音频文件进行简单的编辑与处理

介绍 GoldWave 软件的基本编辑功能，主要包括音频文件的截取、复制、剪切、移动、粘贴等基本操作以及声音特效的处理方法。

任务实施

步骤 1：下载 GoldWave 软件。打开 360 安全浏览器，输入网址“http://www.onlinedown.net/”，打开“华军软件园”网站首页，在搜索栏中输入“GoldWave 6.41.0.0 中文版”，如图 6-1 所示。

图 6-1　搜索软件界面

单击“本地下载”按钮进入下载页面，选择任一下载通道进行下载操作（图 6-2）。如果计算机没有联网，可以选择本书素材中附带的软件直接使用。

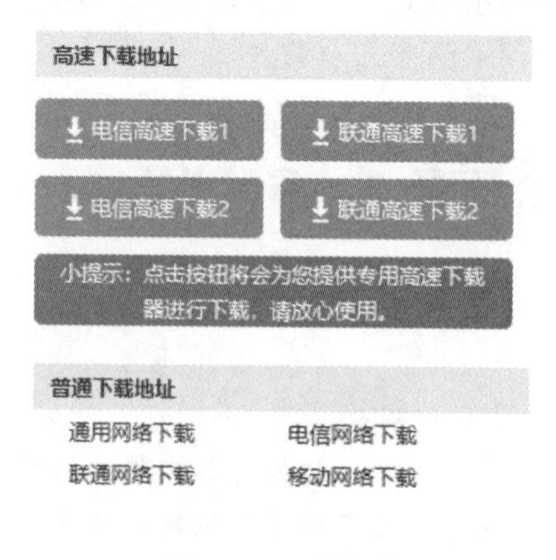

图 6-2　下载通道

步骤 2：安装 GoldWave 软件。双击“GoldWaveSetup. exe”安装文件，进入软件安装界面，如图 6-3 所示，然后单击“下一步”按钮后再单击“我接受”按钮，进入下一界面。选择组件（注意，一些不需要的组件不要勾选）。稍等几秒即可顺利完成软件的安装，单击“确定”按钮，如图 6-4 所示。

图 6-3 软件安装界面

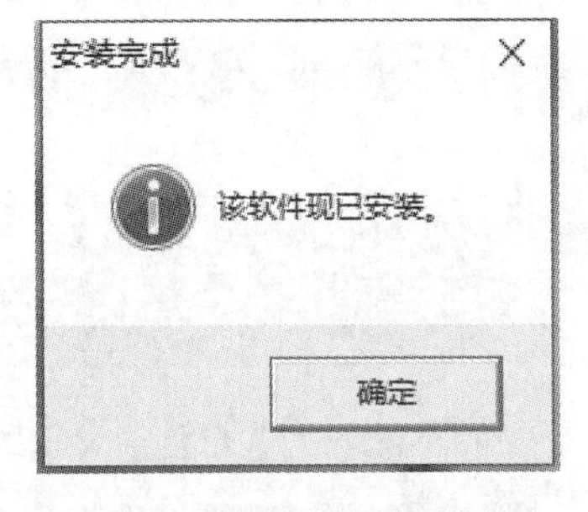

图 6-4 软件安装完成界面

步骤 3：GoldWave 软件界面介绍。安装结束后，可以在桌面上找到其快捷方式图标，双击该图标即可打开软件，如图 6-5 所示。

图 6-5 GoldWave 软件快捷方式图标

GoldWave 软件启动界面如图 6-6 所示。顺利启动软件后，出现一个空白窗口，右边的“控制器”窗口是用来控制播放的。可以使用“窗口”菜单控制“控制器”窗口的位置，如图 6-7 所示。

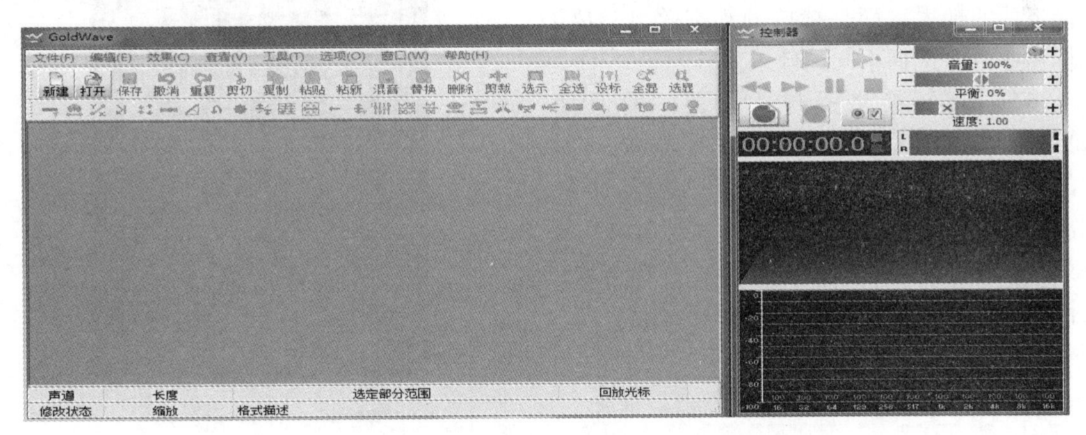

图 6-6 GoldWave 软件启动界面

图 6-7 菜单栏、常用工具栏、特效工具栏

单击工具栏上的“打开”按钮，可以打开任意类型的音频文件，如打开歌曲“时间都去哪儿了 . mp3”后的界面如图 6-8 所示。

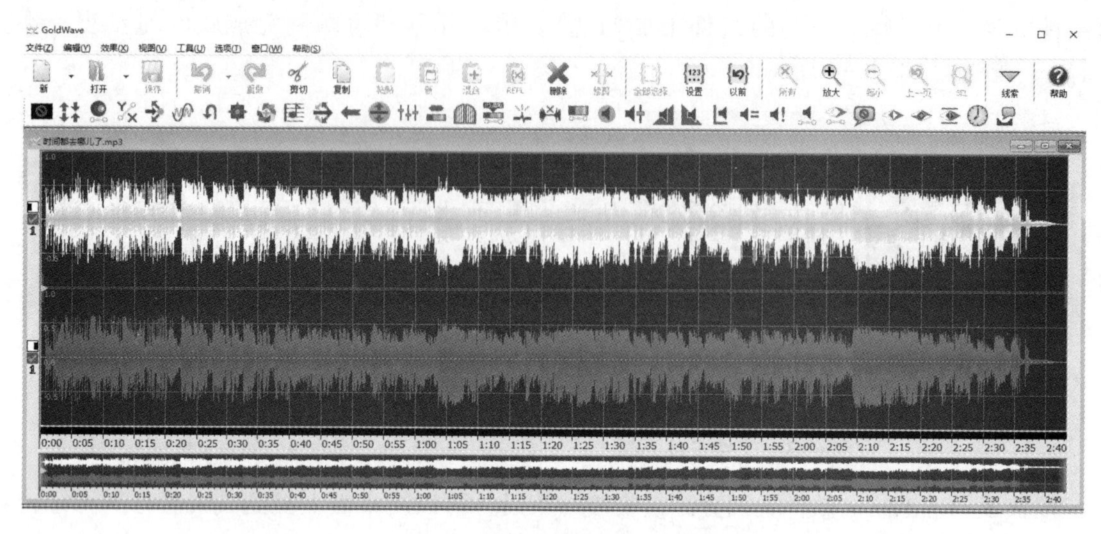

图 6-8　打开歌曲后的界面

界面中间上面的波形为左声道，下面的波形为右声道。最下面是一条为时间轴。界面上方是常用的工具按钮。

“控制器”窗口如图 6-9 所示。

常用按钮：是播放按钮，是停止按钮，是暂停按钮，是录音按钮。单击播放按钮，显示播放的精确时间 00:00:07.3 。在右上方可以设置音量，左、右声道的值及播放速度。下面的烟火界面是播放的动态效果，单击鼠标右键可以选择不同的效果。

步骤 4：转换格式与音频文件的保存。GoldWave 软件可以通过保存操作来转换音频文件的格式。选择“文件”→“另存为”命令，弹出一个保存对话框，从上面的“保存在”下拉列表中找到需要的文件夹。可以选择需要的文件类型进行保存，如图 6-10 所示。

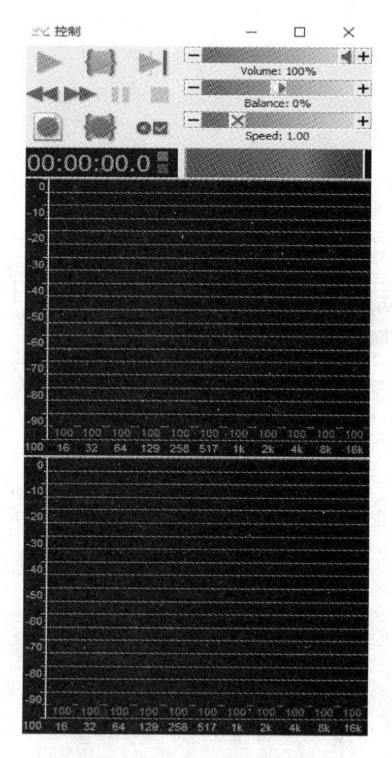

图 6-9　“控制器”窗口

步骤 5：音频文件的简单编辑与处理。

（1）截取音频文件。

若需要将几段音乐合并成一段音乐，如何进行操作呢？这就要涉及声音波形文件的截取操作。

①打开音频文件“墨西哥-Bringing The World Back Home. mp3”。

②播放音乐。当决定要从某一时间节点进行截取时，单击暂停按钮，然后单击波形确定开始位置。

③继续播放音乐，当决定要从某一时间节点结束时，再次单击暂停按钮，然后用鼠标右键单击该波形的位置。

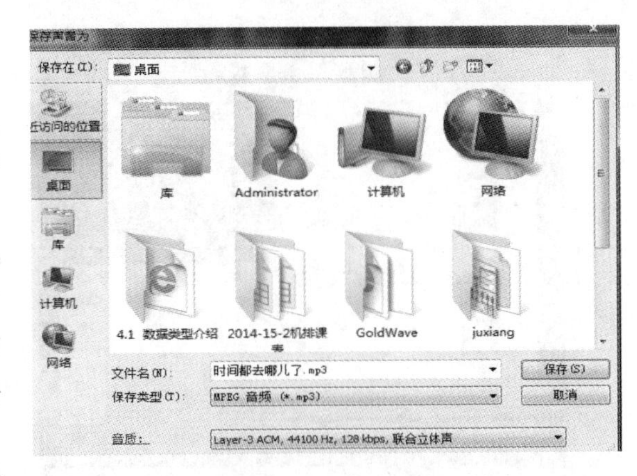

图 6-10　保存对话框

④被截取的音乐是高亮显示的，其他部分是暗色显示的，如图 6-11 所示。

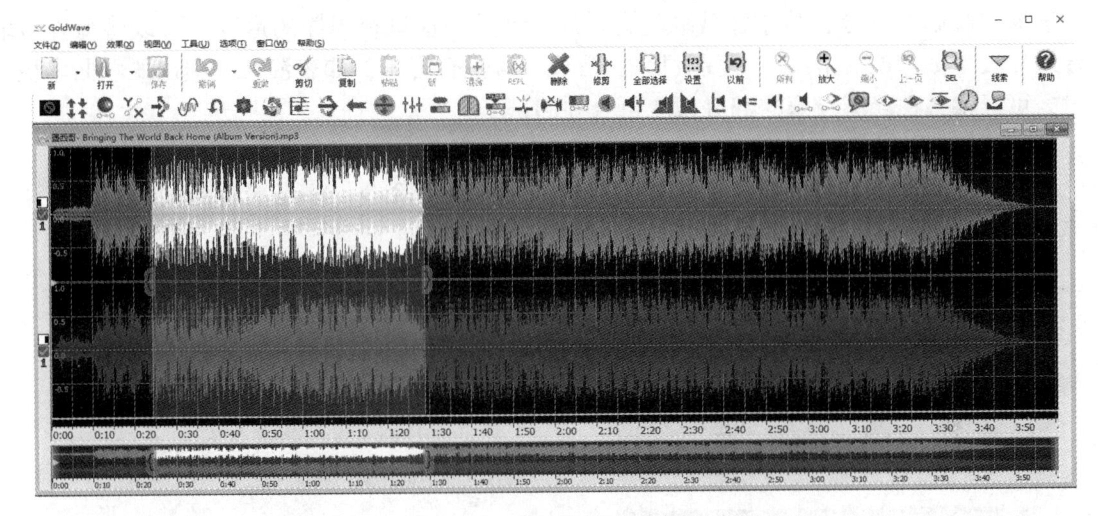

图 6-11　截取音频文件界面

（2）复制、剪切、移动、裁剪音频文件。

音频文件的某一片段通常称为波形段，用户对选中的波形段可以很方便地进行复制、剪切、移动、裁剪等操作。用鼠标右键单击截取部分，弹出一个子菜单，如图 6-12 所示。

选择相应的菜单命令进行操作：

①剪切：可以将截取的声音（波形）剪切下来。

②删除：可以将截取的声音（波形）删除。

③复制：可以将截取的声音（波形）复制一份。

例如，要将刚才截取的音乐片段复制一份，单击鼠标右键选择“复制”命令，然后在想要复制的位置单击鼠标右键，选择“粘贴”命令。另外，用户也可以新建一个文件，将声音（波形）复制到新的文件中。单击工具栏上的新建按钮，弹出图 6-13 所示的“新声音”对话框。

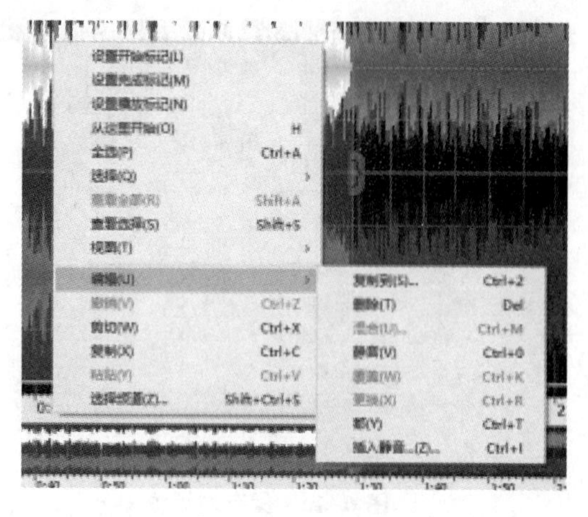
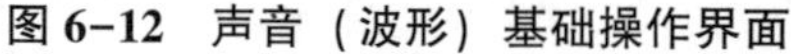

图6-12 声音（波形）基础操作界面

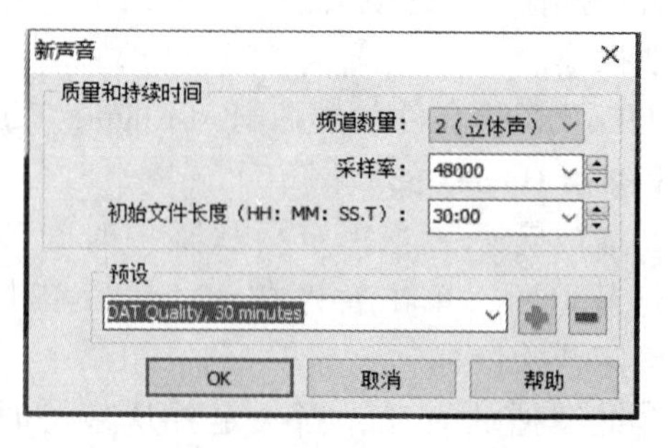

图6-13 “新声音”对话框

选择好声道数、采样速率、初始化长度等参数，然后单击“确定”按钮。新的音频文件界面如图6-14所示。

选择“粘贴”命令，将刚才截取的音乐片段粘贴到这里。同样的道理，可以将另外截取的音乐片段（如“02. mp3”）复制过来，形成一段混合音乐，如表演元旦演出的歌曲串烧节目时，可以将各种伴奏音乐的部分截取再合并起来。

（3）实现混音效果。

若要实现混音效果，则可以选择“编辑”→“混音”命令，如设置混音的起始时间和音量等参数，如图6-15所示。

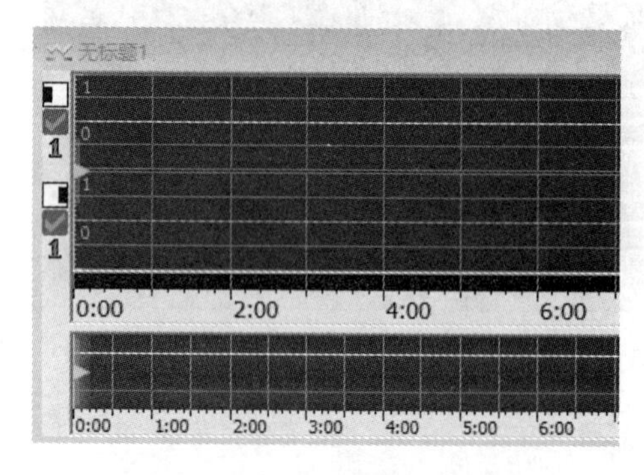

图6-14 新的音频文件界面

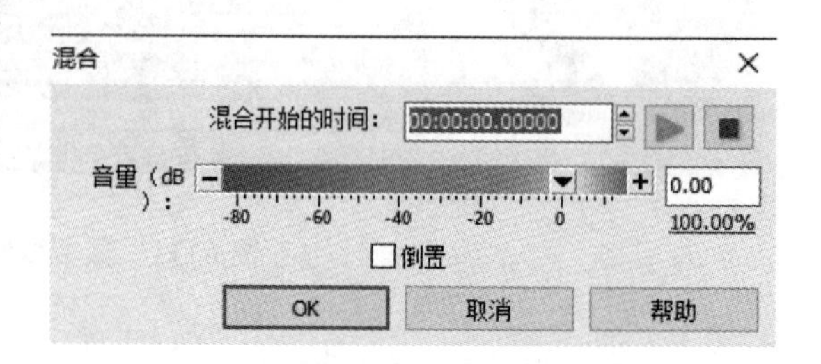

图6-15 混音界面

（4）设置声音特效。

若要设置声音的其他效果，可以选择“效果”菜单下的各种命令来给音频文件设置各种特效。下面介绍几种常用的特效设置。

①淡入淡出效果。

所谓淡入淡出效果，是指声音的渐强和渐弱，通常用于两个声音素材的交替切换、产生渐近渐远的音响效果等场合。淡入效果的作用是使声音从无到有、由弱到强，而淡出效果则正好相反，其作用是使声音逐渐消失（图6-16）。

选择“效果”菜单下的“淡入”或“淡出”命令，弹出图6-16（a）和图6-16（b）所示的对话框，再进行相关设置，即可完成淡入淡出效果的设置。

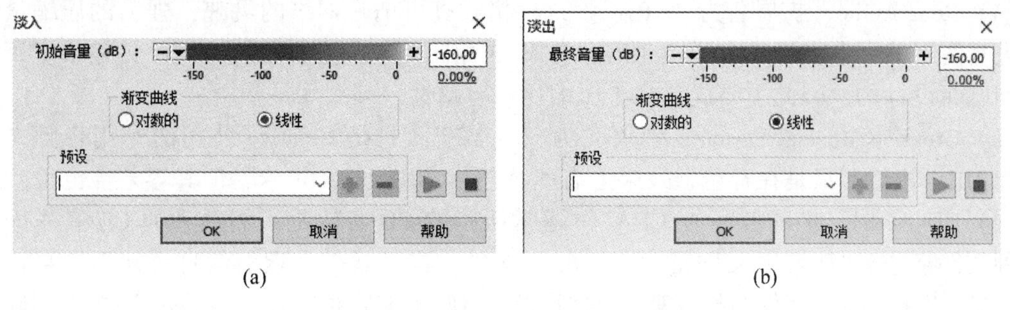

(a) (b)

图 6-16 “淡入”“淡出”对话框

(a)“淡入”对话框;(b)“淡出”对话框

②回声效果。

回声效果是使音频文件产生回音的特殊效果。选择“效果”菜单下的“回声”命令,弹出图 6-17 所示的对话框,然后设置相关的参数即可。

③混响效果。

如果想使音频文件具有混响效果,则选择“效果”菜单下的“混响”命令,弹出图 6-18 所示的对话框,然后设置相关的参数即可。另外,用户还可以设置声音的其他特效,如利用常用工具栏上的按钮或者“效果”菜单下的各种命令来实现。

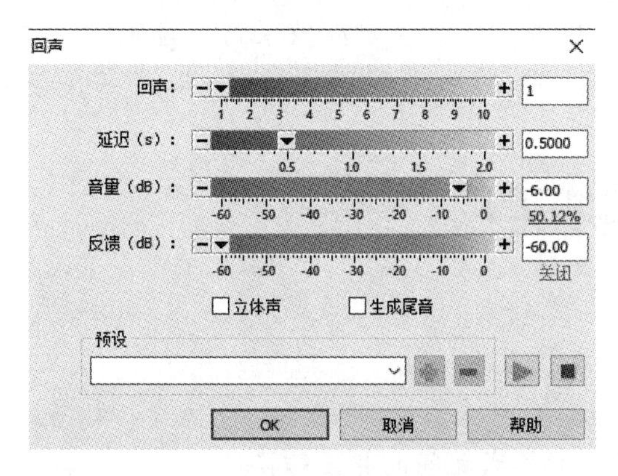

图 6-17 “回声”对话框

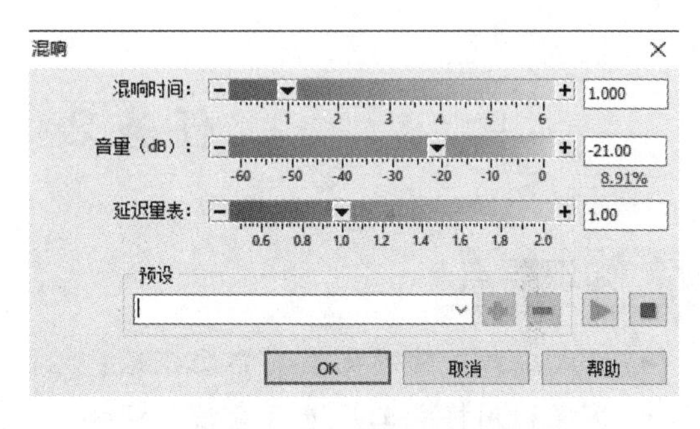

图 6-18 “混响”对话框

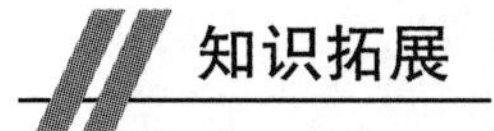

知识拓展

知识点 常用音频文件格式

常用音频文件格式有以下 7 种:

(1) WAVE,扩展名为“. wav”。该格式记录声音的波形,故只要采样率高、采样字节长、机器速度快,利用该格式记录的音频文件能够和原声基本一致,质量非常好,但这样做的代价就是文件太大。

(2) MOD,扩展名为“. mod”“. st3”“. xt”“. s3m”“. far”等。该格式的音频文件里存放乐谱和乐曲使用的各种音色样本,具有回放效果明确、音色种类多等特点,但它也有一些致命弱点,因此被逐渐淘汰,目前只在 MOD 迷及一些游戏程序中使用。

(3) MPEG-3,扩展名为“. mp3”。它是现在最流行的音频文件格式,因其压缩率高,在网络可视电话通信方面应用广泛,但和 CD 音频文件相比,音质不能令人满意。

(4) Real Audio，扩展名为“.RA”。这种格式真可谓是网络的灵魂，强大的压缩量和极小的失真使用其在众多格式中脱颖而出。与 MP3 相同，它也是为了解决网络传输带宽资源有限的问题而设计的，因此主要优势在于压缩比和容错性，其次才是音质。

(5) Creative Musical Format，扩展名为“.CMF”。它是 Creative 公司的专用音频文件格式，和 MIDI 相似，只是在音色、效果上有些特色，专用于 FM 声卡，但其容差性也很差。

(6) CD Audio，扩展名为“.CDA”。通常所指的 CD 音轨是人们熟悉的 CD 音乐光盘中的一种文件格式。CD 音频文件是“*.cda”文件，这只是一个索引信息，并不是真正包含声音信息。“*.cda”文件的长度都是 44 字节，因此不能直接复制“*.cda”文件到硬盘上播放。

(7) MIDI，扩展名为“.MID”。它是目前最成熟的音频文件格式，实际上已经成为一种产业标准，其在科学性、兼容性、复杂程度等各方面远远超过前面介绍的所有格式。作为音乐工业的数据通信标准，MIDI 能指挥各音乐设备的运转，而且具有统一的标准格式，能够模仿原始乐器的各种演奏技巧，甚至超越所有演奏效果，而且文件尺寸非常小。

任务小结

本任务详细介绍了 GoldWave 软件的安装方法。读者可以熟悉 GoldWave 软件界面、学会使用该软件播放音频文件、转换音频文件的格式、保存音频文件。另外，读者还可以掌握利用 GoldWave 软件对音频文件进行简单的编辑与处理的方法，主要涉及录音、音乐的特效处理等。

任务 2　格式工厂

知识要点

- 格式工厂软件的安装、界面介绍；
- 掌握利用格式工厂进行音频、视频、图像不同格式之间的相互转换。

任务描述

通过本任务的学习，读者可以掌握格式工厂软件的安装方法并熟悉软件界面，学会使用该软件进行音频、视频、图像等不同格式之间的相互转换。

具体要求

1. 格式工厂软件的安装与界面介绍

介绍如何安装格式工厂并介绍其界面功能。

2. 利用格式工厂进行各种类型格式的相互转换

介绍如何用格式工厂软件进行音频、视频、图像等不同格式之间的相互转换。

任务实施

步骤1：双击安装文件，弹出图6-19所示的格式工厂软件安装界面。

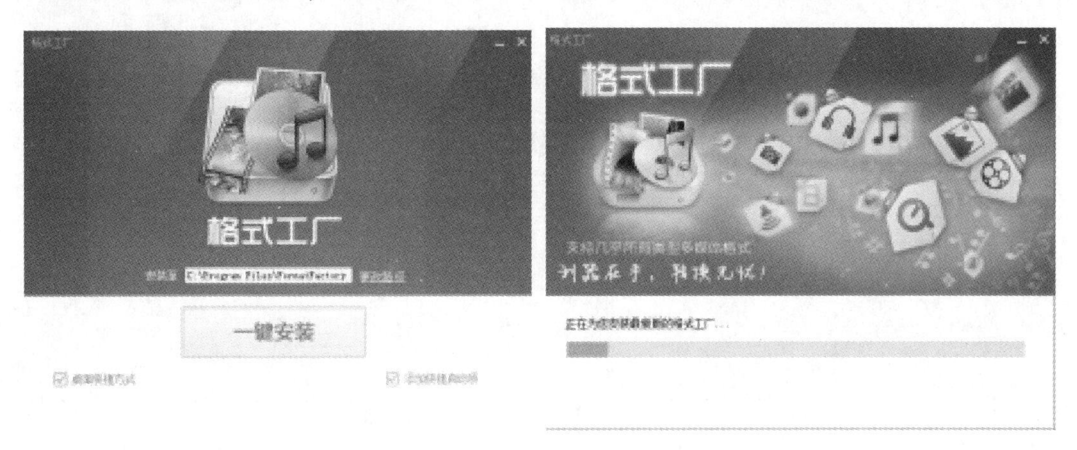

图6-19 格式工厂软件安装界面

完成软件安装，打开软件，其界面如图6-20所示。

步骤2：单击功能选择区域中的“音频”，展开相应的音频格式界面。可以选择想要转换的音频格式，如选择“->WMA”，就可以将音频文件转换成相应的格式，如图6-21所示。

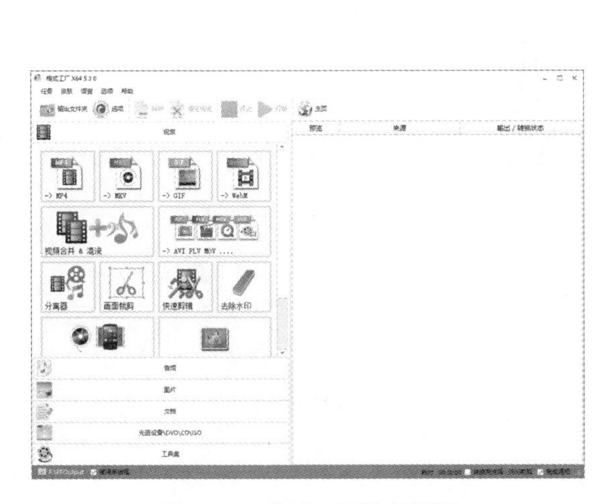

图6-20 格式工厂软件界面

图6-21 格式转换界面

步骤3：弹出相应的界面，要求添加要转换的文件及其他配置。选择“添加文件”命令来添加文件。若要添加多个文件，则只需要重复上述操作进行连续添加。该软件支持批处理功能，批处理界面如图6-22所示。

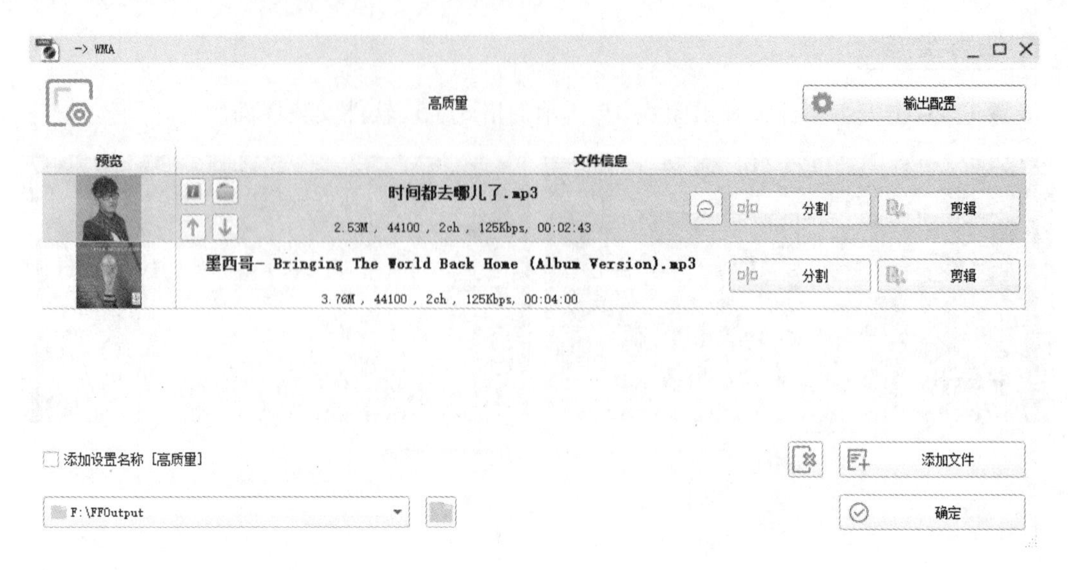

图 6-22　批处理界面

步骤 4：选择完毕后，回到软件主界面，会出现用户需要转换文件的信息，选择需要保存的文件夹。

步骤 5：单击“确定”按钮，回到主界面。单击“开始”按钮，开始格式转换，界面中会显示格式转换进程。在格式转换过程中可单击“暂停”按钮来暂停格式转换；单击“停止”按钮，则可以停止格式转换工作。转换格式处理界面如图 6-23 所示。

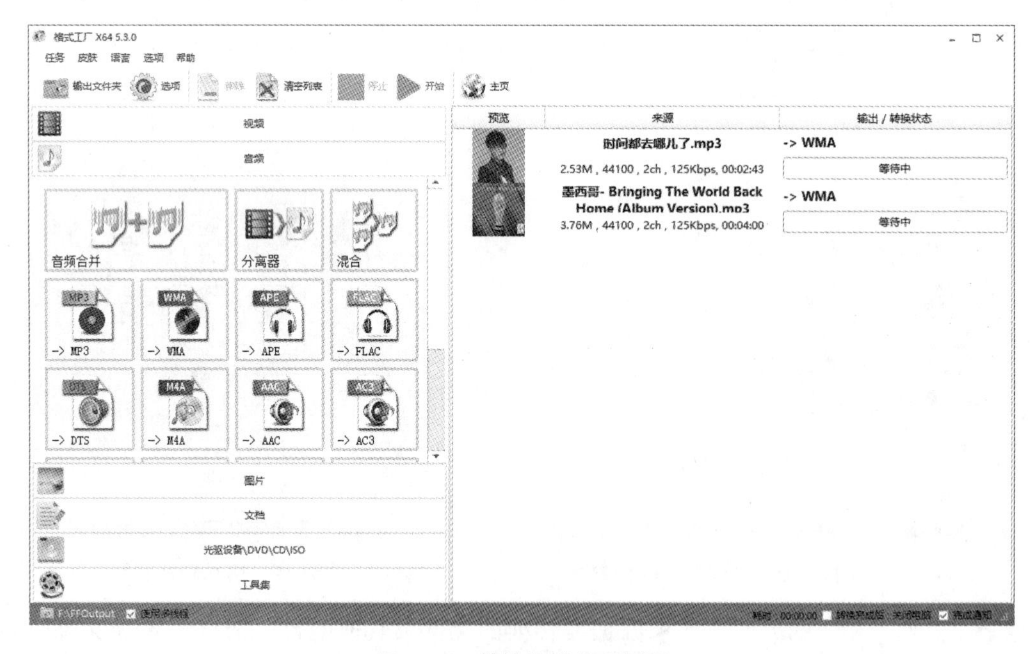

图 6-23　转换格式处理界面

步骤 6：格式转换完成后，界面右下角会弹出提示并有音乐响起。单击界面左上角的“输出文件夹”按钮可以查看已经转换好的文件，如图 6-24 所示。

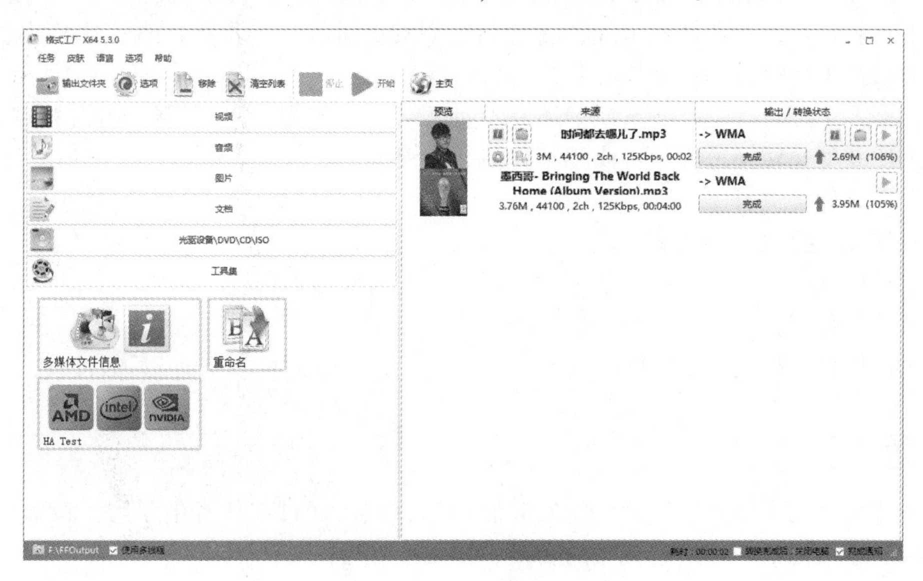

图 6-24　格式转换完成界面

其他类型格式的转换与音频格式转换类似，不同之处在于选择的文件类型不同而已。

最新版本的格式工厂软件功能强大，不仅可以轻松进行音频、视频、图片等格式的转换，而且可以实现视频合并、音频合并等编辑功能。

知识拓展

格式工厂是由创立于 2008 年 2 月的上海格式工厂网络有限公司研发的、面向全球用户的互联网软件。

上海格式工厂网络有限公司的主打产品格式工厂软件发展至今，已经成为全球领先的格式转换客户端。格式工厂软件致力于帮助用户更好地解决文件使用问题，现拥有在音频、视频、图片等领域庞大的忠实用户，在该行业内位于领先地位并保持高速发展趋势。

格式工厂软件支持的转换范围相当广泛：

所有类型视频转到 MP4、3GP、AVI、MKV、WMV、MPG、VOB、FLV、SWF、MOV，最新版支持将 rmvb（rmvb 需要安装 Realplayer 或相关的译码器）、xv（迅雷独有的文件格式）转换成其他格式。

所有类型音频转到 MP3、WMA、FLAC、AAC、MMF、AMR、M4A、M4R、OGG、MP2、WAV。

所有类型图片转到 JPG、PNG、ICO、BMP、GIF、TIF、PCX、TGA。

格式工厂软件支持移动设备：索尼（Sony）PSP，苹果（Apple）iPhone&iPod，爱国者（Aigo），爱可视（ARCHOS），多普达（Dopod），歌美（Gemei），艾利和（iRiver），LG，魅族（MeiZu），微软（Microsoft），摩托罗拉（Motorola），纽曼（Newsmy），诺基亚（Nokia），昂达（ONDA），OPPO，黑莓（RIM），蓝魔（RAMOS），三星（Samsung），索尼爱立信（SonyEricsson），台电（Teclast），艾诺（ANIOL）和移动设备兼容格式 MP4、3GP、AVI。

格式工厂软件可转换 DVD 到视频文件，转换音乐 CD 到音频文件，将 DVD/CD 转到 ISO/CSO，ISO 与 CSO 互转源文件支持 rmvb。

格式工厂软件可设置文件输出配置（包括视频的屏幕大小、每秒帧数、比特率、视频编码、音频的采样率、比特率；字幕的字体与大小等）。

另外，格式工厂软件的高级选项中还有“视频合并”与查看“多媒体文件信息”功能。

格式工厂软件在转换过程中可修复某些损坏的视频。

格式工厂软件可进行媒体文件压缩。

格式工厂软件提供视频裁剪功能。

格式工厂软件转换图像档案支持缩放、旋转、数码水印等功能。

格式工厂软件支持从 DVD 中复制视频文件。

格式工厂软件支持从 CD 中复制音频。

任务小结

本任务详细介绍了格式工厂软件的安装和使用方法。通过本任务的学习，读者可以熟悉该软件界面，学会用该软件进行视频的转换、批处理等操作。

任务 3　会声会影

知识要点

- 会声会影视频编辑软件概述；
- 会声会影视频编辑软件的工作界面；
- 会声会影视频编辑软件的节目制作流程。

任务描述

通过本任务的学习，读者可以掌握会声会影视频编辑软件的获取途径、安装和卸载的基本操作以及了解并熟悉其工作界面和运行环境。

具体要求

1. 会声会影视频编辑软件的获取

从官方网站下载会声会影视频编辑软件，通过购买会声会影视频编辑软件安装光盘，从下载站点下载会声会影视频编辑软件。

2. 会声会影视频编辑软件的安装

详细介绍会声会影视频编辑软件的具体安装过程。

3. 会声会影视频编辑软件的卸载

详细介绍会声会影视频编辑软件该软件的卸载方法及过程。

4. 熟悉会声会影视频编辑软件的工作界面

掌握使用会声会影视频编辑软件界面中的步骤面板、菜单栏、播放器面板、素材面板、

时间轴面板的方法。

任务实施

本任务以 Corel 会声会影 X8 为例进行介绍。

1. 软件安装

步骤 1：将 Corel 会声会影 X8 安装光盘插入 DVD-ROM 驱动器。

步骤 2：出现安装画面时，按照说明安装 Corel 会声会影 X8。

注：如果加载 DVD 后未出现安装画面，可通过双击桌面上的“我的电脑”图标，然后双击插入安装光盘的 DVD-ROM 驱动器的图标，手动启动安装程序。当出现 DVD—ROM 窗口时，双击“安装”图标。

步骤 3：除 Corel 会声会影 X8 外，系统还会自动安装以下程序和驱动程序：

（1）DirectX2007；

（2）Microsoft VisualC++2005 RedistributablePackage；

（3）Microsoft VisualC++2008 RedistributablePackage；

（4）SmartSound；

（5）Adobe Flash 播放器；

（6）QuickTime。

启动软件后，进入 Corel 会声会影 X8 工作界面，如图 6-25 所示。

图 6-25　Corel 会声会影 X8 工作界面

2. 步骤面板

Corel 会声会影 X8 将影片制作过程简化为 3 个简单步骤。单击步骤面板中的各种按钮，可在各步骤之间切换。步骤面板中包括“捕获”“编辑”“共享”按钮。这些按钮对应视频编辑过程中的不同步骤。

捕获：媒体素材可以直接在“捕获”步骤中录制或导入计算机的硬盘驱动器。该步骤允许捕获和导入视频、图片和音频素材。

编辑：“编辑”步骤和“时间轴”是 Corel 会声会影 X8 的核心，可以通过它们排列、编辑、修整视频素材并为其添加效果。

共享：“共享”步骤可以将完成的影片导入磁盘、DVD 或网络。

3. 菜单栏

菜单栏提供了用于自定义 Corel 会声会影 X8、打开和保存影片项目、处理单个素材等的各种命令，其“编辑”菜单如图 6-26 所示。

4. 播放器面板

播放器面板提供了一些用于回放和精确修整素材的按钮。使用播放控制可以移动所选素材或项目。使用修整标记和擦洗器可以编辑素材。在“捕获”步骤中，它也可用作 DV 或 HDV 摄像机的设备控制，如图 6-27 所示。

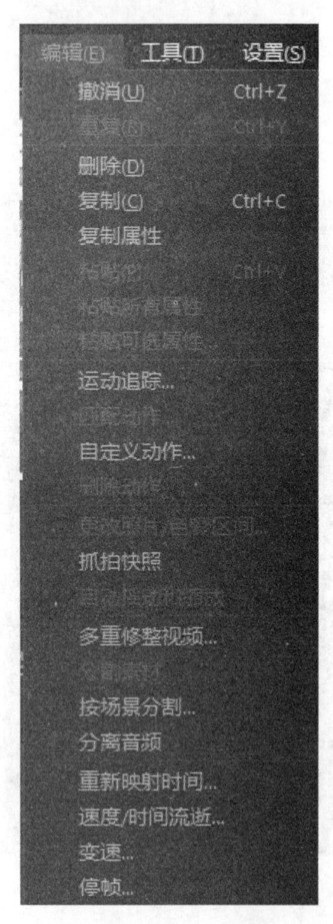

图 6-26　菜单栏的“编辑”菜单

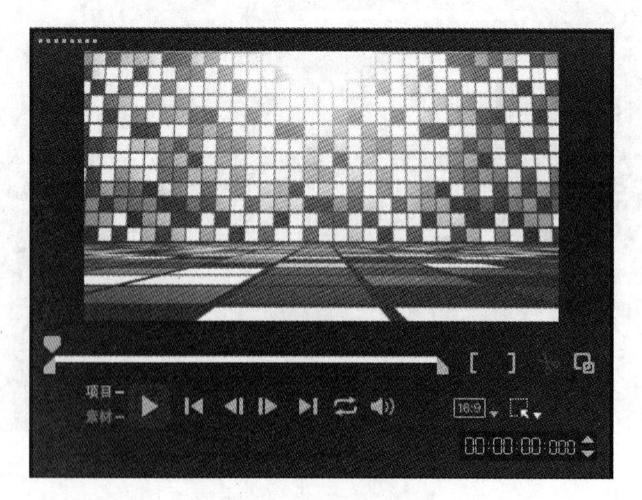

图 6-27　播放器面板

（1）预览窗口：显示当前项目或播放的素材。

（2）擦洗器：可以在项目或素材之间拖曳。

（3）修整标记：可以拖动设置项目的预览范围或修整素材。

（4）“项目/素材”模式：指定预览整个项目或只预览所选素材。

（5）播放：播放、暂停或恢复当前项目或所选素材。

（6）起始：返回起始片段或提示。

（7）上一帧：移动到上一帧。

（8）下一帧：移动到下一帧。

（9）结束：移动到结束片段或提示。

（10）重复：循环回放。

（11）系统音量：可以通过拖动滑动条调整计算机扬声器的音量。

（12）时间码：指定确切的时间码，可以直接跳到项目或所选素材的某个部分。

（13）放大预览窗口：增大“预览窗口”的大小。

（14）分割素材：分割所选素材。将擦洗器放在想要分割素材的位置，然后单击此按钮。

（15）开始标记/结束标记：在项目中设置预览范围或设置素材修整的开始点和结束点。

5. 素材面板

素材面板由媒体、转场、标题、图形和滤镜5个部分组成，这5个部分存储了制作影片所需的全部内容。这些内容包括视频素材、照片、转场、标题、滤镜、色彩、对象、边框、Flash动画和音频素材。素材面板左侧的按钮分别对应上述5个部分内容，如图6-28所示。

（1）媒体。单击“媒体”按钮，窗口中显示媒体内容，如图6-29所示。

图6-28　素材面板

图6-29　媒体窗口

在左侧窗口中单击“添加”按钮，可为素材添加一个文件夹，用鼠标右键单击需要添加的文件夹，弹出快捷菜单，在快捷菜单中可以选择“重命名”或“删除”命令。单击“浏览”按钮可进入“资源管理器”窗口。

右侧窗口上方有7个按钮，通过这些按钮可对素材进行管理：

①导入媒体文件：单击该按钮，弹出“浏览媒体文件”窗口，可在该窗口中选择要导入的素材文件。

②隐藏/显示视频文件：单击该按钮，隐藏或显示素材库中的视频文件。

③隐藏/显示图像文件：单击该按钮，隐藏或显示素材库中的图像文件。

④隐藏/显示音频文件：单击该按钮，隐藏或显示素材库中的音频文件。

⑤列表视图：单击该按钮，素材以列表方式显示。

⑥缩略图视图：单击该按钮，素材以缩略图方式显示。

⑦素材排序：单击该按钮，从弹出的下拉菜单中选择素材排列方式，可分别按名称、类型、日期排序，选择其中的一个选项，素材将重新排序。

在该窗口的右下角有一个“选项”按钮，选中一个视频素材，单击该按钮，弹出媒体选项面板。该面板有“视频”和“属性”两个选项卡，可对视频素材进行各种编辑，如图6-

30 和图 6-31 所示。

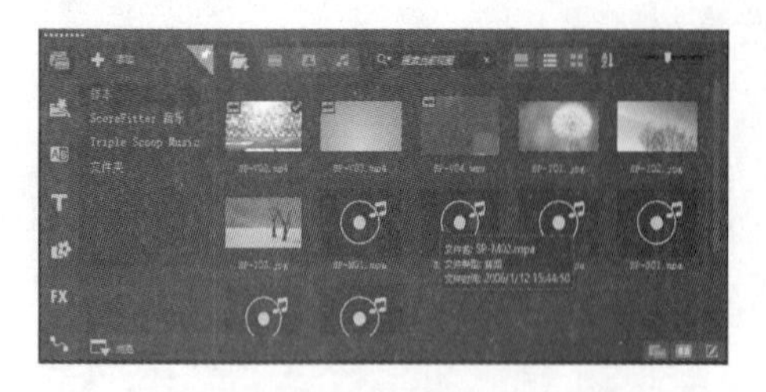
图 6-30　媒体选项面板的“视频”选项卡

图 6-31　媒体选项面板的“属性”选项卡

（2）转场。单击“转场”按钮，窗口中显示转场模板，如图 6-32 所示。转场是在两个素材间实现的，添加转场时用鼠标左键将一个转场模板拖曳到时间轴面板中的两个素材间。

图 6-32　转场模板

（3）标题（也称为“字幕”）。单击“标题”按钮，窗口中显示标题模板，如图 6-33 所示。添加标题时，用鼠标左键将一个标题模板拖曳到时间轴面板中的标题轨中，然后在播放器面板中编辑标题文本，如图 6-34 所示。

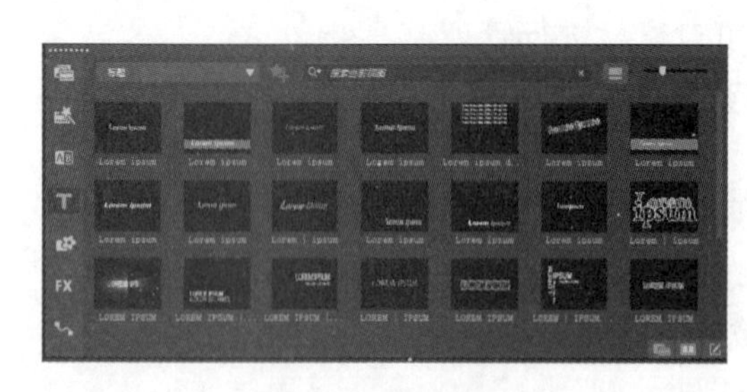
图 6-33　标题模板

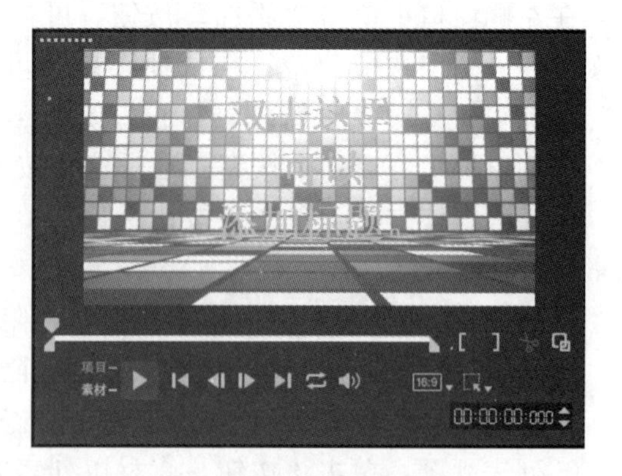

图 6-34　编辑标题文本

窗口右下角有一个“选项”按钮，选中一个视频素材，单击该按钮，弹出标题选项面板。该面板有“编辑”和“属性”两个选项卡，可对标题素材进行各种编辑，如图 6-35 和图 6-36 所示。

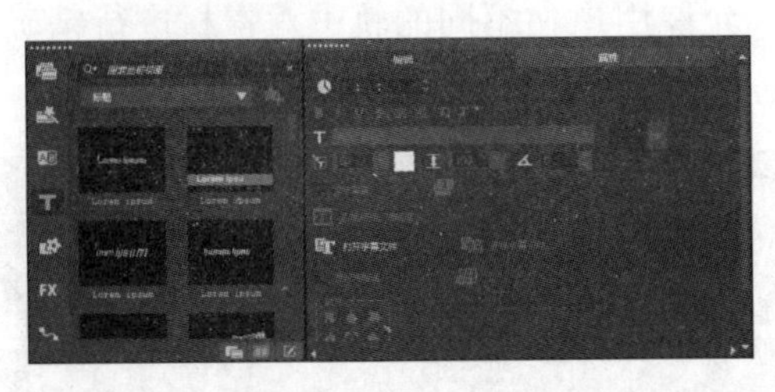

图 6-35　标题选项面板的“编辑”选项卡

图 6-36　标题选项面板的“属性”选项卡

（4）图形。单击“图形”按钮，窗口中显示图形模板，该模板中包含“色彩”“对象”“边框”和“Flash 动画”4 部分内容，如图 6-37 所示。添加图形时使用鼠标左键将一个图形模板拖曳到时间轴面板的视频轨中即可。

（5）滤镜。单击“滤镜”按钮，窗口中显示滤镜模板，如图 6-38 所示。添加滤镜时使用鼠标左键将一个滤镜模板拖曳到时间轴面板中的视频或图像素材上即可。删除滤镜时进入“媒体”窗口，选择选项面板，单击“属性”选项卡，在滤镜列表中将其删除。

图 6-37　图形模板

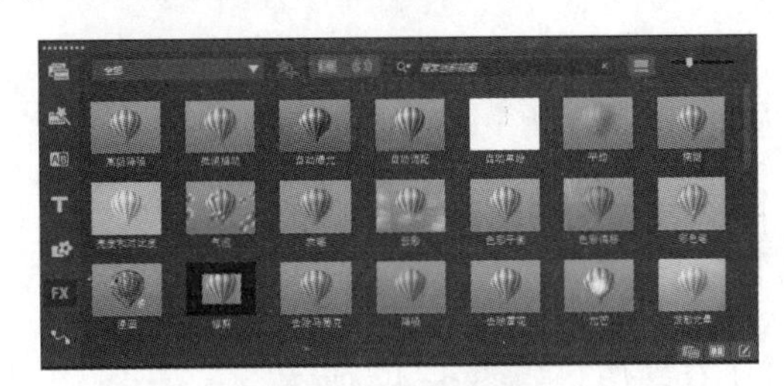

图 6-38　滤镜模板

6. 时间轴面板

时间轴面板包含工具栏和项目时间轴。

（1）工具栏。利用工具栏上的图标按钮可以便捷地访问“编辑”按钮，还可以更改项目视图并在项目时间轴上放大和缩小视图及启动不同工具，以进行有效的编辑，如图 6-39 所示。

图 6-39　时间轴面板的工具栏

故事板视图：单击该按钮，视频轨中的素材按时间顺序显示媒体缩略图，如图 6-40 所示。

图 6-40　故事板视图

时间轴视图：单击该按钮，窗口呈多轨显示，允许用户在不同的轨中对素材进行精确到帧的编辑操作，添加和定位其他元素，如标题、覆叠、画外音和音乐等，如图 6-41 所示。

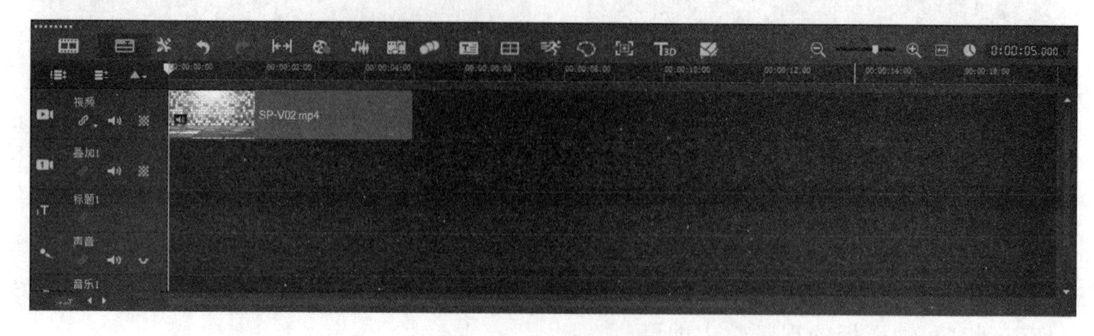

图 6-41　时间轴视图

撤销：单击该按钮，可撤销上一个操作。

重复：单击该按钮，可重复上一个撤销的操作。

录制/捕获选项：单击该按钮，可显示“录制/捕获选项”面板，在该面板中可执行捕获视频、导入文件、录制画外音和抓拍快照等所有操作，如图 6-42 所示。

图 6-42　“录制/捕获选项”面板

即时项目：允许选择带有图片、标题和音乐及以用户的素材替换占位符媒体素材的开场和结束的项目模板。

混音器：单击该按钮，启动环绕混音和多轨音频时间轴，自定义音频设置。在该界面中，可以选中一个要调整音量的轨，然后单击“播放”按钮，并在播放过程中实时调整“音量”按钮，调整后的音量会实时记录在轨道中的文件中，如图 6-43 与图 6-44 所示。

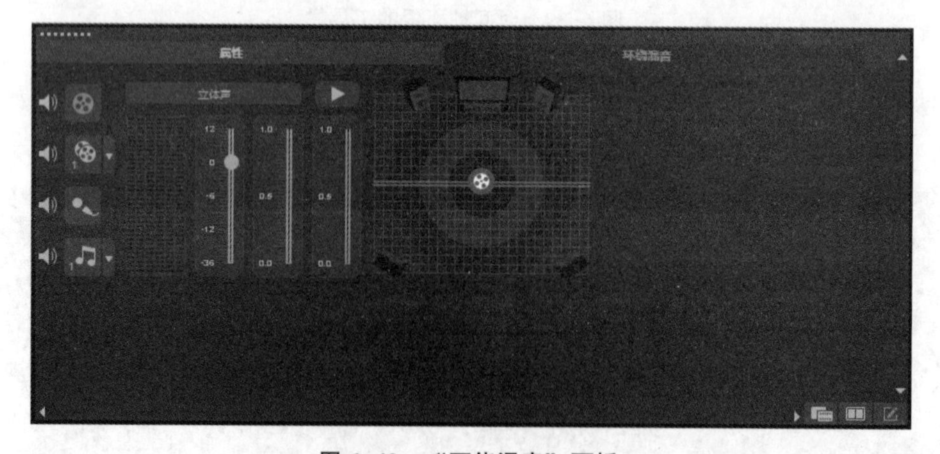

图 6-43　“环绕混音”面板

图 6-44　多轨音频时间轴

自动音乐：单击按钮，启动“自动音乐”面板，选项栏中会弹出自动音乐的选项配置——类别、歌曲以及版本，既可以自行根据需要选择，也可以单击“播放选定歌曲”按钮试听，选定合适的歌曲以后，勾选“自动修整”选项，单击“添加到时间轴”按钮，然后会出现渲染的对话框，稍等几秒，即可完成音乐匹配，如图 6-45 所示。

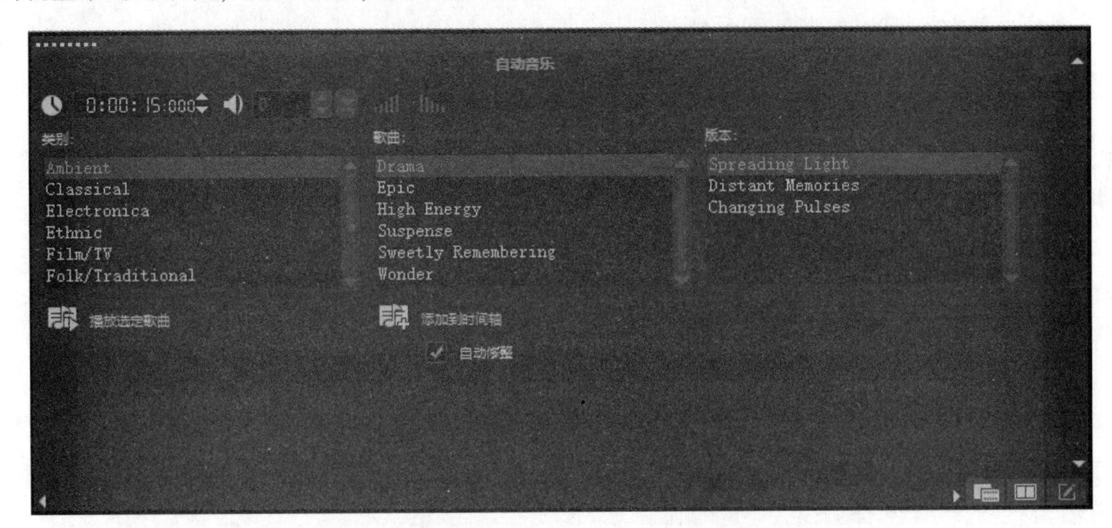

图 6-45　“自动音乐”面板

缩放控件：通过使用缩放滑动条和按钮可以调整项目时间轴的视图。

将项目调到时间轴窗口大小：单击该按钮可将项目视图调到适合整个时间轴跨度。

项目区间：显示项目区间，4 位数字分别表示小时、分、秒、帧。

（2）“故事板”视图。整理项目中的照片和视频素材最快和最简单的方法是使用“故事板”视图。故事板中的每个缩略图都代表一张照片、一个视频素材或一个转场。缩略图是按其在项目中的位置显示的，可以拖动缩略图重新进行排列。每个素材的区间都显示在各缩略图的底部。此外，还可以在视频素材之间插入转场及在“预览”窗口修整所选的视频素材。

（3）“时间轴”视图。“时间轴”视图为影片项目中的元素提供最全面的显示。它按视频、覆叠、标题、声音和音乐将项目分成不同的轨，如图 6-46 所示。

显示全部可视化轨道：显示项目中的所有轨道。

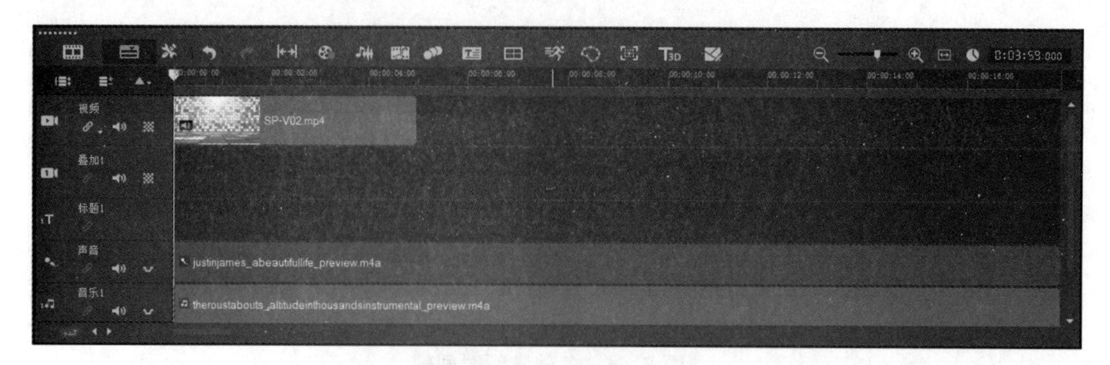

图6-46　“时间轴”视图

轨道管理器：单击该按钮，弹出“轨道管理器”窗口，在窗口中可以添加或取消轨道。

所选范围：显示代表项目的修整或所选部分的色彩栏。

添加/删除章节或提示：可以在影片中设置章节或提示点。

启用/禁用连续编辑：当用户插入素材时锁定或解除锁定任何移动的轨。

“轨”按钮：可以选择不同的轨。

自动滚动时间轴：预览的素材超出当前视图时，启用或禁用项目时间轴的滚动。

滚动控制：可以通过使用左和右按钮或拖动“滚动栏”在项目中移动。

时间轴标尺：以“时：分：秒：帧”的形式显示项目的时间码增量，帮助用户确定素材和项目长度。

视频轨：包含视频、照片、色彩素材、转场或标题。

覆叠轨：包含覆叠素材，可以是视频、照片、图形、色彩或标题素材。

标题轨：包含标题素材。

声音轨：包含画外音素材或其他音乐素材。

音乐轨：包含音频文件中的音乐素材。

知识拓展

知识点1　会声会影软件概述

会声会影是一款优秀的视频编辑软件，具有操作简单、功能强大、制作快速等特点。它采用逐步式的工作流程，使操作者轻松地运用捕获、编辑和分享3个步骤完成节目的制作。该软件还提供了许多转场、滤镜和标题模板，使作品更富有艺术性和动感。

若要制作一个视频，必须先从摄像机或其他视频来源中捕获或导入镜头，然后修整捕获的视频并排列顺序，应用转场及添加覆叠、动画标题、画外音和背景音乐。这些元素组织在“时间轴”视图的不同轨中，在“故事板”视图中显示为按时间顺序排列的缩略图。

视频项目会被另存为会声会影项目文件（即vsp类型文件），这些文件包含素材位置、素材库及影片的形成方式等信息。完成影片作品之后，可以将影片刻录到DVD或Blu-ray光盘上，或将影片导回摄像机中。此外，还可以将影片输出为视频文件，以便在计算机中进行回放或将其导入移动设备或上传至网络。

知识点2　会声会影软件的系统要求

（1）IntelCoreDuo1.83GHz处理器或AMDDualCore2.0GHz或更快的处理器。

（2）Microsoft Windows 7（32 位或 64 位版本），Windows Vista SP2（32 位或 64 位版本）操作系统。

（3）容量为 2GB 的 RAM。

（4）最低显示分辨率：1 024×768。

（5）Windows 兼容声卡。

（6）Windows 兼容 DVD-ROM（用于程序安装）。

（7）Windows 兼容 DVD 刻录机（用于 DVD 输出）。

任务小结

本任务详细介绍了会声会影软件的安装和操作方法。

任务 4　使用 Corel 会声会影 X8 制作节目

任务描述

通过本任务的学习，读者可以掌握使用 Corel 会声会影 X8 制作节目的流程。

具体要求

使用 Corel 会声会影 X8 制作节目的流程如下：

启动 Corel 会声会影 X8 软件→进行环境配置→导入素材→调整素材→将素材添加到时间轴面板中→调整时间轴面板素材→添加转场→保存项目，创建视频文件。

任务实施

步骤 1：启动 Corel 会声会影 X8 软件。

可以在桌面双击“Corel 会声会影 X8”快捷方式图标，也可以从“开始”菜单的程序列表中启动 Corel 会声会影 X8。Corel 会声会影 X8 软件启动后，进入主界面，如图 6-47 和图 6-48 所示。

图 6-47　Corel 会声会影 X8 软件启动界面

图 6-48　Corel 会声会影 X8 软件主界面

步骤 2：进行环境配置。

进入软件主界面后，首先要对所制作的节目进行环境配置。选择菜单栏中的“设置”选项，确定节目的画面比例，在弹出的下拉菜单中选择“项目属性”选项，若不选中该选项，则画面比例为 4∶3。

下拉菜单的另一个选项为“参数选择”（也可以按 F6 键），弹出“参数选择”窗口，该窗口中共有 5 个选项卡。除“常规”和“编辑”选项卡的部分选项需要设置外，其他均可使用默认选项。

步骤 3：导入素材。

（1）建立节目素材文件夹。单击素材库面板中的“添加”按钮，修改文件夹名称，将名称改为“节目 1”。该文件夹可将该节目的所有素材都纳入其中，便于用户对素材进行管理。

（2）捕获素材。

（3）导入媒体文件。单击素材库面板中的“导入媒体文件”按钮，弹出“浏览媒体文件”窗口，选择工作文件夹中的素材文件，单击“打开”按钮，素材将被导入素材库中，如图 6-49 所示。

图 6-49　导入素材后的媒体窗口

步骤 4：调整素材。

（1）调整素材的大小。素材的大小一般要与项目的画面比例一致，然而，有时素材的尺寸不一，这时可通过调整使其一致或将其调整为用户所需要的形状。调整素材的大小，只针对视频、图像和图形素材，其方法如下：

①选中素材库中要调整的素材，这时该素材显示在播放器面板上，单击素材，弹出选项面板。

②在选项面板中选择“属性”选项卡，在“属性”选项卡窗口中，选择“变形素材”选项。

③这时播放器面板中的素材四周出现调节点，如图 6-50 所示，左侧矩形框上调节点为缩放，矩形框里箭头所指调整点为变形，可根据需要调整素材。

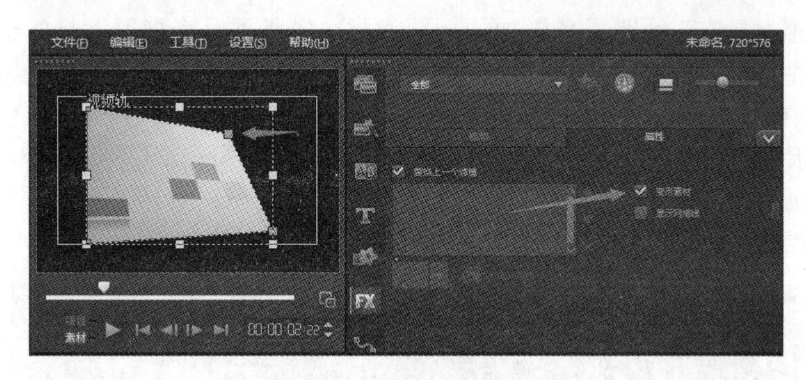

图 6-50　调整素材的大小

（2）截取素材。用户可根据节目的需要，截取素材中的一部分，该操作只针对视频和音频素材，具体方法如下：

①选中素材库中要调整的素材，这时该素材显示在播放器面板上，单击“选项”按钮，弹出选项面板。

②在选项面板中选择“视频”选项卡。

③将“清洗器”拖动到起始位置，单击“开始标记”按钮。

④将“清洗器”拖动到结束位置，单击“结束标记”按钮。“开始标记”与“结束标记”之间就是之前截取的素材，如图 6-51 所示。

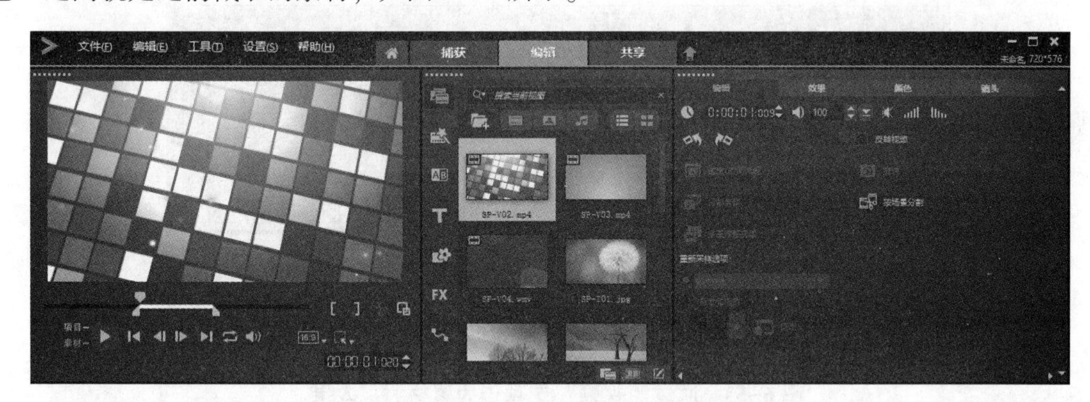

图 6-51　截取素材

步骤 5：将素材添加到时间轴面板中。

使用鼠标可直接将原素材、调整后的素材或模板中的素材拖曳到时间轴面板中相应的轨道上。此外，运用素材时还应了解以下几个特点：

（1）标题素材可以拖入视频轨中，作为图形素材使用，但是，图形素材不能拖到标题轨道中。

（2）声音轨和音乐轨都可以接受音频素材，所不同的是，启动录制画外音时产生的录音文件会自动显示在声音轨上，同时自动存储到工作文件夹中。

（3）添加到时间轴轨道上的图像素材、图形素材和字幕素材可任意加长或缩短，视频素材和音频素材只能缩短而不能加长。

（4）此外，添加到时间轴面板中的素材还可以拖回素材库中。此操作为复制操作。

（5）标题素材具有继承性，后添加的标题素材会继承前一个标题素材的格式及其动画效果。

步骤 6：调整时间轴面板中的素材。

时间轴面板中的轨道不够时可以添加，最大值分别为：视频轨 1 个、覆叠轨 6 个、字幕轨 2 个、音频轨 4 个。可根据用户的需要，对素材作如下处理：

（1）添加滤镜、色彩背景、对像素材、边框素材和 Flash 素材，如图 6-52 所示。

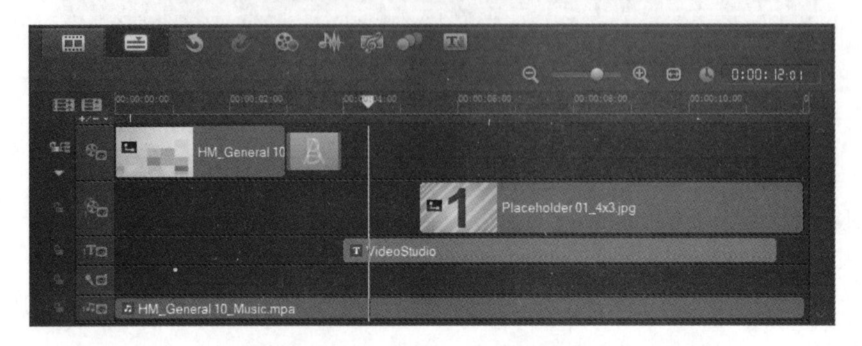

图 6-52　添加各种类型的素材

（2）除进行旋转素材、色彩校正、改变速度、反转播放、增大或减小音量、静音等操作外，还可为音频添加“淡入淡出”效果，为视频“抓拍快照”截取图像等，如图 6-53 所示。

图 6-53　通过“视频”选项卡为素材添加效果

（3）对覆叠轨的素材还可以设置遮罩和色度键（抠像），设置视频动画和“淡入淡出”效果，如图 6-54 和图 6-55 所示。

图 6-54　覆叠轨素材属性

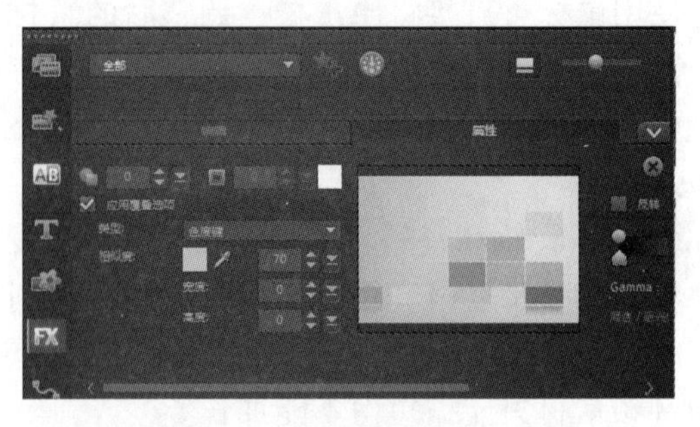

图 6-55　“遮罩和色度键”设置

步骤 7：添加转场。

单击素材库面板左侧的“转场”按钮，弹出转场模板。选中一个转场拖曳到两个素材的衔接处（音频素材除外），双击添加后的转场图标进入转场编辑窗口。在转场编辑窗口中，可自行设计转场的时间、位置和效果，如图 6-56 和图 6-57 所示。

图 6-56　添加转场

图 6-57　转场设置

步骤 8：保存项目，创建视频文件。

（1）保存项目。选择菜单中的“文件”选项，在弹出的下拉菜单中选择“另存为”命令，弹出“另存为”对话框。选择工作目录，输入文件名，单击“保存”按钮完成项目的存储，如图 6-58 所示。

（2）创建视频文件。单击步骤面板中的“选项”按钮，在弹出的选项面板中，选择“创建视频文件”命令，在弹出的下拉菜单中选择需要存储的视频格式，如图 6-59 所示。

图 6-58　保存项目

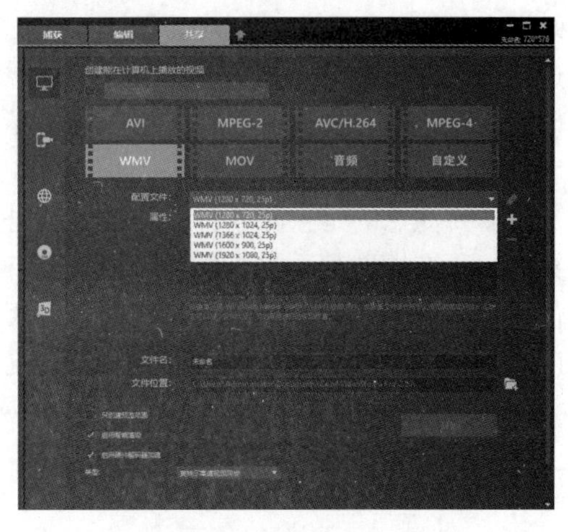

图 6-59　创建视频文件

（3）采用上述方法可以分别进行创建声音文件、创建光盘、导出到移动设备、项目回放、DV 刻录、HDV 刻录和上传到网站等操作，如图 6-60 所示。

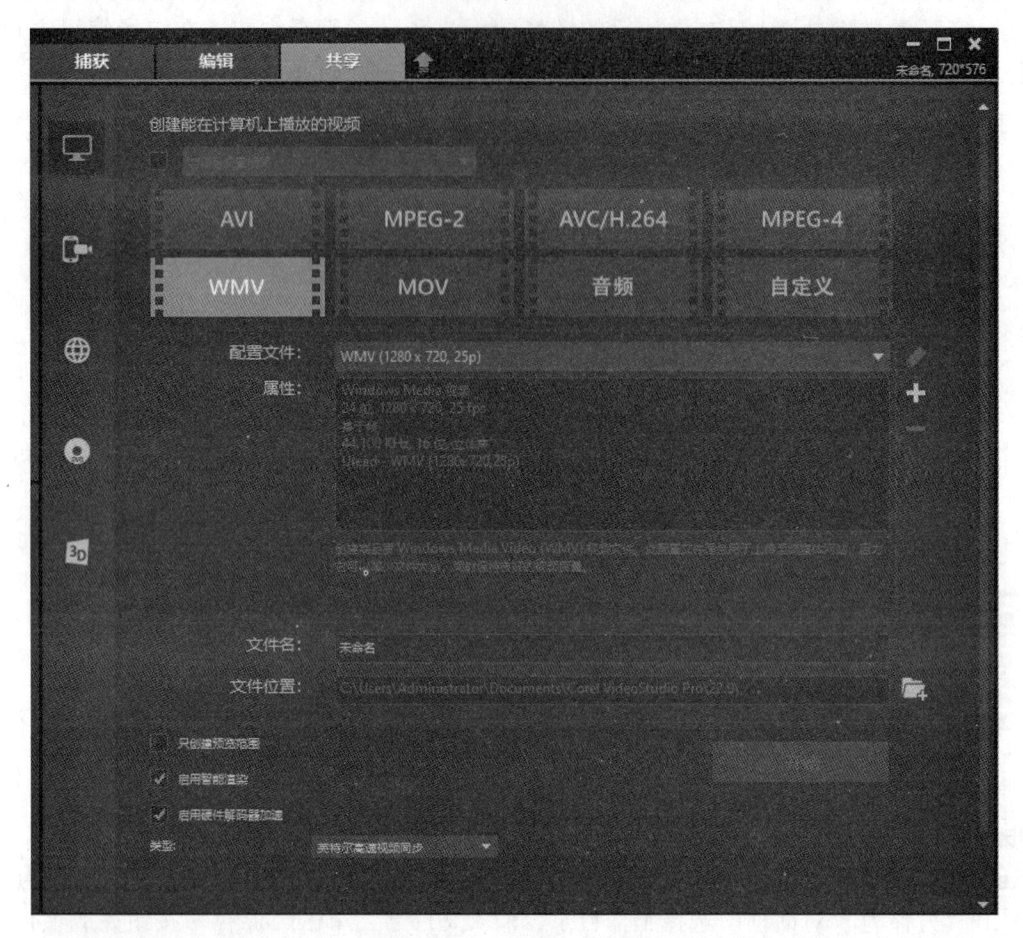

图 6-60　“共享”选项卡

知识拓展

知识点 1　“参数选择”对话框

选择菜单栏中的“设置”命令，出现“参数选择”对话框。

（1）“常规”选项卡。在该选项卡中需要设置的选项有“工作文件夹”“素材显示模式”和“背景色”，其他选项均可使用默认值，如图 6-61 所示。

这里需要注意的是：除软件自带的素材外，用户使用的所有素材均要复制到指定的工作文件夹中，所有操作都要在该文件夹中进行。使用其他计算机继续编辑该节目时，需要将工作文件夹复制到另一台计算机的相同位置，否则就会出现链接错误。

（2）“编辑”选项卡。该选项卡需要设置的是“默认照片/色彩区间”“图像重新采样选项”“默认音频淡入/淡出区间”“默认转场效果的区间”，其他则可使用默认选项，如图 6-62 所示。

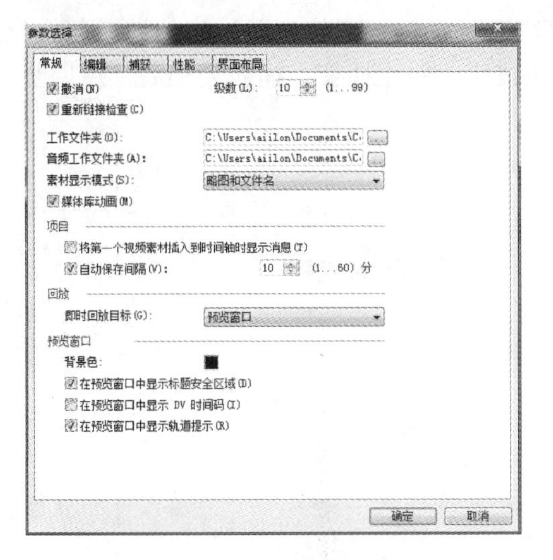

图 6-61　“常规”选项卡

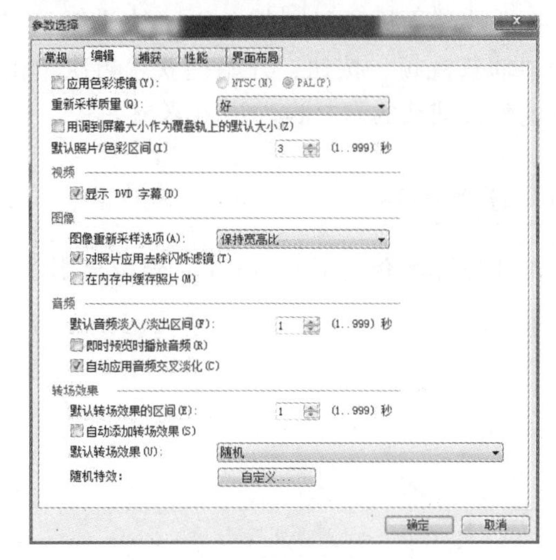

图 6-62　“编辑”选项卡

知识点 2　捕获素材

使用 IEEE-1394 端口将捕获设备与计算机相连，并将捕获设备调到“播放”挡（实时捕获可调到“录像”挡）。通常使用的捕获设备有摄像头、数码照相机、DV 录像机和专业录像机等，如图 6-63 所示。

单击步骤面板中的“捕获”选项卡，选项卡中的所有参数均由软件自动生成。用户需要设置的是采集的格式。不同的采集设备所提供的采集格式会有所不同，用户可根据需要选择其中的选项。

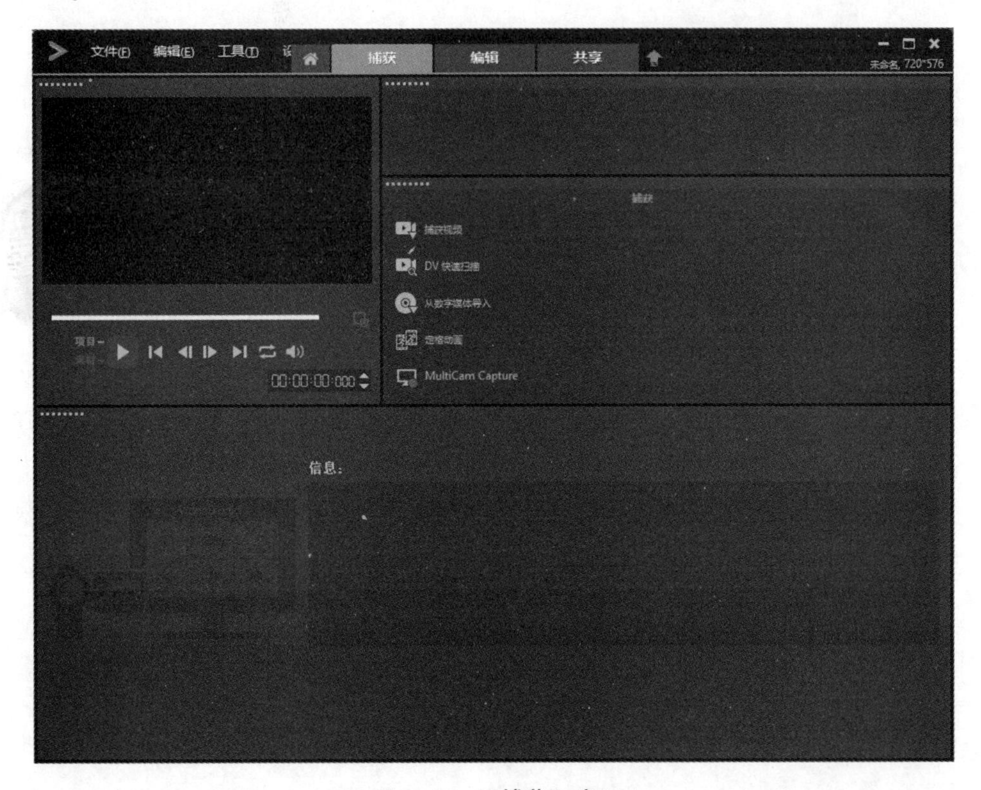

图 6-63　“捕获”窗口

在播放器面板通过“播放”“快进”和“快退”按钮，调整到要采集的视频起始位置。单击“捕获视频”按钮，开始捕获。再次单击该按钮，停止捕获。捕获完毕后，返回步骤面板。此时，捕获的素材自动进入素材库中。

任务小结

本任务详细介绍了使用 Corel 会声会影 X8 进行节目制作的流程。

第7章

动画制作软件 Flash CS6

导　论

Flash CS6 是 Adobe 公司收购 Macromedia 公司后，将享誉盛名的 Macromedia Flash 更名为 Adobe Flash 后的一款动画制作软件，是当前应用最广的版本，能整合文字、图片、声音、视频和应用程序组件等资源，具有强大的多媒体编辑功能，更具有其他动画制作软件所没有的强大交互功能。

随着互联网的广泛流行，Flash 动画以其文件小、效果好的优点得以迅猛发展，已成为当今互联网上交互式矢量动画的行业标准。现阶段，Flash 动画的应用主要有娱乐短片、影视剧片头、广告、MTV、导航条、小游戏、产品展示、应用程序的界面、网络应用程序开发等几方面。

情景导入

大鹏：小雪，这个动画这么有趣，你知道它是怎么制作出来的吗？

小雪：它是怎么制作出来的？

大鹏：它是用 Flash 软件制作出来的，你了解 Flash CS6 动画制作软件吗？知道怎么使用它制作动画吗？要不，我先教你一些基本知识吧。

小雪：Flash CS6？它是怎样的一个软件？有什么用途？

大鹏：不要急，下面慢慢给你介绍。

……

任务 1　初识 Flash CS6

知识要点

- Flash CS6 软件的技术特点；
- Flash CS6 软件的应用范围；
- Flash CS6 软件的发展趋势；

- Flash CS6 软件的工作界面；
- 文件的新建、打开、保存等基本操作；
- Flash CS6 软件系统配置。

任务描述

通过本任务的学习，读者可以掌握 Flash CS6 软件的基础知识、相关概念并对其工作界面有初步了解。

具体要求

1. Flash CS6 软件的工作界面

打开 Flash CS6 软件后，对它的工作界面进行了解与掌握。

2. Flash CS6 软件的应用范围

了解 Flash CS6 软件的应用范围，以便在工作生活中更明确地应用该软件。

3. Flash CS6 软件的基本操作

掌握 Flash CS6 软件中文件的新建、保存、发布方法。

任务实施

步骤 1：启动 Flash CS6 软件。

选择任务栏中的“开始”→“所有程序”→“Adobe Flash CS6”选项即可启动该软件，起始页面如图 7-1 所示。

起始页面是一个非常方便的工具，当用户打开 Flash CS6 软件开始工作时，它提供了一个中心位置，让用户选择需要开始执行的任务。

起始页面上主要有 3 个区域，分别是“打开最近的项目”“新建”“从模板创建”。顾名思义，用户可以根据实际情况选择操作，打开已有文件进行修改，或者新建空白文档进行动画设计，或者利用 Flash CS6 自带的模板中创建动画。

另外，起始页面还为用户提供了各种链接，通过它们可以链接到 Adobe 公司站点上的各种有用的资源。

步骤 2：新建文档。

新建文档的方法很多，最常见的有两种（若无特殊说明，本书中新建的 Flash 文件均为“ActionScript 3.0”）：

方法一：在起始页面中，选择“新建”区域中的“ActionScript 3.0”选项如图 7-2 所示，直接新建文档。

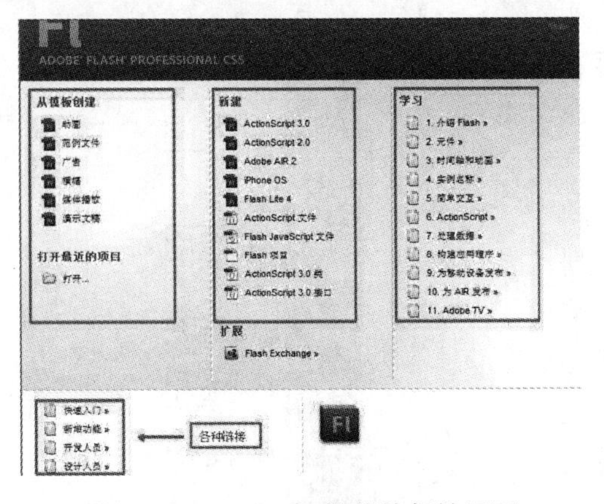

图 7-1　Flash CS6 软件的起始页面

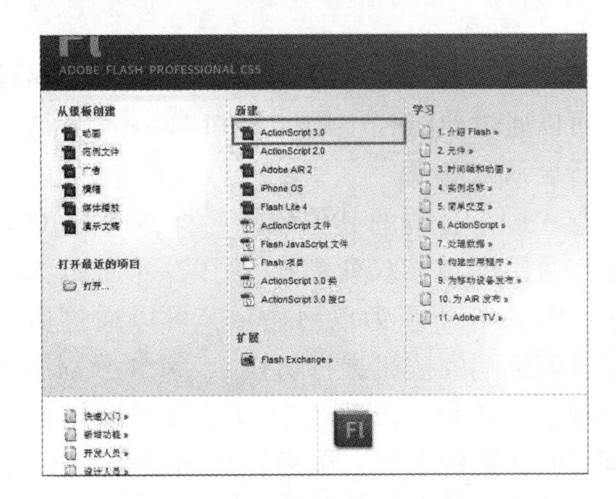

图 7-2　通过起始页面新建文档

方法二：执行菜单栏上的“文件”→“新建”命令，或使用组合键“Ctrl+N”，在弹出的对话框中选择“ActionScript 3.0”选项，如图 7-3 所示，然后单击“确定”按钮。

无论采用哪种方法，新建文档的界面均如图 7-4 所示。

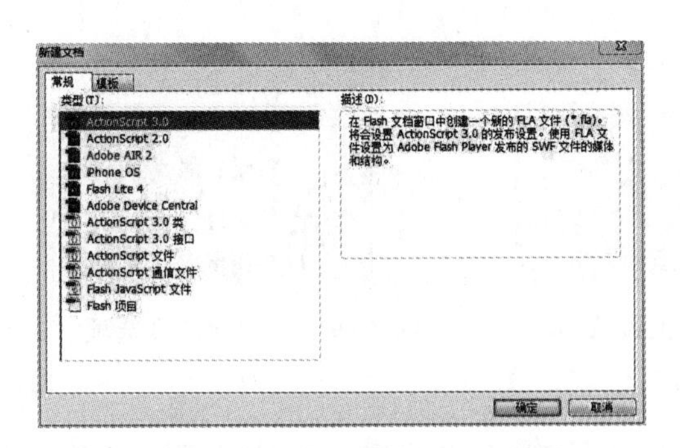

图 7-3　“新建文档”对话框

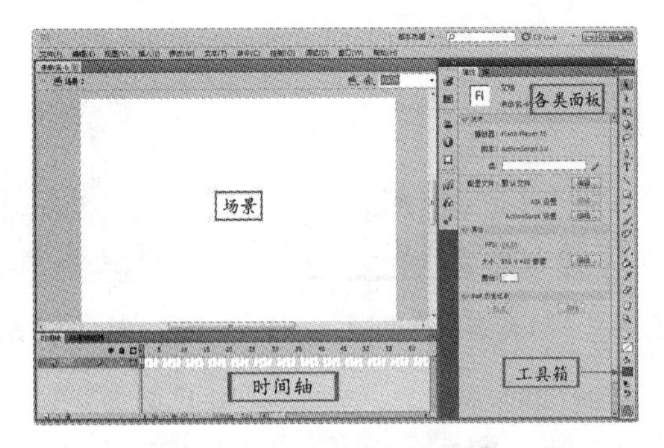

图 7-4　“新建文档”界面

步骤 3：工作界面。

无论是新建文档还是打开已有文档，其界面组成是一致的，除基于 Windows 系统的软件所固有的标题栏、菜单栏外，还有 Flash CS6 软件特有的工具箱、时间轴、舞台、属性栏以及各种常用面板等。

1. 标题栏

标题栏的左侧用于依次显示软件与文档的名称，右侧包含常见的最小化、最大化、关闭等按钮。

2. 菜单栏

Flash CS6 软件中的所有操作都可以通过执行菜单栏上的命令实现，如图 7-5 所示。

文件(F)　编辑(E)　视图(V)　插入(I)　修改(M)　文本(T)　命令(C)　控制(O)　调试(D)　窗口(W)　帮助(H)

图 7-5　菜单栏

3. 工具箱

工具箱也称为绘图工具箱，位于工作界面右侧，可以通过执行栏上的“窗口”→“工具”命令进行显示或隐藏。

与 Adobe 公司的其他软件一样，Flash CS6 软件采用通用的单、双列形式（图 7-4 所示为单列显示，图 7-6 所示为双列显示，可以通过鼠标单击工具箱顶端的按钮进行切换），包含分别用于绘图、填色、选色、修改图形以及改变场景舞台视图等不同功能的工具，鼠标移动到某个工具上方，会有相应的名称提示。

注意：对于右下角带有小三角的工具，如果按下鼠标左键不放，可以展开同一类别的其他工具选项，如图 7-7~图 7-9 所示。

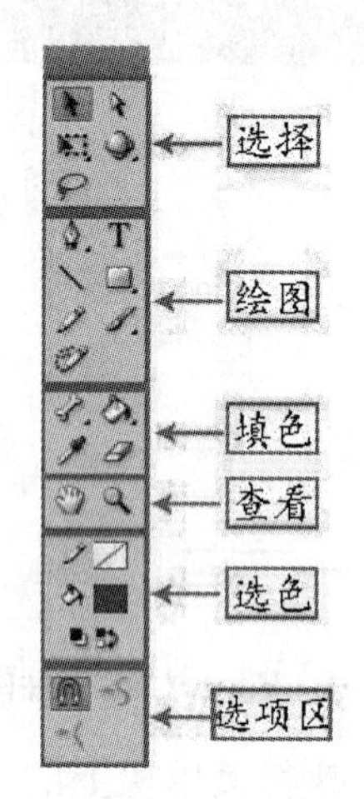

图 7-6　双列显示的工具箱

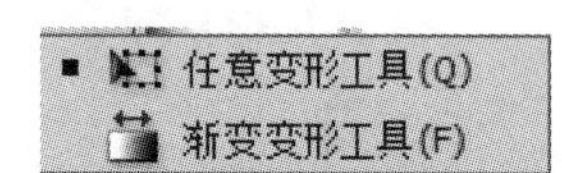

图 7-7　同类别工具选项（一）

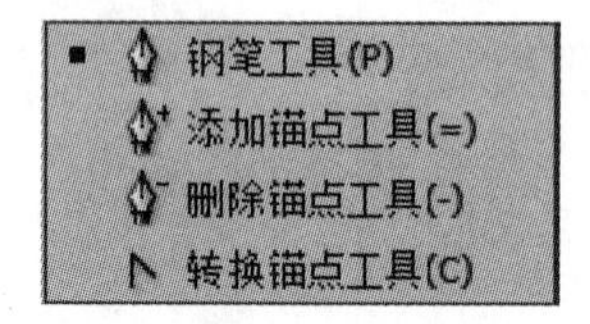

图 7-8　同类别工具选项（二）

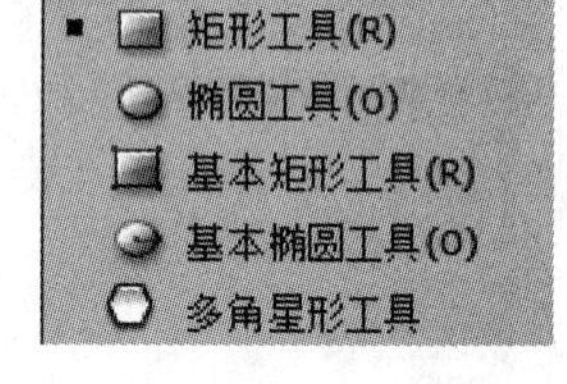

图 7-9　同类别工具选项（三）

4. 时间轴

时间轴（图 7-10）位于工作界面的中上区域，是 Flash 动画播放的时间线。它用于组织和控制文件内容在一定时间内播放。时间轴可以使内容随着时间的推移而发生相应的变化，从而实现动画的设计与制作过程。按照功能的不同，时间轴窗口分为左、右两部分，分别为层控制区和时间线控制区。

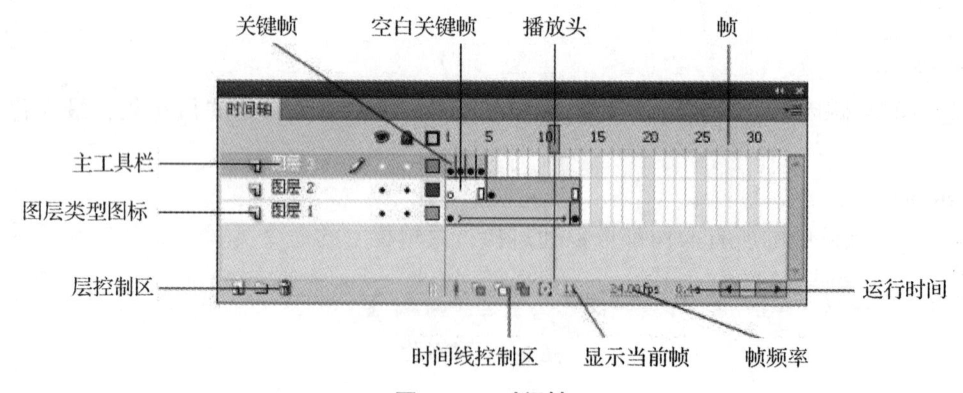

图 7-10　时间轴

5. 舞台

舞台（图7-11）位于窗口的中间区域。舞台是动画对象展示的区域，它的大小决定了成品动画窗口最后的大小。利用“文档属性”对话框，可以修改舞台的大小、背景颜色等。

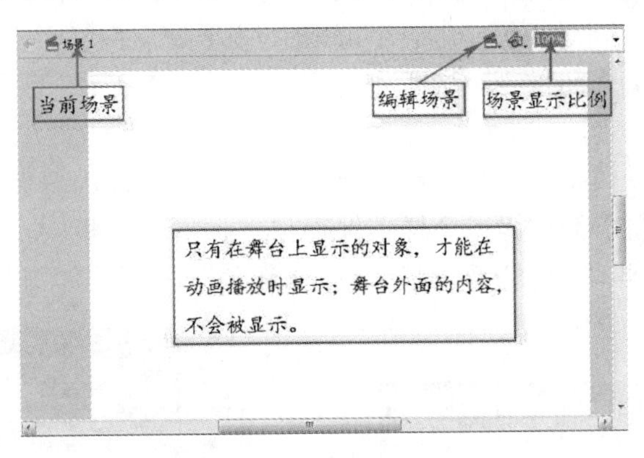

图7-11 舞台

延伸阅读：舞台与场景

在Flash CS6中，舞台仅指图7-11中间的矩形区域；场景不仅包括舞台，还包括舞台周围的区域以及其上方的时间轴面板。因此，场景的内涵比舞台大很多，二者既有联系又有区别，简而言之，舞台是场景的一部分。

6. 属性栏

属性栏也称为“属性”面板，位于工作界面的右边区域，根据所选对象的不同来显示不同的属性内容，如图7-12~图7-14所示。

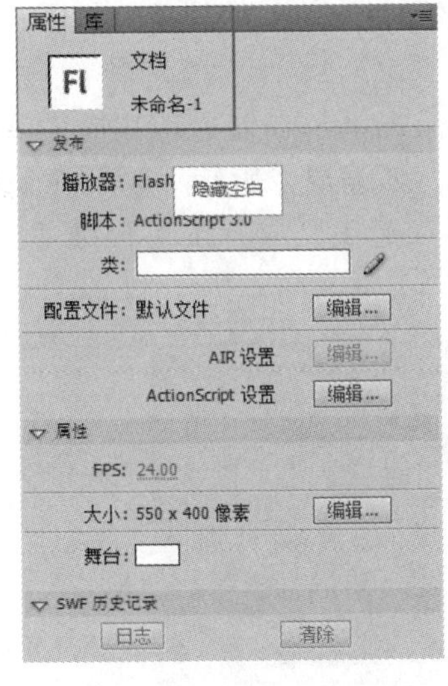

图7-12 属性栏（一）

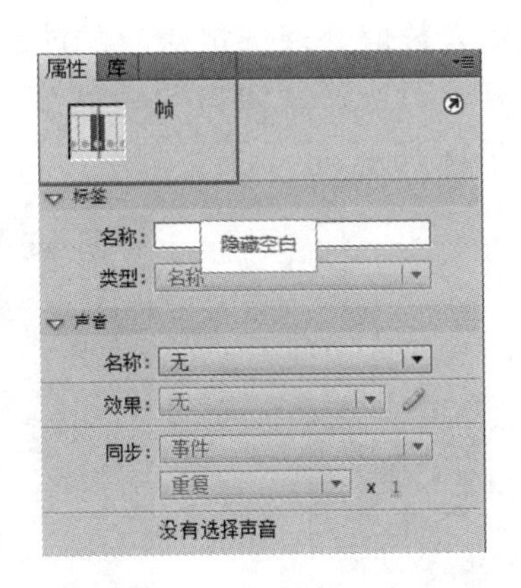

图7-13 属性栏（二）

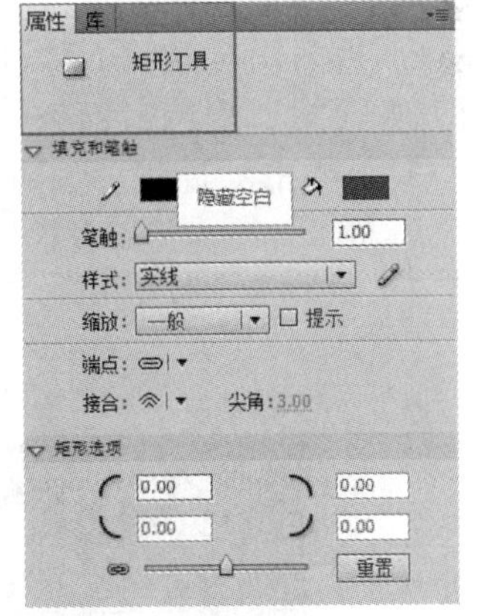

图7-14 属性栏（三）

7. 各类常用面板

各类常用面板位于工作界面右侧，可以通过执行“窗口”菜单下的相应命令显示或隐藏，主要有以下几种：

（1）“对齐”面板。

该面板允许用户根据一系列预置的标准来对齐对象，每种预置标准都被表示为一个按钮，可选择“窗口”→“对齐”选项，或者按组合键“Ctrl+K”打开“对齐”面板，如图 7-15 所示。在面板右侧有个“相对而言于舞台”按钮，按下后反白显示，表示所选对象与舞台对齐，否则，表示所选对象之间进行对齐。

（2）“颜色”面板。

该面板让用户将各种类型的颜色指派给笔角或填充，允许用户使用 RGB、HSB 或十六进制代码来创建颜色，并将它们作为一个样本保存在“样本”面板中，可选择“窗口”→“颜色”选项，或者按组合键“Alt+Shift+F9”打开“颜色”面板，如图 7-16 所示。

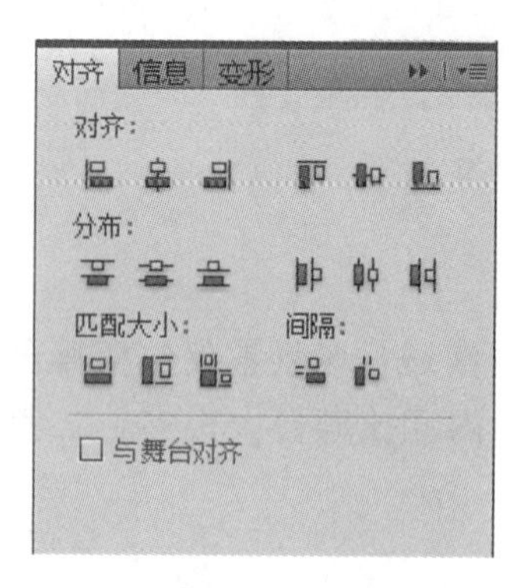

图 7-15　“对齐”面板

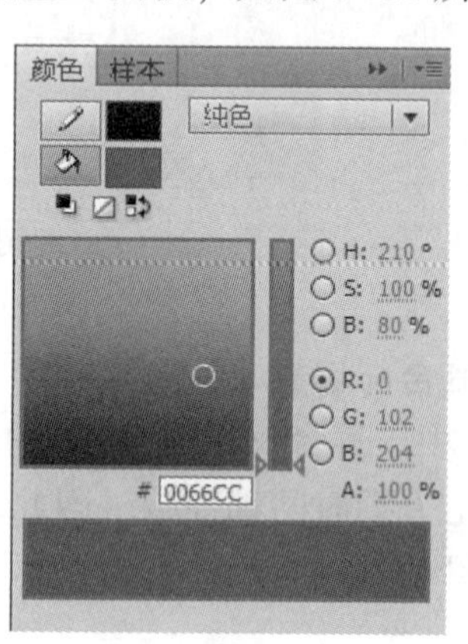

图 7-16　“颜色”面板

（3）“样本”面板。

该面板可以帮助用户从当前的调色板中组织、加载、保存和删除单独的颜色，如图 7-17 所示。

（4）“变形”面板。

该面板为用户提供了通过输入数值处理选定对象的能力，如缩放、旋转、倾斜对象等。其打开方式同“颜色”面板一样，可选择“窗口”→“变形”选项，或者按组合键“Ctrl+T”打开“变形”面板，如图 7-18 所示。

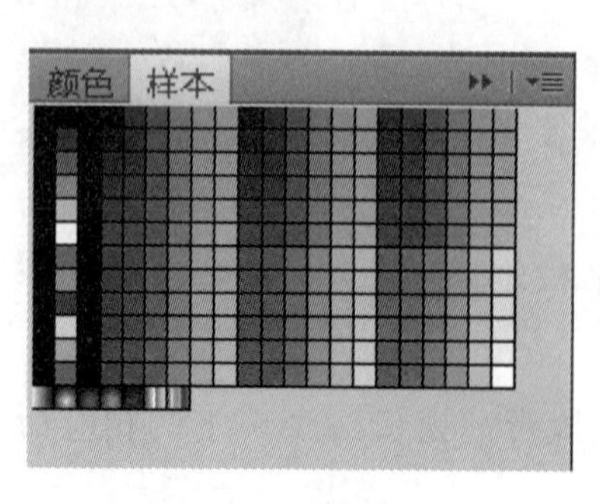

图 7-17　“样本”面板

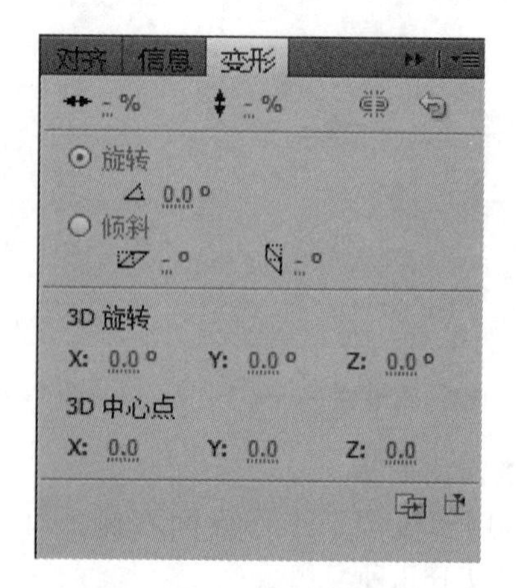

图 7-18　“变形”面板

（5）“库”面板。

该面板用于存储当前 Flash 动画所创建的元件（图形、按钮、影片剪辑）或外部导入的各种素材（图片、音频、视频），可选择“窗口”→“库”选项，或按组合键“Ctrl+L”打开“库”面板，如图 7-19 所示。

步骤 4：保存文件。

Flash 动画文件的保存分为两种：保存源文件（“.fla”文件）和保存动画文件（“.swf”文件）。

（1）源文件的保存。

执行菜单栏上的“文件”→“保存”命令（初次保存）或“文件”→“另存为”命令，即可打开“另存为”对话框。

选择存放文件的位置，在“文件名”栏中输入文件名称，在“保存类型”栏中选择需要保存的类型“Flash CS6”（＊.fla），然后单击“保存”按钮即可保存文件。

（2）动画文件的保存。

保存好源文件夹后，执行菜单栏上的“控制”→“测试影片”命令或按组合键“Ctrl+Enter”，即可导出动画文件，也就是完成了动画文件的保存。如图 7-20 所示，左侧为源文件，右侧为动画文件。

图 7-19　“库”面板

图 7-20　Flash 动画文件的保存

步骤 5：发布文件。

除将 Flash 动画文件保存为源文件和动画文件外，还可以将其保存为其他格式的文件，如“.html”“.gif”“.jpg”“.png”“.exe”等。

（1）执行菜单栏上的“文件”→“发布设置”命令，或按组合键“Ctrl+Shift+F12”打开“发布设置”对话框，如图 7-21 所示。

（2）在“格式”选项卡中选择相应的类型、文件保存的位置，然后根据需要进入各个格式类型选项卡进行设置，如图 7-22～图 7-26 所示。

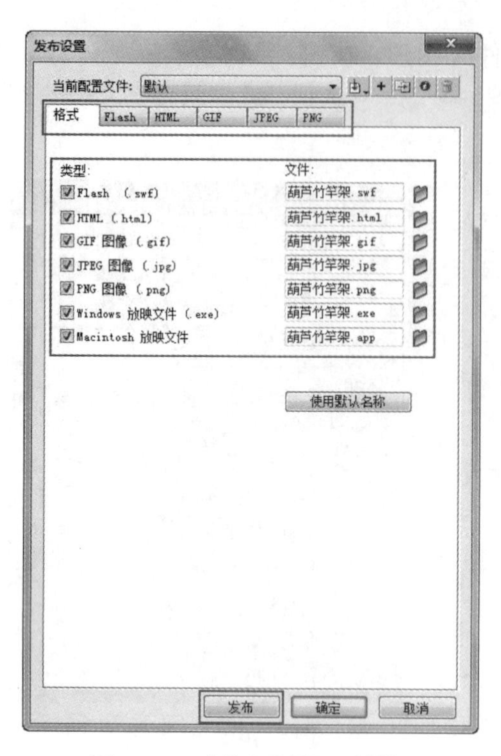

图 7-21　“发布设置”对话框

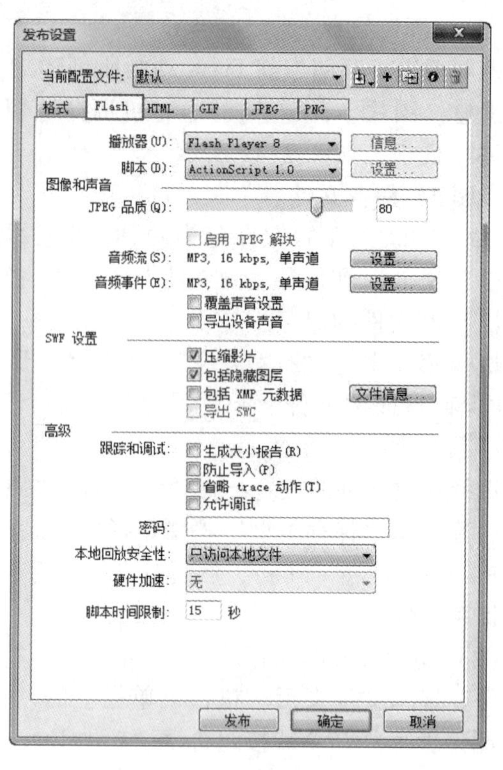

图 7-22　Flash 类型选项卡

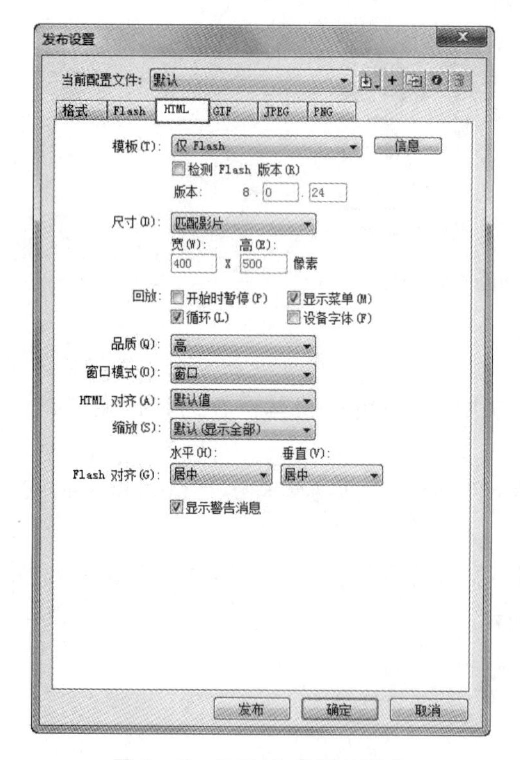

图 7-23　HTML 类型选项卡

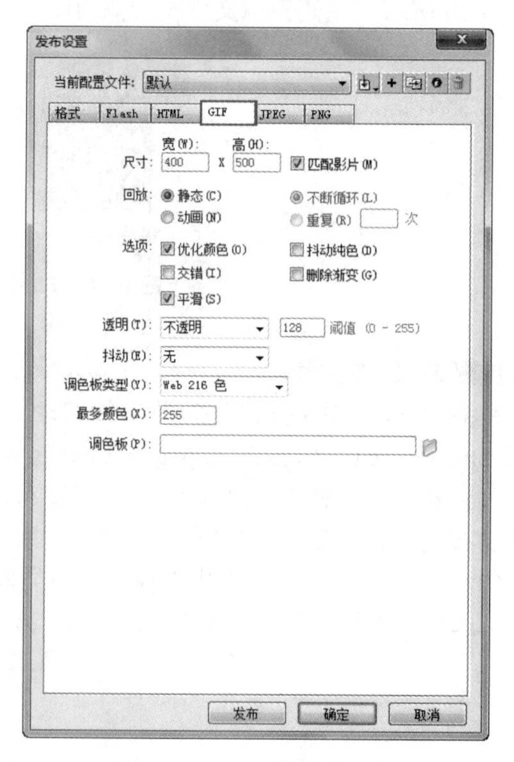

图 7-24　GIF 类型选项卡

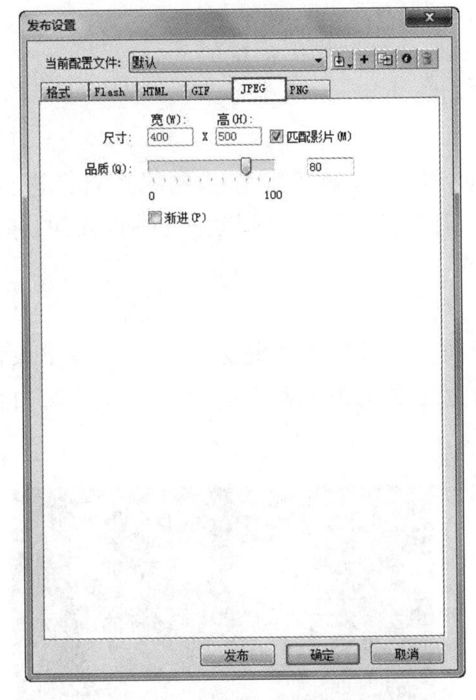

图 7-25　JPEG 类型选项卡

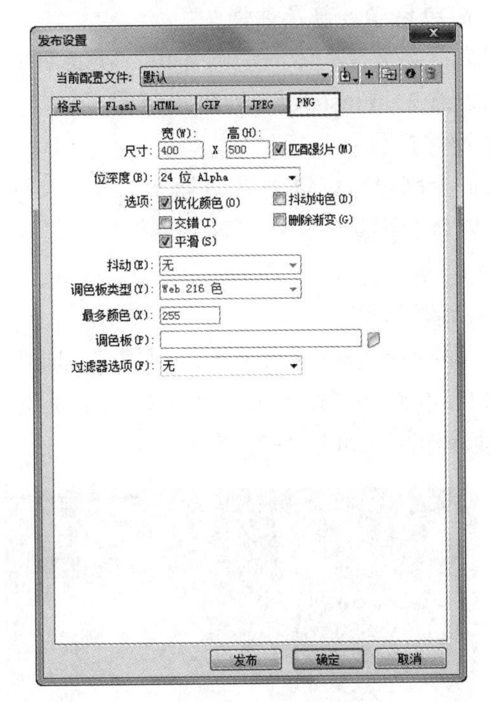

图 7-26　PNG 类型选项卡

（3）单击“发布”按钮即可将 Flash 动画文件发布成需要的格式，如图 7-27 所示。

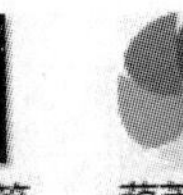

图 7-27　发布后的各种格式的文件

（4）单击“确定”按钮，保存刚才的发布设置。

知识拓展

知识点 1　Flash 的技术特点

1. 适合网络传输

Flash 采用矢量技术，以颜色和线条表现图形，生成的文件体积很小，适合网络传输的需要。

2. 容量小

Flash 的播放插件体积小、易下载，在常见浏览器中都能自动安装。

3. 通用性好

Flash 在各种浏览器中都可以有统一的样式，适合各种播放场景。

4. 多媒体交互性强

Flash 可以整合图形、音频、视频等多媒体元素，并能实现强大的交互功能。

5. 简单易学，普及性强

用户不必掌握高深的动画知识，就能使用 Flash 软件制作出惊艳的动画效果。

知识点 2　Flash CS6 的应用范围

1. 网络广告

人们上网时所浏览的界面通常会镶嵌一些使用 Flash 软件制作的网络广告，进行产品、服务或者企业形象的宣传，这些网络广告总是能让人们在第一时间就注意到它们的存在，如图 7-28 所示。

2. 动漫设计

现在的动漫市场越来越大，利用 Flash 进行动漫设计的人也越来越多，很多学校都开设了使用 Flash 软件制作动画的课程。无论是网络上还是电视上甚至公共汽车上，都可能使用 Flash 动漫作品，如图 7-29 所示。

图 7-28　网络广告

图 7-29　Flash 动漫作品

3. 电子贺卡

使用 Flash 软件制作的电子贺卡互动性强，表现形式多样，文件体积小，可以更好地传达人与人之间的感情，如图 7-30 所示。

4. 教学课件

使用 Flash 制作的教学课件可以很好地表达教学内容，增强学生的学习兴趣。Flash 动画技术已广泛应用于教学领域，如图 7-31 所示。

图 7-30　电子贺卡

图 7-31　教学课件

5. 多媒体光盘

现在的多媒体光盘，越来越多地使用 Flash 软件制作，不仅播放效果好，而且开发简单省时，如图 7-32 所示。

6. Flash 游戏

Flash 软件可以实现动画、声音的交互，并且通过其交互性制作出短小精悍、寓教于乐的 Flash 游戏，如图 7-33 所示。

图 7-32　多媒体光盘

图 7-33　Flash 游戏

7. Flash 网站

由于具有良好的动画表现力与强大的后台技术并支持 HTML 与其他脚本语言的使用，Flash 在制作网站方面具有很强的优势，如图 7-34 所示。

图 7-34　Flash 网站

8. 手机应用

利用 Flash 可以制作出很多应用于手机的动画作品，包括手机壁纸、屏保、主题、游戏、应用工具等。随着手机浏览器版本的不断升级以及各款手机对 Flash 支持度的不断提升，Flash 在手机方面的应用也越来越多。

任务小结

本任务主要介绍了 Flash CS6 的基本情况，让读者能够在正式制作动画之前熟悉 Flash CS6 的工作界面，了解一些常用工具以及面板的功能和使用方法，为学习使用 Flash CS6 软件进行动画制作打下基础。

任务 2　动画制作基础

知识要点

- 了解并掌握绘图工具的使用方法；
- 学习绘图和填充的技巧；
- 掌握将素材导入库中的技巧；
- 注意细节，养成良好的操作习惯。

任务描述

通过本任务的学习，读者可以掌握 Flash CS6 软件中常用工具的基本操作并将制作好的素材导入库中，然后对库内素材进行调用。

具体要求

(1) 打开 Flash CS6 软件；
(2) 使用绘图和填充工具绘制小汽车；
(3) 将小汽车转化为元件并存入库中；
(4) 调用库内素材到舞台；
(5) 保存文档。

任务实施

步骤 1：打开 Flash CS6 软件，选择“新建”→“ActionScript 3.0”选项，如图 7-35 所示。

步骤 2：绘制车身。使用“矩形工具”（快捷键 R），在“属性”面板中依次调整如下参数：“填充和笔触”中颜色全为#9d0000，“矩形选项”中边角半径全为 110，如图 7-36 所示。接着在白色舞台上拖拽出一个圆角矩形，在“属性”面板中将宽设置为 430，将高设置为 140，如图 7-37 所示。适当调整车身位置至舞台中偏下位置，如图 7-38 所示。

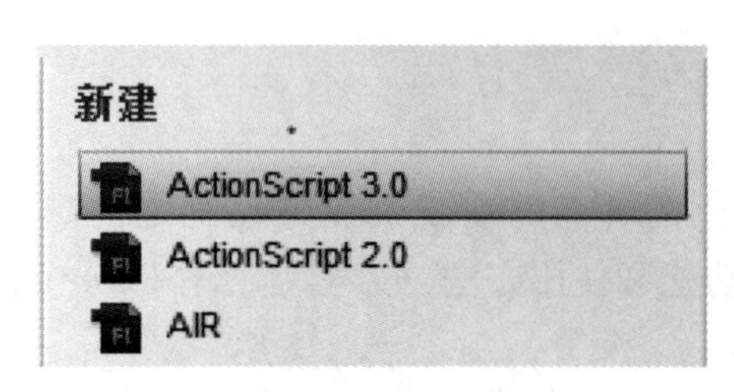

图 7-35　新建 Flash 文件

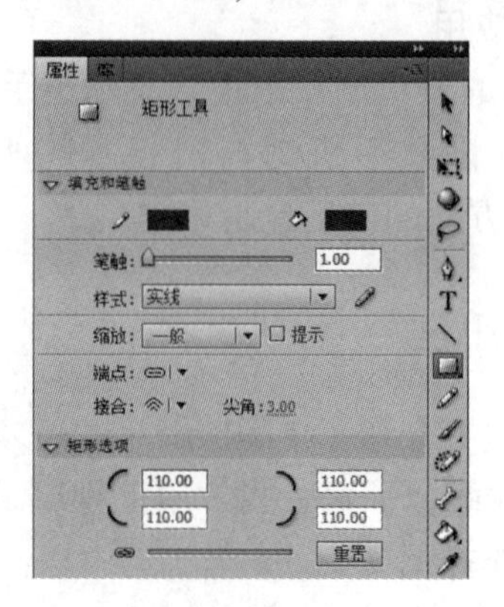

图 7-36　车身颜色和圆角属性设置

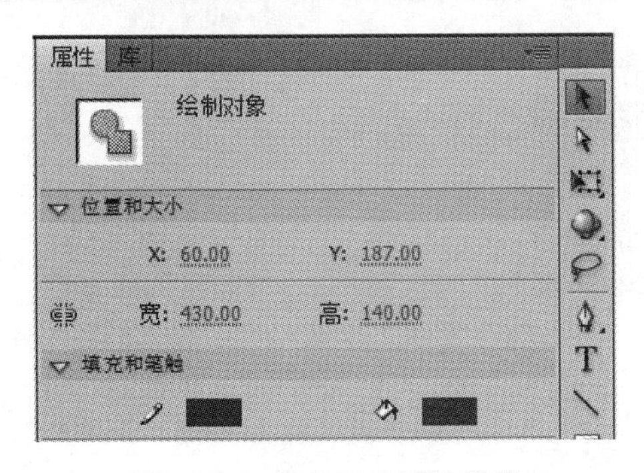

图 7-37 车身尺寸属性设置

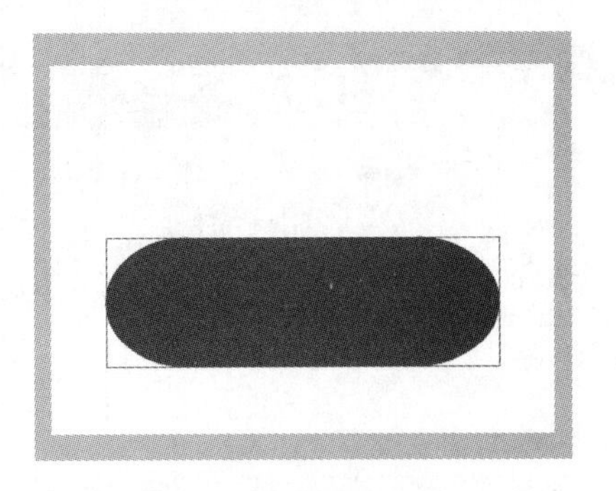

图 7-38 车身效果和舞台位置

步骤 3：绘制车顶。单击“矩形工具”按钮，如图 7-39 所示。选择“椭圆工具”按钮，在“属性”面板中将“填充和笔触”中的颜色全部设置为#9d0000。接着，在舞台上拖拽出一个椭圆，在“属性”面板中将宽设置为 290，将高设置为 170。车顶与车身位置如图 7-40 所示。

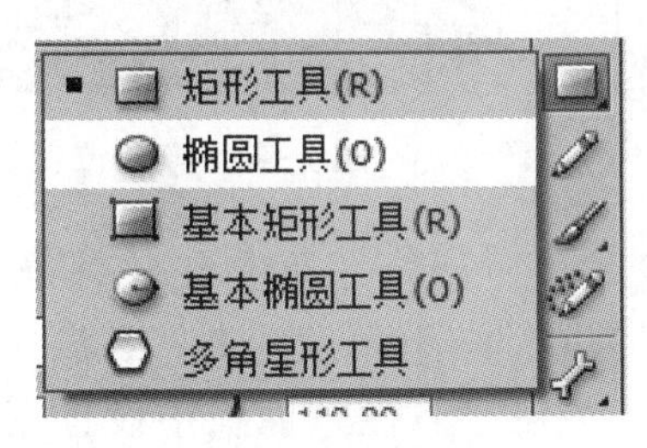

图 7-39 “矩形工具”下拉列表

图 7-40 车顶与车身位置

步骤 4：绘制车窗。单击“椭圆工具”按钮，在“属性”面板中依次调整如下参数：“填充和笔触”中颜色全为#ffff99，“椭圆选项”中开始角度为 180°，结束角度为 270°，如图 7-41 所示。接着在白色舞台上拖拽出一个直角扇形，在“属性”面板中将宽设置为 70，将高设置为 60，如图 7-42 所示。单击“选择工具”按钮（快捷键 V），选中舞台上的直角扇形，通过鼠标右键复制和粘贴获得一个新的直角扇形，然后选择“修改”→“变形”→“水平翻转”命令，如图 7-43 所示。车窗位置如图 7-44 所示。

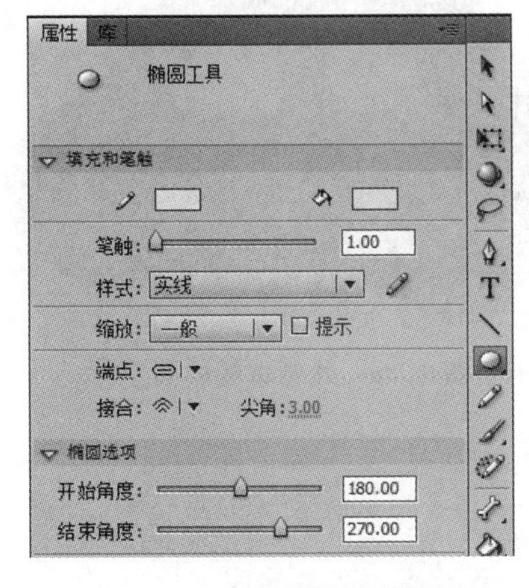

图 7-41 直角扇形绘制属性

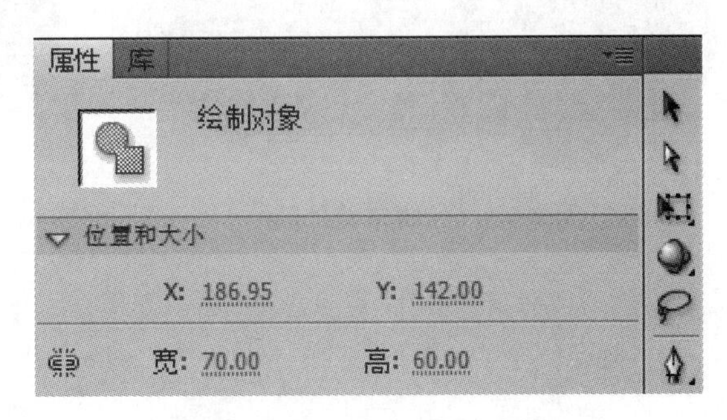

图 7-42 直角扇形尺寸设置

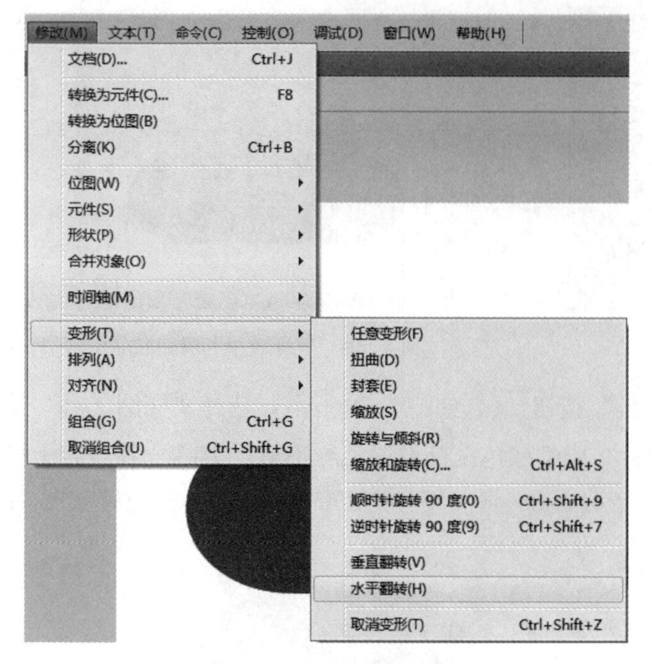

图 7-43　“水平翻转”命令

图 7-44　车窗位置

步骤 5：绘制车轮。单击“椭圆工具”按钮，在“属性”面板中依次调整如下参数：“填充和笔触”中颜色全为#333333，开始角度为 0，结束角度为 0。接着，在舞台上绘制车轮外圆（注：需使用 Shift 键，可以画出正圆）。在“属性”面板中设置宽和高同为 100，如图 7-45 所示。采用同样的方法绘制车轮内圆，颜色为#000000，宽和高同为 35，如图 7-46 所示。单击“选择工具”按钮，选中车轮内圆，接着按住 Shift 键单击车轮外圆，选择“修改”→“对齐”→“水平居中”和“垂直居中”命令，如图 7-47 所示。完成一个车轮的制作，如图 7-48 所示。最后再次使用“选择工具”按钮，配合 Shift 键，同时选中车轮的内、外圆，用鼠标右键复制、粘贴获得另一个车轮，最后将其调整到合适的位置，如图 7-49 所示。

图 7-45　绘制车轮外圆

图 7-46　绘制车轮内圆

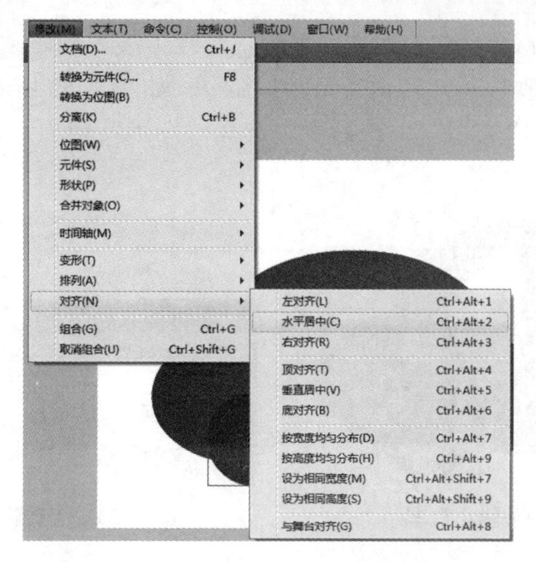

图 7–47　“水平居中‘和’垂直居中”命令

图 7–48　车轮

图 7–49　调整后的车轮

步骤 6：绘制车灯。单击“椭圆工具”按钮，在“属性”面板中依次调整如下参数：“填充和笔触”中颜色全为#ff9900，开始角度为 330°，结束角度为 30°，内径为 60，如图 7–50 所示。接着，在舞台上绘制车灯。在“属性”面板中将宽设置为 25，将高设置为 50。小汽车最终效果如图 7–51 所示。

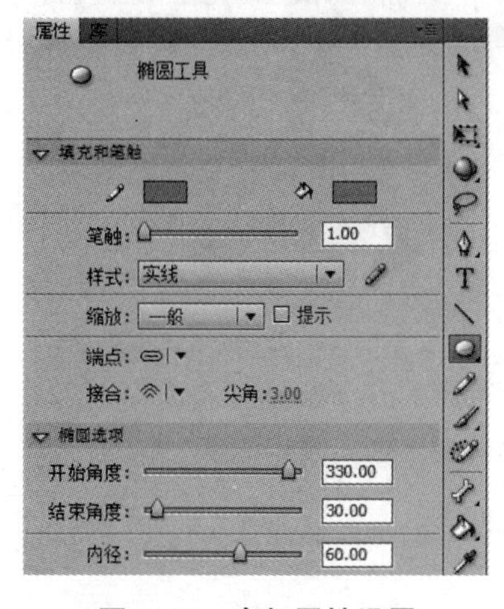

图 7–50　车灯属性设置

图 7–51　小汽车最终效果

步骤 7：将绘制的小汽车转化为元件。单击“选择工具”按钮，选中整辆小汽车，如图 7-52 所示。选择“修改”→“转化为元件”命令，如图 7-53 所示。在弹出的对话框中将元件名称改为“car”，在“类型”下拉列表中选择“图形”选项，如图 7-54 所示，最后单击“确定”按钮。

图 7-52　选中整辆小汽车

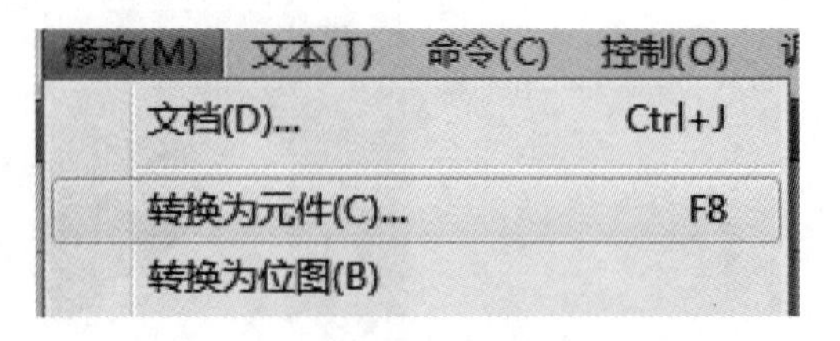

图 7-53　“转化为元件”命令

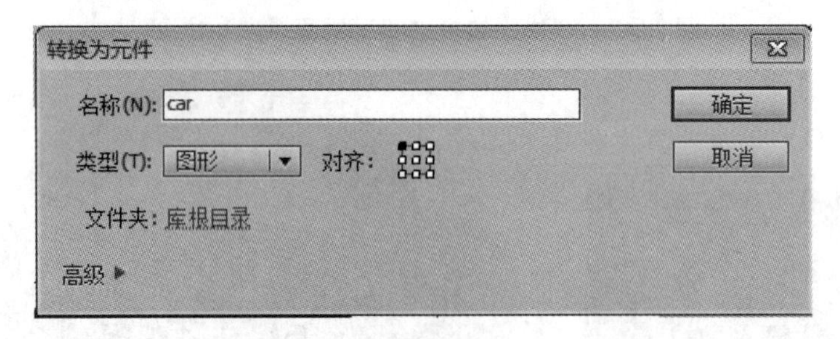

图 7-54　“转换为元件”对话框

步骤 8：选择“窗口”→“库”选项（组合键“Ctrl+L”），如图 7-55 所示。此时可以在库中看到刚刚绘制的小汽车，如图 7-56 所示。这时可以将舞台上现有小汽车删除（Delete 键），而后选中库中的小汽车直接拖入舞台，原来的小汽车又回到舞台中，并且可以拖入多辆，如图 7-57 所示。

步骤 9：最后将制作好的 Flash 文件进行保存，修改文件名为“car”，如图 7-58 所示。

窗口(W)　帮助(H)

	直接复制窗口(F)	Ctrl+Alt+K
	工具栏(O)	▸
✓	时间轴(J)	Ctrl+Alt+T
	动画编辑器	
✓	工具(K)	Ctrl+F2
✓	属性(V)	Ctrl+F3
	库(L)	Ctrl+L

图 7-55　“库”选项

图 7-56　库中的小汽车

图 7-57　向舞台中拖入多辆小汽车

图 7-58　保存文件

知识拓展

知识点 1　椭圆属性和功能

椭圆属性和功能见表 7-1。

表 7-1　椭圆属性和功能

属性	功能
开始角度	通过设置所需数值改变起始点的角度
结束角度	通过设置所需数值改变结束点的角度
闭合路径	当起始点与结束点不为同一点时，勾选该复选框，此时椭圆有内部填充，为一个闭合图形；反之，则没有内部填充
内径	该参数可以控制圆形内径的尺寸（数值越大则内径越大），从而得到环形

知识点 2　Shift 和 Alt 键的运用

（1）Shift 键+“选取工具”按钮：可以选择多个舞台对象。

（2）Shift 键+“矩形工具”或“椭圆工具”按钮：可以直接获得正方形或正圆。

（3）Shift 键+Alt 键+“矩形工具”或“椭圆工具”按钮：可以获得从中心扩散的正方形或正圆。

知识点 3　库的功能

库里的元件可以拿到场景里重复使用，不会增加最终“.swf”文件的大小及可以减少制作的工作量，如果在库里修改元件，那么场景里的这个元件的所有实例都会自动更改。

任务小结

本任务主要通过小汽车的制作，引导用户了解 Flash CS6 主要制作工具的使用。通过对小汽车各个部件进行制作，读者可以掌握绘制的方法与技巧并学习库的简单运用技巧，为完全掌握 Flash CS6 软件的使用打下基础。

任务 3　逐帧动画的制作

知识要点

- 逐帧动画的制作；
- 动作补间动画的制作；
- 形状补间动画的制作；
- 引导线动画的制作；
- 遮罩动画的制作。

任务描述

通过本任务的学习，读者可以掌握逐帧动画的制作方法。

具体要求

1. 3 种不同帧的区别

普通帧、关键帧、空白关键帧的插入方式如下：

（1）用鼠标右键。

（2）分别按 F5、F6、F7 键。

2. 帧的长短与播放时间的关系

帧长则播放时间长，帧短则播放时间短。

任务实施

逐帧动画的制作——川剧变脸。

效果描述：本实例实现的是逐帧动画“川剧变脸”效果，整个作品主要应用逐帧动画来实现，其效果如图 7-59 所示。

图 7-59　“川剧变脸”效果

步骤 1：新建一个 Flash 文档，然后单击“属性”面板中的“文档属性”按钮，在弹出的对话框中设置相关属性（影片尺寸为“500px×500px”，背景颜色为默认值），设置完后，单击“确定”按钮，如图 7-60 所示。

步骤 2：选择“文件”→“导入”→“导入到库”命令，将制作实例所需的素材导入库中，如图 7-61 所示。

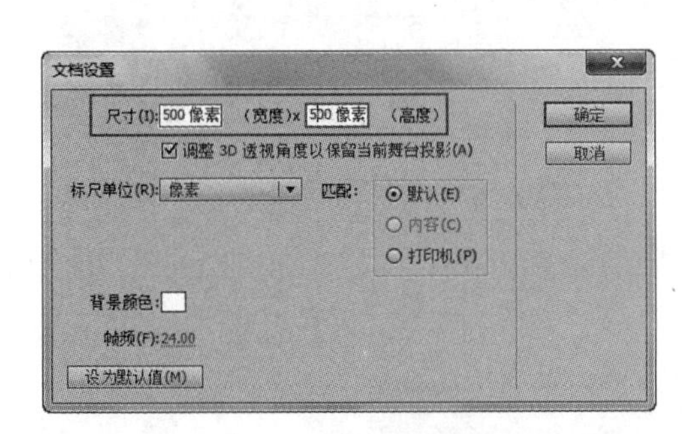

图 7-60　设置窗口相关属性

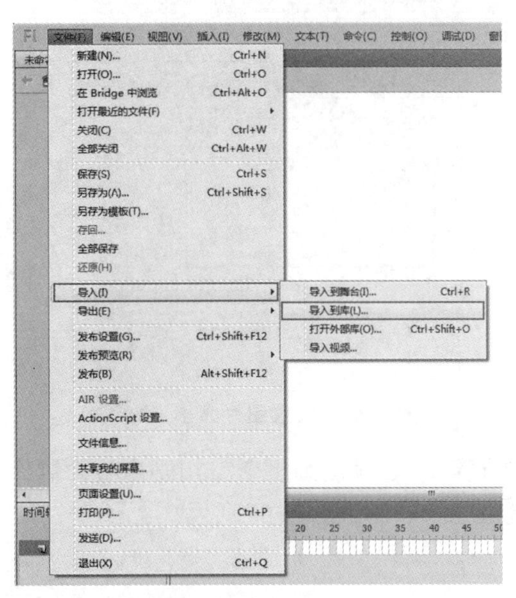

图 7-61　导入素材

步骤 3：返回主场景，打开“库”面板，把库中的背景图片拖放到主场景中并调整其大小，如图 7-62 所示。

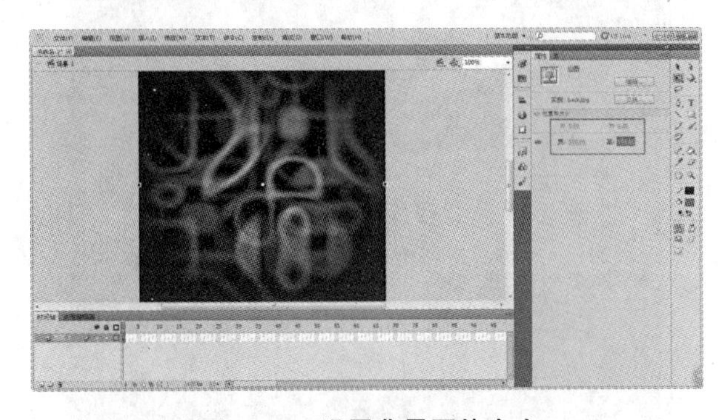

图 7-62　设置背景图片大小

步骤 4：新建图层 2，用来放各变化的脸谱并将图层 2 重命名为“脸谱”，将图层 1 重命名为“背景”，如图 7-63 所示。

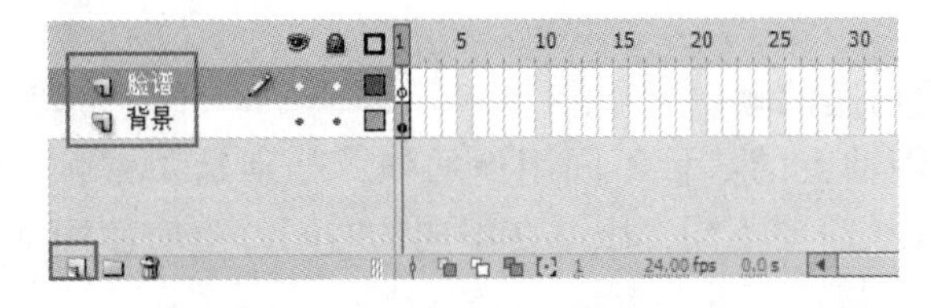

图 7-63　新建图层并为其重命名

步骤 5：打开“库”面板，将其中一张脸谱图片从库中拖放至“脸谱”图层的第 1 帧，每隔 2 帧按 F7 键插入空白关键帧。从“库”面板中拖放一张脸谱图片到工作区中，其位置和大小如图 7-64 所示。重复这个操作步骤，添加其他脸谱图片并按 F5 键将“背景”图层延续与“脸谱”图层同等长度，如图 7-65 所示。

图 7-64　设置图片大小

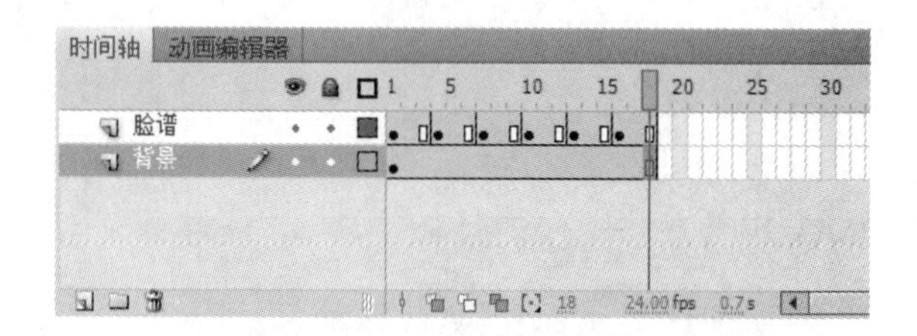

图 7-65　帧的分布情况

步骤 6：逐帧动画整个“川剧变脸”制作完成，保存作品后，按“Ctrl+Enter”组合键可预览最终效果，如图 7-66 所示。

图 7-66　最终效果

知识拓展

知识点 1　3 种不同用途的帧

逐帧动画中涉及时间轴上的 3 种不同用途的帧，分别是关键帧、空白关键帧和普通帧，如图 7-67 所示。由于设计需要不同，因此在不同的时间片上应使用不同的帧。

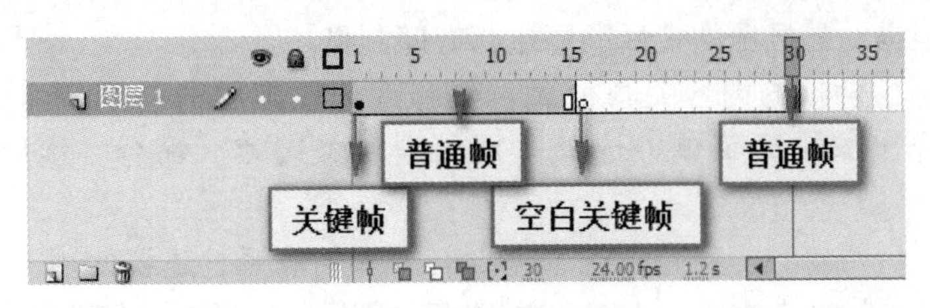

图 7-67　3 种不同用途的帧

1. 关键帧

关键帧是 Flash 动画中最重要的帧，尤其在补间动画中，关键帧决定了动画过程的开始和结束。若看到关键帧，则表示这个帧内有动画内容，而且关键帧在动画过程中起着关键作用。

插入方法：在时间轴上单击鼠标右键，选择“插入关键帧”命令或按快捷键 F6。

2. 空白关键帧

空白关键帧也是关键帧，在动画过程中也起着关键作用，但这个帧中没有动画内容，俗称“空帧”。一旦空白关键帧中放置了动画内容，则空白关键帧自动转换为关键帧；同理，如果将一个关键帧的动画内容全部删除，则这个关键帧自动转换为空白关键帧。因此，关键帧与空白关键帧的最大区别就在于帧内是否有动画内容。

插入方法：在时间轴上单击鼠标右键，选择“插入空白关键帧”命令或按快捷键 F7。

3. 普通帧

普通帧在动画过程中并不起关键作用，只是用来继续显示左边离它最近的那个帧或空白关键帧的内容，延长动画的播放时间。

插入方法：在时间轴上单击鼠标右键选择“插入帧”命令。

知识点 2　3 种帧的关系

在图 7-67 所示的动画中，共有 30 帧。其中，第 1 帧是关键帧，表示该帧有动画内容；第 16 帧是空白关键帧，表示该帧是空的，没有动画内容；剩下的 28 帧则都是普通帧，其中第 2~15 帧用于延长第 1 帧（关键帧）的显示时间，第 17~30 帧用于延长第 16 帧（空白关键帧）的显示时间。

知识点 3　逐帧动画中经常使用的工具

（1）橡皮擦工具：直接擦除多余的内容。

（2）选择工具：单击选择单个对象或按下鼠标左键拖动出矩形选取框选择单个或多个对象。

（3）套索工具：用于选择图形中不规则区域中的对象，分为“魔术棒”和“多边形模式”两种方式。

任务小结

从动画原理可以看出，逐帧动画的基本制作技术比较简单，主要就是根据需要制作每一帧的内容。在制作过程中应注意以下内容：

（1）一定要根据动画显示的先后顺序进行有序制作。

（2）如果前、后两帧的内容关联很大，只有部分或细微的差别，建议使用 F6 键或单击鼠标右键，在弹出的快捷菜单中选择“插入空白关键帧”命令，然后在此基础上进行修改。

（3）如果前、后两帧的内容差别很大，没有太多的联系，建议使用 F7 键或单击鼠标右键，在弹出的快捷菜单中选择“插入空白关键帧”命令，然后进行全新内容的制作。

（4）为使动画具有更好的效果，建议用户为每个动画添加一些合适的背景。

任务 4　形状补间动画的制作

任务描述

通过本任务的学习，读者可以掌握形状补间动画的制作方法。

具体要求

（1）了解形状补间动画的定义；
（2）了解形状补间动画的对象；
（3）掌握形状补间动画的制作方法。

任务实施

效果描述：圆形变成一个三角形，然后再变成正方形，最后再变回红色圆形。动画效果如图 7-68～图 7-70 所示。

图 7-68　圆形

图 7-69　三角形

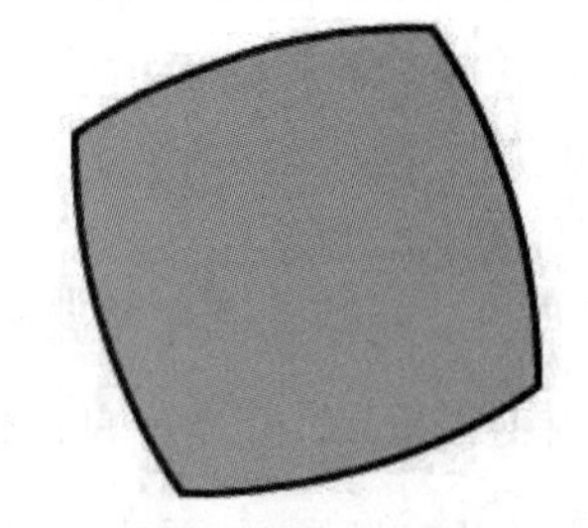

图 7-70　正方形

步骤 1：启动 Flash CS6 软件，新建舞台大小为 300 像素×300 像素，其余为默认值。

步骤 2：单击工具箱中的“椭圆工具”按钮，在下方的“属性”面板中设置笔触颜色为#000000，笔触高度为 3，填充颜色为#FF0000，如图 7-71 所示。

步骤 3：在舞台上按住 Shift 键，利用“椭圆工具”绘制一个正圆，如图 7-72 所示。

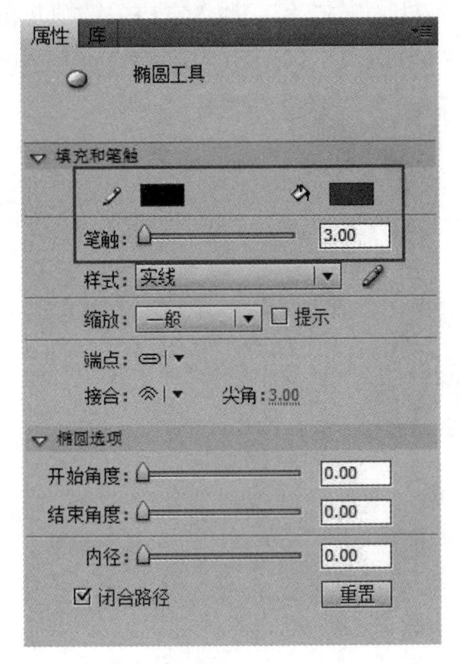

图7-71　“椭圆工具”的“属性”面板

图7-72　绘制正圆

步骤4：单击工具箱中的“选择工具”按钮，选中刚才绘制的红色正圆，按组合键“Ctrl+K”，打开“对齐”面板，如图7-73所示。

步骤5：单击工具箱中的“矩形工具”按钮，在下方的“属性”面板中设置笔触颜色为#000000，笔触高度为3，填充颜色为#0000FF，如图7-74所示。

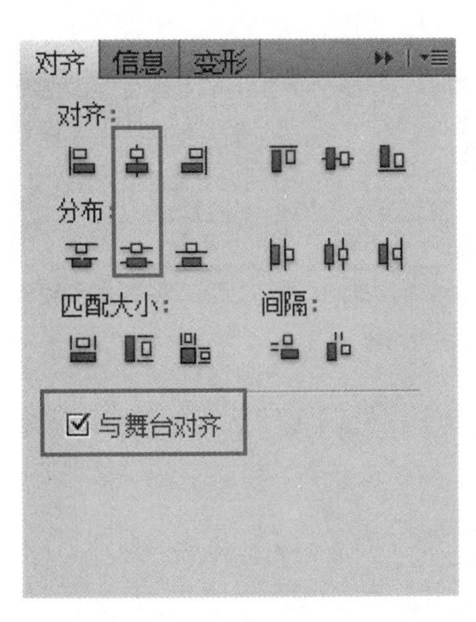

图7-73　“对齐”面板

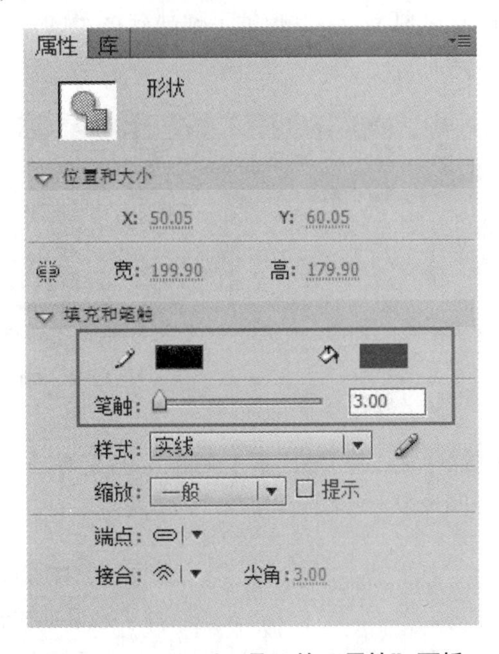

图7-74　“矩形工具”的“属性”面板

步骤 6：在时间轴面板“图层 1”的第 15 帧处，按 F7 键，插入空白关键帧并在舞台上绘制出三角形（同步骤 4），图形与舞台中心重合，如图 7-75 所示。

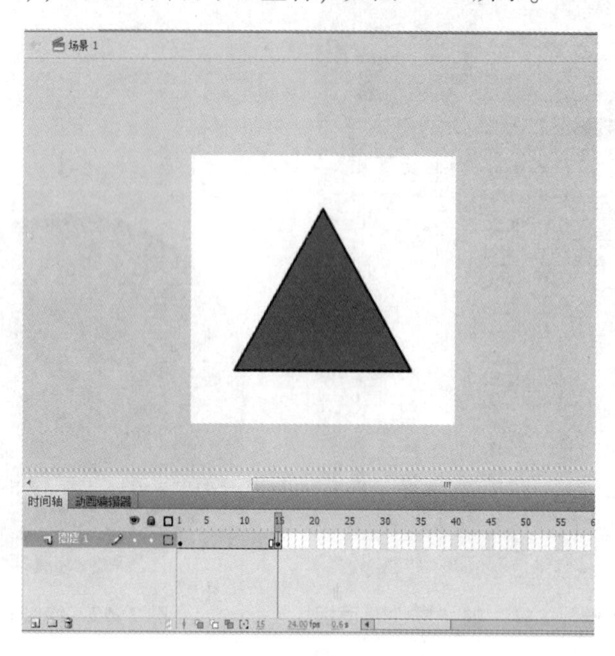

图 7-75　三角形的帧与内容

步骤 7：同上操作，分别在第 30 帧处绘制正方形，在第 45 帧处绘制正圆（注意：此处的圆与第 1 帧大小相同。可将第 1 帧复制到第 45 帧处（选中第 1 帧，用鼠标右键复制帧，单击第 45 帧粘贴），也可将第 1 帧的红色正圆用组合“Ctrl+Shift+V”粘贴到第 15 帧的舞台处，如图 7-76 所示。

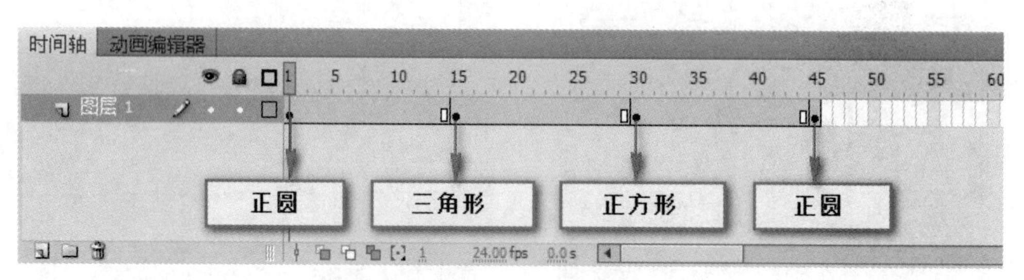

图 7-76　帧的分布与内容

步骤 8：在时间轴面板上用鼠标右键单击“图层 1”第 1 帧，在弹出的快捷菜单中选择“创建补间形状”命令，如图 7-77 所示。

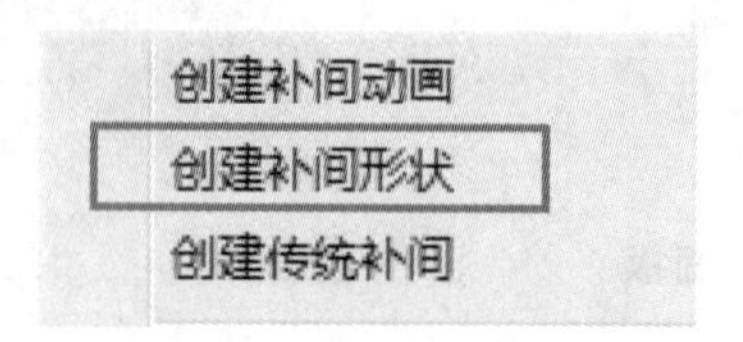

图 7-77　“创建补间形状”命令

步骤 9：此时，第 1 帧创建形状补间动画后的时间轴如图 7-78 所示。

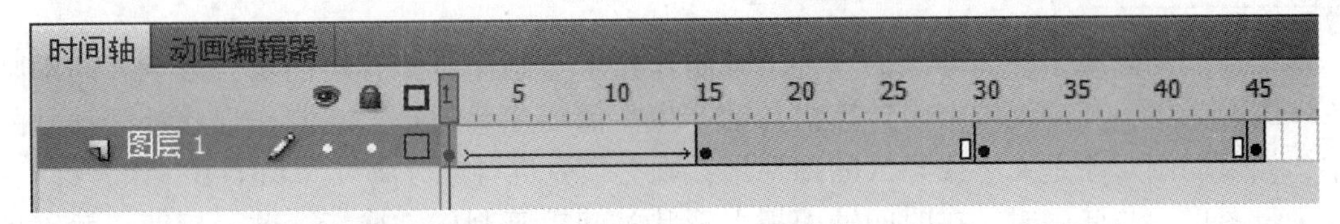

图 7-78　第 1 帧创建形状补间动画后的时间轴

步骤 10：同上，第 15 帧和第 30 帧创建形状补间动画后的时间轴如图 7-79 所示。

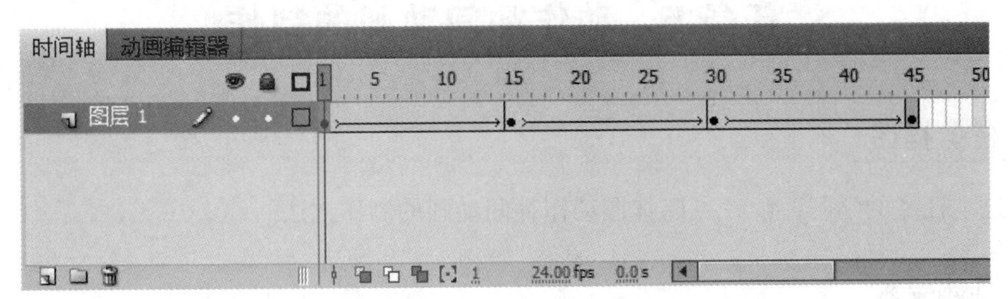

图 7-79　第 15 帧和第 30 帧创建形状补间动画后的时间轴

步骤 11：整个形状补间动画制作完成，保存作品，按“Ctrl+Enter”组合键预览最终效果。

知识拓展

知识点 1　拓展尝试

正圆可以变成三角形，如果继续将其变成五边形或多边形，该怎么做呢？

使各种线条不停地自由变换成不同的图案，该怎么做呢？

自己尝试一下吧！

知识点 2　形状补间动画的定义

形状补间动画属于补间动画的一种，主要表现为动画对象的形状、大小、颜色发生变化，从而产生动画效果。

知识点 3　形状补间动画的对象

形状补间动画的对象必须是分离后的图形。所谓“分离后的图形”，即图形是由无数个点堆积而成的，而并非一个整体。

常见的分离后的图形有以下几种：

（1）利用绘图工具直接绘制的各种图形，如椭圆、矩形、多边形等。

（2）执行“分离”命令（“Ctrl+B”组合键）打散后的各种文字。

（3）执行“分离”命令（“Ctrl+B”组合键）打散后的各种图形图像。

知识点 4　形状补间动画制作的“三步曲”

（1）制作形状补间动画的“起点”关键帧，即动画的初始状态。

（2）制作形状补间动画的“终点”关键帧，即动画的结束状态。

（3）在“起点”和“终点”两帧之间创建补间形状。

任务小结

形状补间动画属于补间动画的一种，其制作技术与制作步骤相对简单，形状补间动画的对象以图形为主，其动画效果由计算机自动产生。需要注意的是，在制作形状补间动画的过程中，如果动画对象是文字或导入的图片等，则必须先将对象分离（“Ctrl+B”组合键），转换成矢量图形。与此同时，在时间轴面板上形状补间动画制作完成后，前、后两个关键帧之间应该是背景上的连续箭头，否则就说明关键帧存在问题，需要进行调整与修改。

任务 5　动作补间动画的制作

任务描述

通过本任务的学习，读者可以掌握动作补间动画的制作方法。

具体要求

（1）了解动作补间动画的定义；
（2）掌握动作补间动画的制作方法；
（3）了解动作补间动画与形状补间动画的区别。

任务实施

随着球员起射一脚，足球场上的足球飞滚起来，越来越远，越来越小。利用动作补间动画来完成以上效果，如图 7-80 所示。

图 7-80　最终效果

步骤 1： 启动 Flash CS6 软件，新建舞台大小为 550 像素×400 像素，其余为默认值。

步骤 2： 选择“文件”→“导入”→“导入到库”命令，打开“导入到库”对话框，选择需要的图片，单击“打开”按钮，将图片导入库中。

步骤 3： 选择“窗口”→“库”命令或使用组合键“Ctrl+L”打开“库”面板，如图 7-81 所示。

步骤 4： 执行“插入新建元件”命令或使用组合键“Ctrl+F8”打开“创建新元件”对话框，如图 7-82 所示。

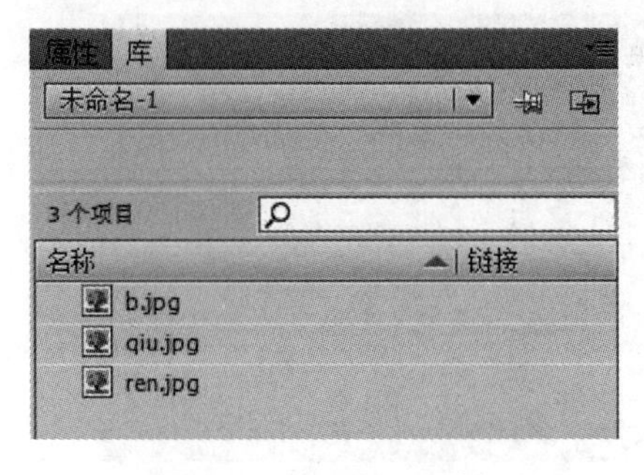

图 7-81　“库”面板

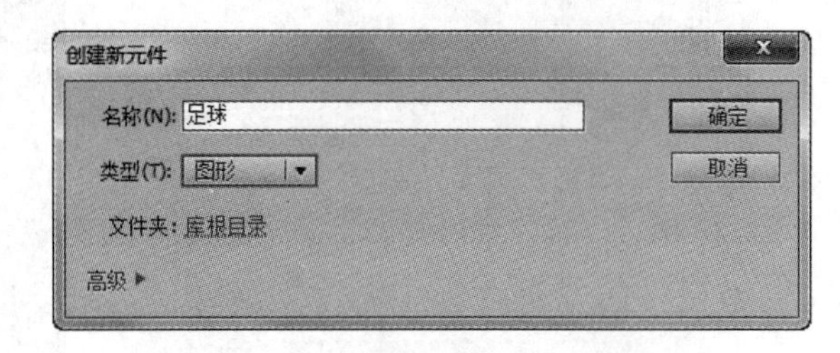

图 7-82　“创建新元件”对话框

步骤 5：输入元件名称“足球”，选择元件类型为“图形”，单击“确定”按钮，进入元件编辑界面。

步骤 6：从“库”面板中将刚才导入的足球图片拖入元件编辑界面，按组合键“Ctrl+B”进行分离，对图片进行去背景色处理，利用魔术棒工具选择白色部分，按 Delete 键删除，如图 7-83 所示。

步骤 7：选中足球图片，按组合键“Ctrl+K”，打开“对齐”面板，让足球图片与舞台中心重合。

步骤 8：同理，新建图形元件“人物”，将人物图片拖入元件编辑界面，同样进行去背景色处理。

步骤 9：回到主场景，单击返回场景按钮，如图 7-84 所示。

图 7-83　处理足球图片

图 7-84　单击返回场景按钮

步骤 10：在时间轴面板上修改“图层 1”的名称为“背景”，单击第 1 帧，打开“库”面板，将背景元件拖拽入舞台中，调整元件的位置、大小，如图 7-85 所示。

步骤 11：在时间轴面板上，新建“图层 2”并修改其名称为“人物”，单击第 1 帧，打开“库”面板，将人物元件拖拽入舞台中，调整人物元件的位置和大小，如图 7-86 所示。

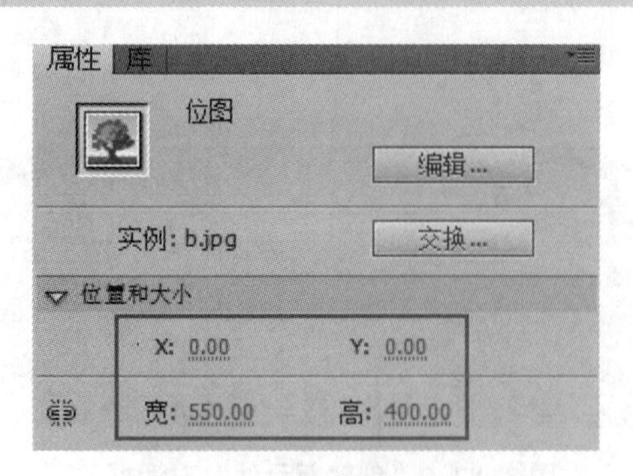

图 7-85 设置背景元件的属性

图 7-86 调整人物元件的位置和大小

步骤 12：在时间轴面板上新建“图层 3”，并将其修改为“足球”，单击第 1 帧，打开“库”面板，将足球元件拖拽入舞台中，调整元件的位置、大小，在第 20 帧处，按 F6 键插入关键帧，同时，将“背景”“人物”图层的帧延长到第 20 帧，调整足球元件位置到球门上方并将足球缩小。在两个关键帧之间创建动作补间动画，如图 7-87 所示。

步骤 13：时间轴上的图层分布情况如图 7-88 所示。

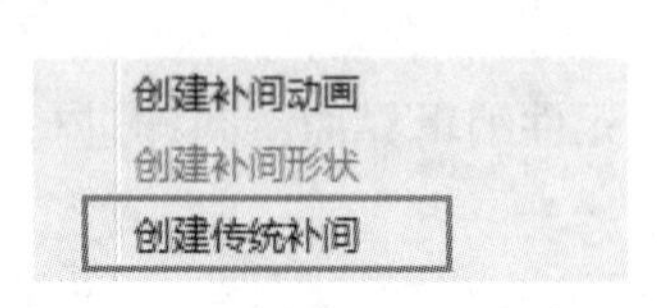

图 7-87 创建动作补间动画

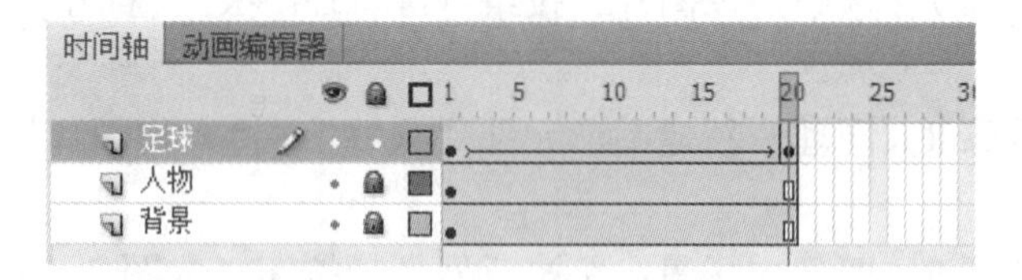

图 7-88 时间轴上的图层分布情况

步骤 14：足球在运动的过程中，除位置与大小改变外，旋转方向、颜色也可以有变化。单击两个关键帧之间的任意位置，打开“属性”面板，调整足球的旋转方向及旋转圈数，如图 7-89 所示。

步骤 15：足球越来越远（越来越小），直到消失不见，在第 17 帧处按 F6 键插入关键帧，第 17 帧到第 20 帧为处理足球消失的变化动作。时间面板上帧的分布情况如图 7-90 所示。

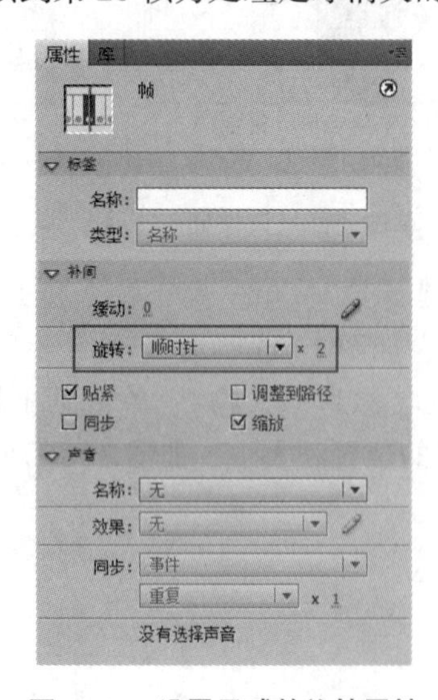

图 7-89 设置足球的旋转属性

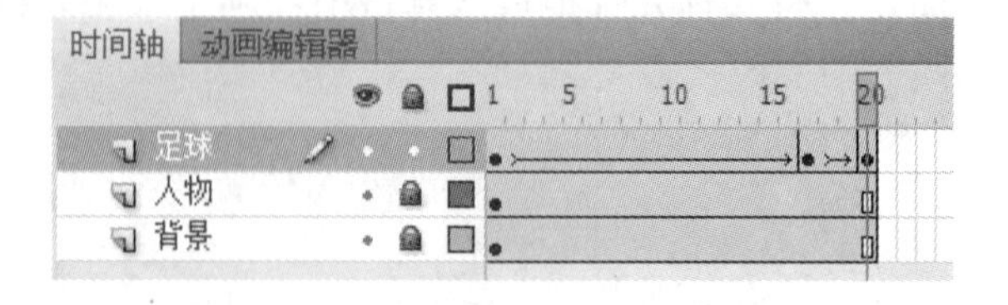

图 7-90 时间面板上帧的分布情况

步骤 16：用选择工具单击第 20 帧，再单击帧内的足球元件，打开“属性”面板，设置

足球的 Alpha（透明度）为 0，如图 7-91 所示。

步骤 17：选择“文件”→“保存”命令或使用组合键“Ctrl+S”保存文件。

步骤 18：选择“控制”→“测试影片”命令或使用组合键“Ctrl+Enter”，可导出并观看动画效果。

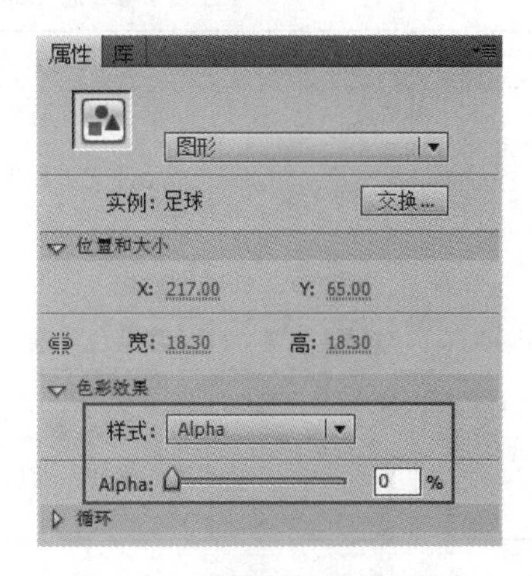

图 7-91　设置足球元件的透明度

知识拓展

知识点 1　帧与元件属性的区别

足球在运动的过程中，除位置、旋转方向、大小、速度有所变化外，颜色、亮度、透明度也可能发生变化，这就需要修改元件（位置、大小、颜色、亮度、透明度等）及帧（旋转方向、速度、声音等）的属性。

知识点 2　动作补间动画与形状补间动画不同

动作补间动画也是 Flash 中非常重要的表现手段之一，与形状补间动画不同的是，动作补间动画的对象必须是元件或成组对象。

运用动作补间动画，用户可以设置元件的大小、位置、颜色、透明度、旋转等属性，配合别的手法，用户甚至能制作出令人称奇的仿 3D 效果。

1. 动作补间动画的概念

在 Flash CS6 的时间轴面板上，在一个时间点（关键帧）放置一个元件，然后在另一个时间点（关键帧）改变这个元件的大小、颜色、位置、透明度等，Flash CS6 根据二者之间帧的值创建的动画称为动作补间动画。

2. 构成动作补间动画的元素

构成动作补间动画的元素是元件，包括影片剪辑、图形元件、按钮等，除了元件，其他元素包括文本都不能创建动作补间动画，其他位图、文本等都必须转换成元件。只有把形状组合或者转换成元件后，才可以制作动作补间动画。

3. 动作补间动画在时间轴面板上的表现

动作补间动画建立后，时间轴面板的背景色变为淡紫色，在起始帧和结束帧之间有一个长长的箭头。

4. 形状补间动画和动作补间动画的区别

形状补间动画和动作补间动画都属于补间动画，首、尾各有一个起始帧和结束帧，二者的对比见表 7-2。

表 7-2　动作补间动画和形状补间动画的对比

<table>
<tr><td colspan="2"></td><td>动作补间动画</td><td>形状补间动画</td></tr>
<tr><td colspan="2">相同点</td><td colspan="2">首、尾有两个关键帧，中间过渡帧画面由计算机自动生成</td></tr>
<tr><td rowspan="4">不同点</td><td>组成元素</td><td>元件（影片剪辑、图形、按钮）或组合对象</td><td>形状，如果使用元件、文字，则必先打散再变形</td></tr>
<tr><td>补间方式</td><td>动作</td><td>形状</td></tr>
<tr><td>时间轴表现</td><td>淡紫色背景、加长箭头</td><td>淡绿色背景、加长箭头</td></tr>
<tr><td>实现效果</td><td>实现一个元件或组合对象的大小、位置、旋转、速度、颜色、透明度等的变化</td><td>两个形状之间的变化，或一个形状的大小、位置、颜色等的变化</td></tr>
</table>

任务小结

动作补间动画属于补间动画的一种，也是 Flash 动画中最常见的一种动画形式，其最大的特点是以元件为对象，便于修改，无论是文字、图形还是导入的图片，都可以被制作成元件，而且在场景中，元件实例可以通过“属性”面板中的选项进行多种设置，实现各种不同的效果。

任务 6　引导层的制作

知识要点

- 引导层的制作方法。

任务描述

通过本任务的学习，读者可以掌握引导层的制作方法。

具体要求

（1）新建文件并调整舞台大小（842 像素×570 像素）；
（2）导入并编辑素材，存入库中；
（3）制作引导层，规划宇宙飞船的飞行路径；
（4）使宇宙飞船按照规定路径飞行；
（5）保存文件为“星际之旅 . fla”。

任务实施

步骤 1：新建 Flash 文件。选择“修改”→“文档”选项，调整舞台大小为 842 像素×570 像素，如图 7-92 所示。

步骤 2：导入素材。选择“文件”→“导入”→“导入到舞台”命令，选择文件名为“太阳系”的图片，单击打开。同理导入宇宙飞船图片，如图 7-93 所示。

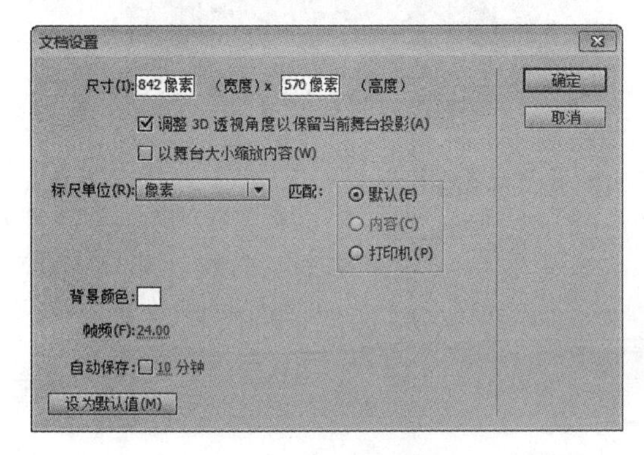

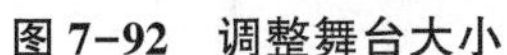
图 7-92　调整舞台大小

图 7-93　导入素材之后的舞台

步骤 3：调整宇宙飞船的尺寸并将其转化成名为“宇宙飞船”的图片元件存入库中并删除舞台中的宇宙飞船，如图 7-94 所示。

图 7-94　将舞台中的宇宙飞船转化为图片元件

步骤 4：新建一个图层，命名为“宇宙飞船”，同时，将图层 1 重命名为“太阳系”，如图 7-95 所示。将库中的宇宙飞船元件拖入“宇宙飞船”图层中，放置在地球位置并调整角度和大小，如图 7-96 所示。

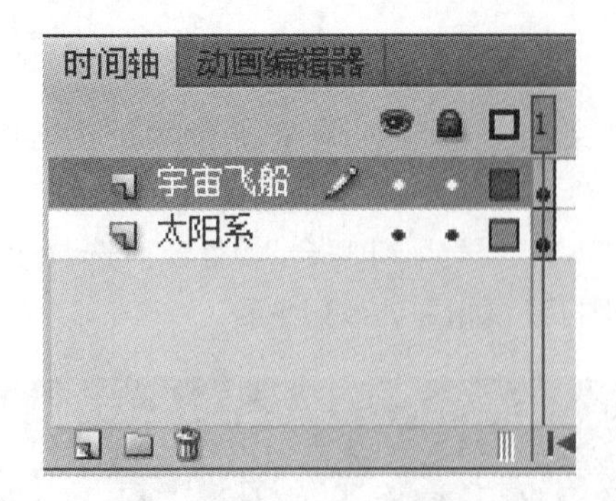

图 7-95　修改后的图层

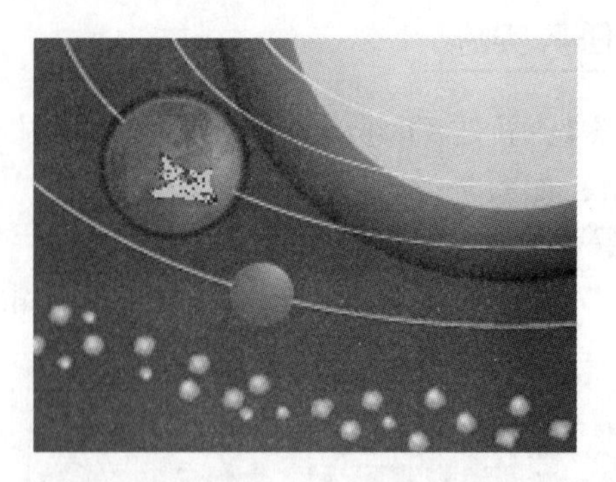

图 7-96　将宇宙飞船放置在地球位置

步骤 5：添加引导层。将鼠标移动到“宇宙飞船”图层，然后单击鼠标右键，选择“添加传统运动引导层”命令，如图 7-97 所示。单击新建的引导层，单击工具栏中的“铅笔工具”按钮 （快捷键 Y）。将铅笔模式修改为“平滑”，如图 7-98 所示。绘制宇宙飞船的飞行轨迹如图 7-99 所示。

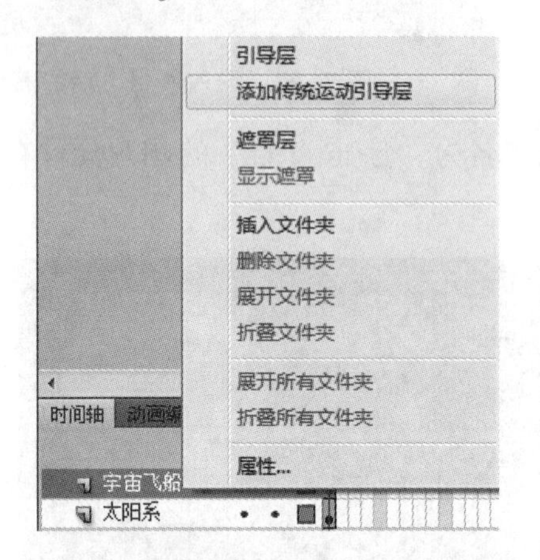

图 7-97　“添加传统运动引导层”命令

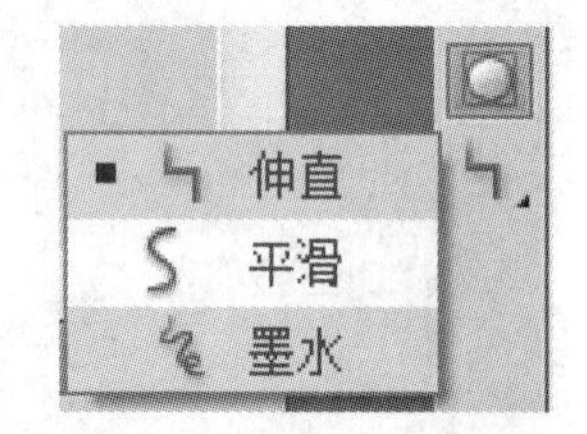

图 7-98　修改铅笔模式

图 7-99　绘制宇宙飞船的飞行轨迹

步骤 6：将鼠标移动到时间轴上第 60 帧的位置，分别在 3 个图层中插入帧和关键帧，如图 7-100 所示。接着选中宇宙飞船的第一个关键帧，并将宇宙飞船的中心点移动到轨迹的一端（出发点），如图 7-101 所示。同样选中宇宙飞船的最后一个关键帧，将宇宙飞船的中心点移动到轨迹的另一端（返回点），如图 7-102 所示。

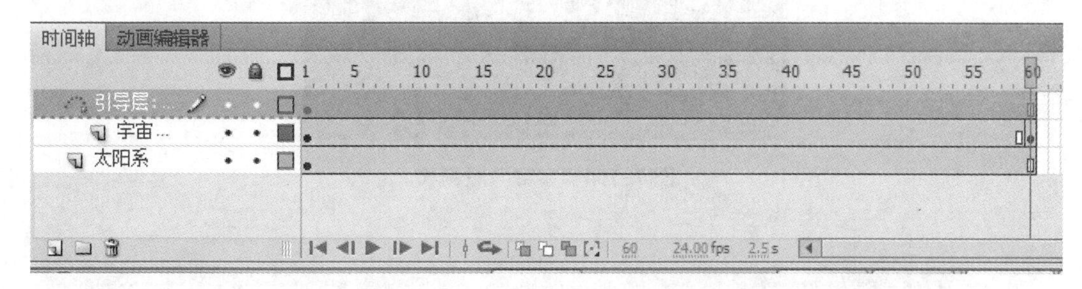

图 7-100　在时间轴上插入相应的帧

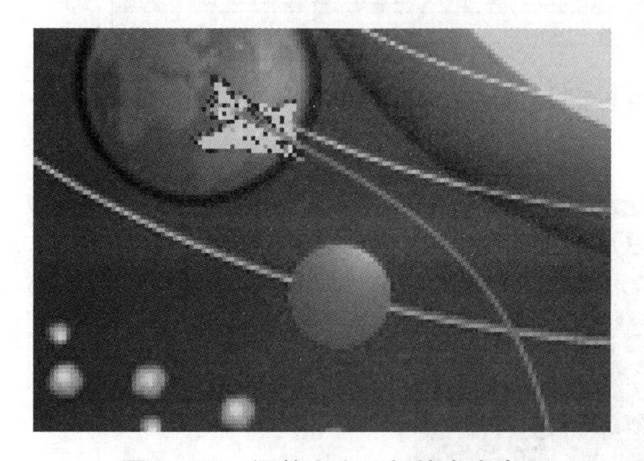

图 7-101　调整宇宙飞船的出发点

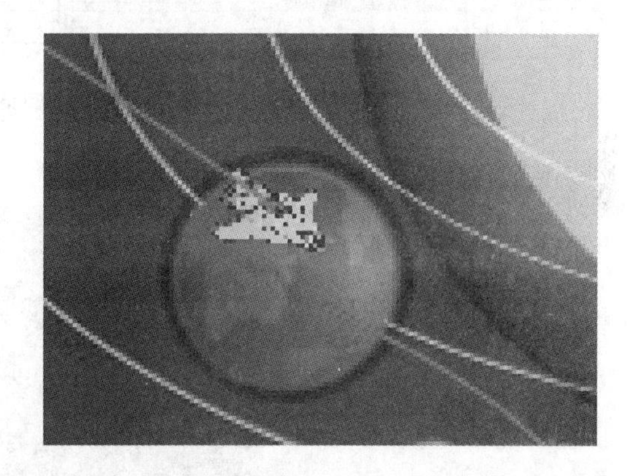

图 7-102　将宇宙飞船的中心点移动到轨迹的返回点

步骤 7：选中"宇宙飞船"图层并单击鼠标右键创建传统补间动画，如图 7-103 所示。按 Enter 键观看动画效果，此时，可以看到宇宙飞船正沿着之前绘制的轨迹运动。

图 7-103　创建传统补间动画

注意：如果宇宙飞船未按绘制的轨迹运动，说明宇宙飞船的中心点未固定到轨迹上。

步骤 8：为防止宇宙飞船侧飞的情况发生（图 7-104），可以在时间轴上添加一些关键帧（图 7-105）以调整宇宙飞船的飞行方向，如图 7-106 所示。保存动画，将文件命名为"星际旅行 . fla"。

图 7-104　宇宙飞船侧飞

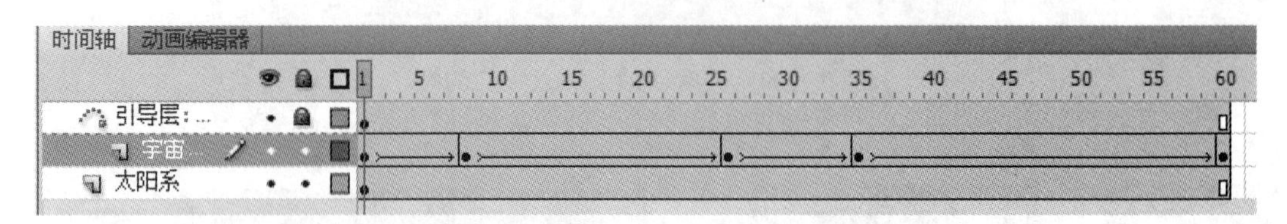

图 7-105　在时间轴上添加关键帧

图 7-106　宇宙飞船正常翻转

知识拓展

知识点 1　引导层的原理

引导层的原理就是绘制路径的图层。引导层中的图案可以为绘制的图形或对象定位，主要用来设置对象的运动轨迹。引导层不从影片中输出，所以不会增加文件的大小，而且可以多次使用。

知识点 2　制作引导层需要注意的地方

（1）画笔在绘制引导线时不能重合或封闭，要有明确的起点和终点。

（2）起点和终点之间必须是连续的，不能间断。

（3）不要过多运用转折，以免 Flash CS6 生产补间时出错。

（4）被引导对象必须准确地吸附到引导线上（不必是起点或终点），即元件的中心需要在引导线上。

任务小结

本任务详细介绍了 Flash CS6 中引导层的制作方法。

任务 7　遮罩层的制作

知识要点

- 遮罩层的制作。

任务描述

通过本任务的学习，读者可以掌握遮罩层的原理及制作方法。

具体要求

（1）新建文件，调整舞台大小（500 像素×295 像素）。
（2）导入素材并分别放置在两个不同的图层中。
（3）新建图层，绘制遮罩图形，将其转化为元件并存入库。
（4）将新图层转化为遮罩图层。
（5）制作遮罩图形的动画。
（6）保存文件为“切换图片 . fla”。

任务实施

步骤 1：新建 Flash 文件。选择“修改”→“文档”选项，将舞台大小调整为 500 像素×295 像素，如图 7-107 所示。

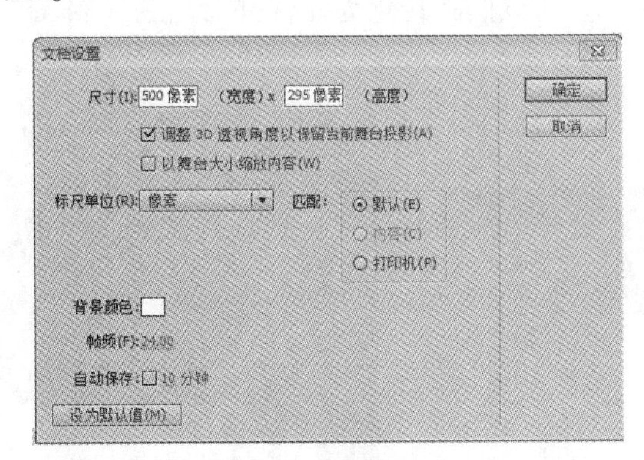

图 7-107　调整舞台大小

步骤 2：导入素材。选择“文件”→“导入”→“导入到舞台”命令，选择文件名为“图片 1”的图片，单击打开（如提示是否要导入同序列图片，请选择“否”选项）。新建图层，在新的图层中导入名为“图片 2”的图片，如图 7-108 所示。

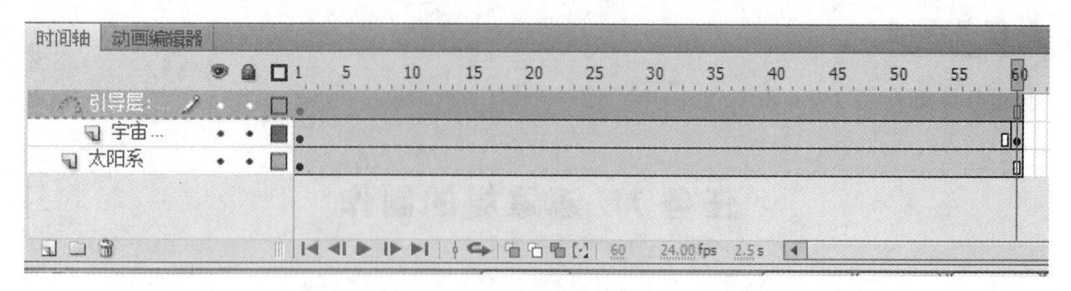

图 7-108　导入素材后的舞台

步骤 3：此时，导入舞台的素材并未与舞台重合，这是由于导入素材的坐标位置出现偏差，因此需要调整素材的（X，Y）坐标，选择“窗体”→“信息”选项（组合键“Ctrl+I”），将其中的 X 和 Y 坐标均调整为 0。同理选中“图片 1”，也将其（X，Y）坐标调整为 0。此时舞台中素材将与舞台背景完全重合，如图 7-109 所示。

图 7-109　调整素材在舞台中的坐标位置

步骤 4：新建一个图层，将其命名为“遮罩”，同时，重命名图层 1 为“图片 1”，重命名图层 2 为“图片 2”。修改后的图层如图 7-110 所示。单击“遮罩”图层并在上面居中绘制一个椭圆，如图 7-111 所示。将该椭圆转化为元件并命名为“椭圆”存入库中，如图 7-112 所示。

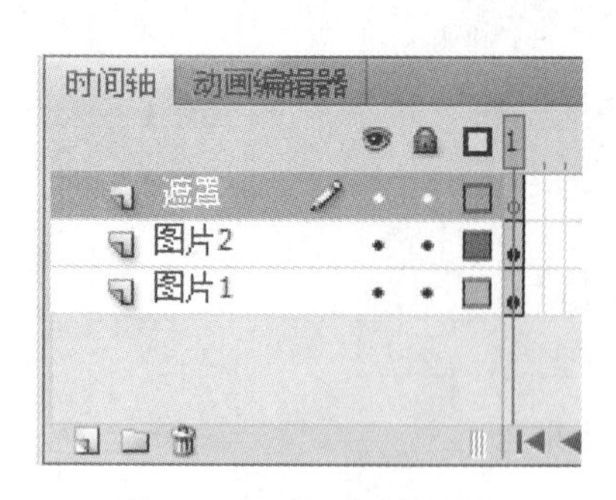

图 7-110　修改后的图层

图 7-111　绘制了椭圆的“遮罩”图层

步骤 5：将“遮罩”图层真正转化为遮罩层。将鼠标移动到遮罩层，然后单击鼠标右键，选择“遮罩层”选项，添加遮罩层后的时间轴如图 7-113 所示。

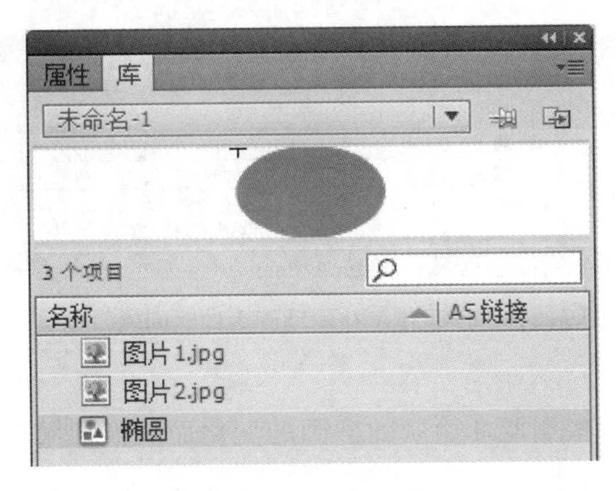

图 7-112 “库”面板

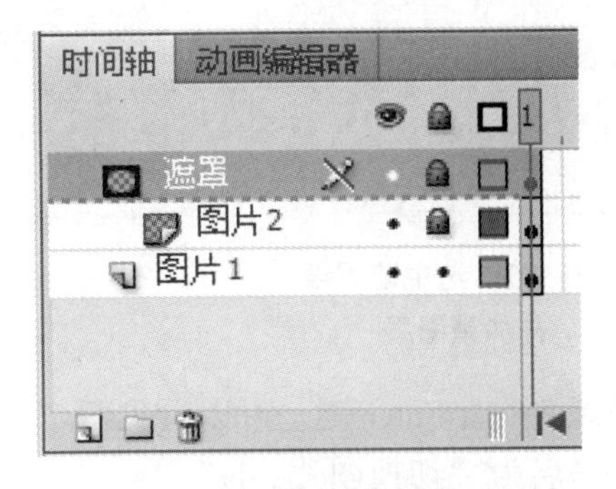

图 7-113 添加遮罩层后的时间轴

步骤 6：将鼠标移动到时间轴第 40 帧的位置，分别在 3 个图层中插入帧和关键帧，如图 7-114 所示。接着选中遮罩层，解锁图层。选中遮罩层中的第一个关键帧，将中间的椭圆缩小，如图 7-115 所示。同样选中遮罩层的最后一个关键帧，将椭圆放大至可以覆盖所有图片，如图 7-116 所示。

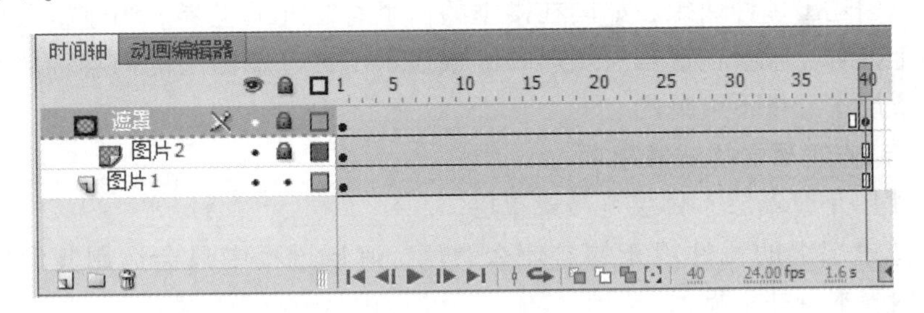

图 7-114 在时间轴上插入相应的帧

图 7-115 缩小后的椭圆

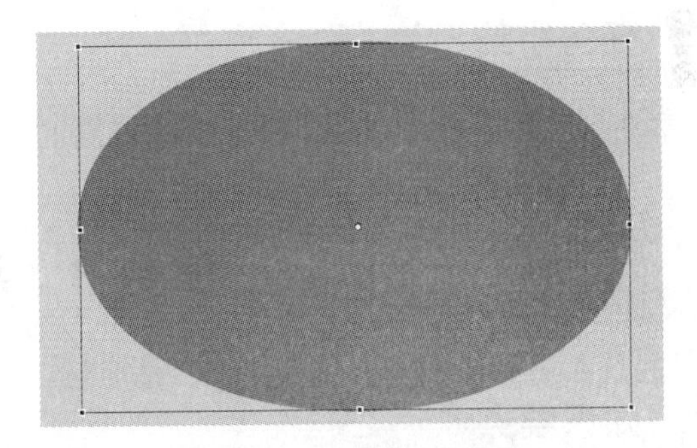

图 7-116 放大后的椭圆

步骤 7：选中遮罩层并加锁图层，如图 7-117 所示，然后在遮罩层中间创建传统补间动画，创建传统补间动画后的时间轴如图 7-118 所示。

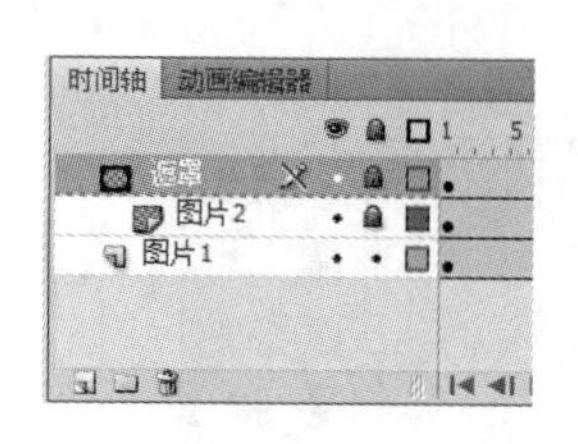

图 7-117　选中遮罩层并加锁图层

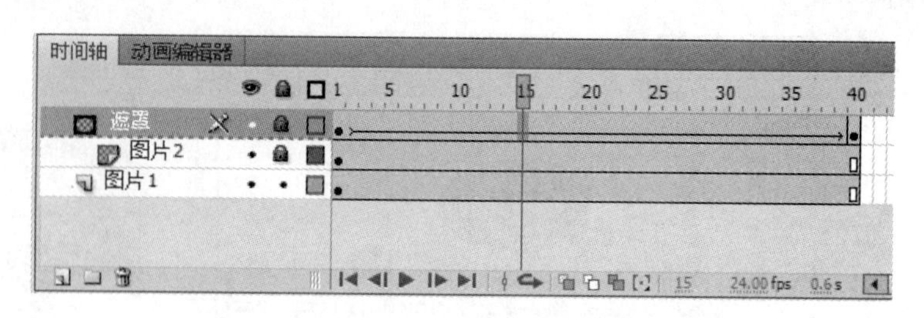

图 7-118　创建传统补间动画后的时间轴

步骤 8：按 Enter 键，可以看见两个图片根据刚才绘制的椭圆的变化而切换。保存动画，将文件命名为“切换图片 . fla”。

知识拓展

知识点 1　遮罩层的原理

遮罩层可以将与遮罩层链接的图形中的图像遮盖起来。用户可以将多个图层组合放在一个遮罩层下，以创建出多种效果，如同在镂空的窗里看窗外的世界。当遮罩层上的图形移动到被遮罩层的上方时，就会在遮罩层图形的区域显示出被遮罩图层的内容，从而产生动画效果，同时，遮罩层本身是不可见的。

知识点 2　制作遮罩层的注意事项

（1）分清哪层是遮罩层，哪层是被遮罩层。

（2）无论遮罩层上的元件填充的是什么颜色，遮罩过程中只会运用其形状，与色彩无关，而遮罩层内容本身并不显示。

（3）可以使用多层遮罩，但需要调整好层次与出场顺序。

任务小结

本任务详细介绍了 Flash CS6 中遮罩层的制作方法。

任务 8　综合运用

知识要点

- 综合运用前面任务所学知识；
- 掌握元件 Alpha 属性的用法；
- 尝试使用动画描述完整的古诗情境。

任务描述

通过本任务的学习，读者可以进一步巩固前面任务所学知识，并根据实际需要，综合运用变形和透明度设置，最终以动画的方式来叙述唐代诗人李白《黄鹤楼送孟浩然之广陵》的情境。

具体要求

（1）新建文件，调整舞台大小（600 像素×338 像素）。

（2）制作古诗的片头。

（3）制作主场景。

（4）采用引导层来制作小舟动画。

（5）运用遮罩动画来展示古诗。

（6）保存文件为“黄鹤楼送孟浩然之广陵 . fla”。

任务实施

步骤 1：新建 Flash 文件，选择“修改”→“文档”选项，调整舞台大小为 600 像素×338 像素，帧数为 8，如图 7-119 所示。

步骤 2：首先制作一个片头，然后导入素材。选择“文件”→“导入”→“导入到舞台”命令，选择文件名为“画框”的图片单击打开，并将其（X，Y）坐标设置为 0，如图 7-120 所示。

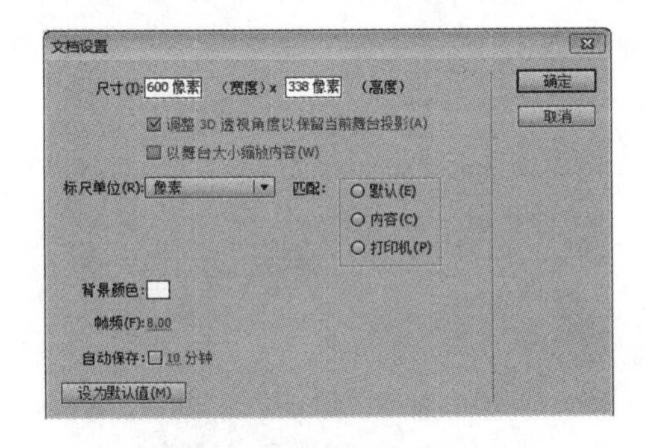

图 7-119　调整舞台大小

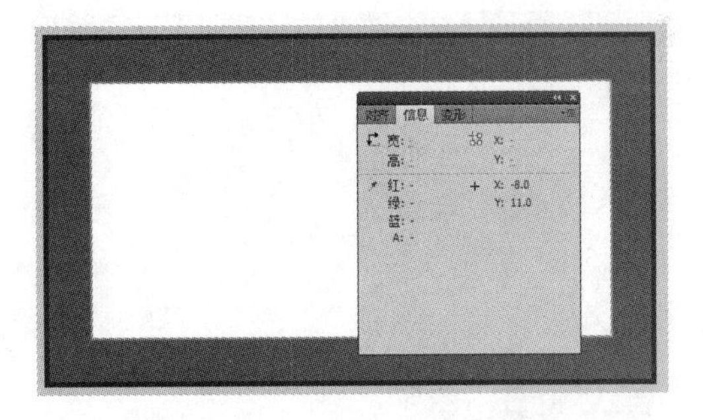

图 7-120　导入素材后的舞台

步骤 3：将动画的名字放上去。新建一个图层并命名为“文本”，同时，将原图层 1 重命名为“画框”。选择“文本”图层的第 1 帧，单击工具栏中的“文本工具”按钮 T （快捷键 T），在舞台中间输入“黄鹤楼送孟浩然之广陵（换行）【唐】李白”，设置文字属性为：字体为华文行楷，大小为 35，颜色为#000000，其中“【唐】李白”字体大小为 25，如图 7-121 所示。

步骤 4：同时选中以上所有文本，将其转化为诗词题目的图片元件。接下来在时间轴上第 25 帧的位置分别为两个图层建立帧，然后在“文本”图层的第 15 帧建立一个关键帧，如图 7-122 所示。

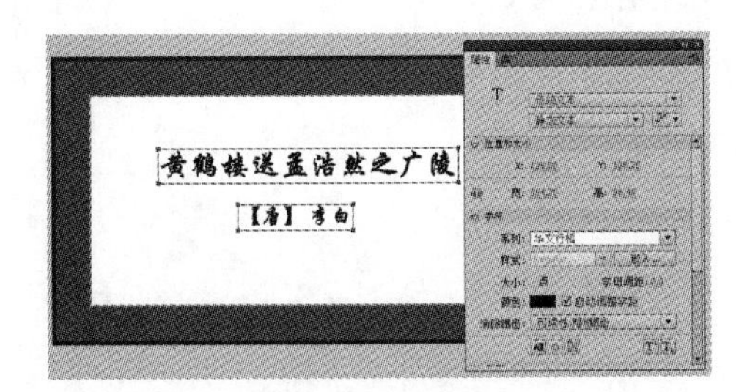

图 7-121　字体属性设置

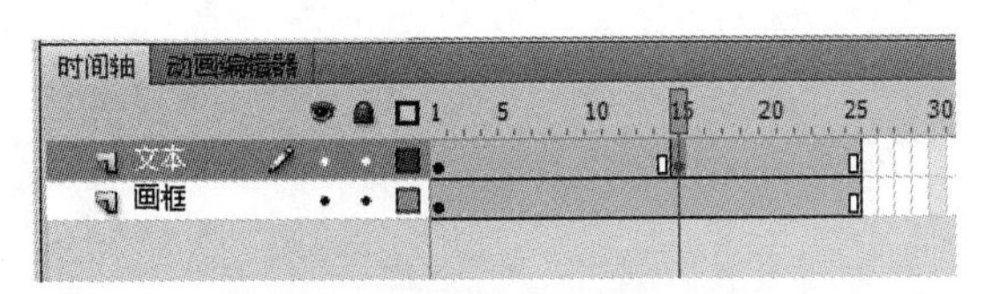

图 7-122　时间轴

步骤 5：选中“文本”图层的第 1 帧，单击工具栏中的“任意变形工具”按钮并配合 Shift 键，将文本内容等比例缩小，如图 7-123 所示。在“文本”图层上创建传统补间动画，如图 7-124 所示。此时，按 Enter 键可以看到简单的开篇动画。

图 7-123　缩小文本后的舞台

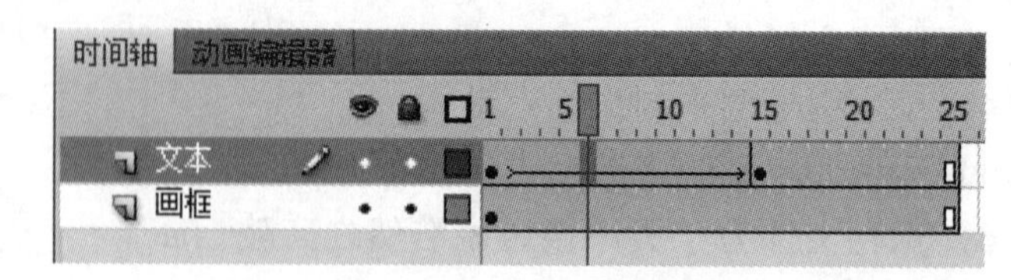

图 7-124　创建传统补间动画

步骤 6：制作完片头后，开始制作动画的主场景。新建一个空白图层，将其命名为“山川河流”，在其时间轴上第 25 帧位置添加一个关键帧并将其放入舞台，然后调整好位置，如图 7-125 所示。接着选中刚导入的图片，将其转化为山川河流的图片元件，再在“山川河流”图层的第 40 帧添加一个关键帧，然后选择第 25 帧，打开图片的“属性”面板，如图 7-126 所示。在“属性”面板中将“样式”下拉列表中的 Alpha 属性设置为 0，如图 7-127 所示，接着就可以在“山川河流”图层上创建传统补间动画了，如图 7-128 所示。

图 7-125　导入山川河流图片

图 7-126　山川河流图片的“属性”面板

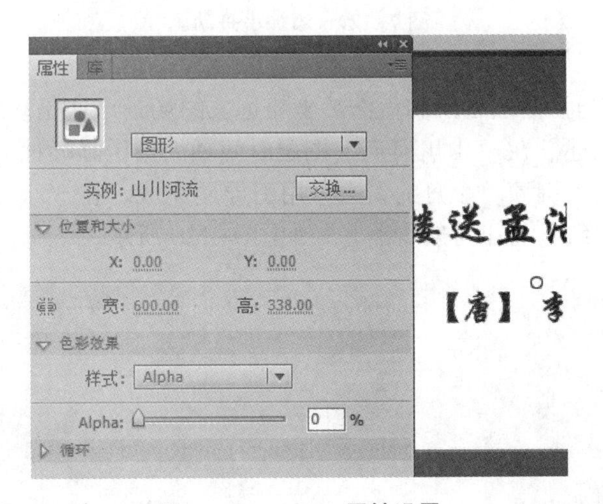

图 7-127　**Alpha** 属性设置

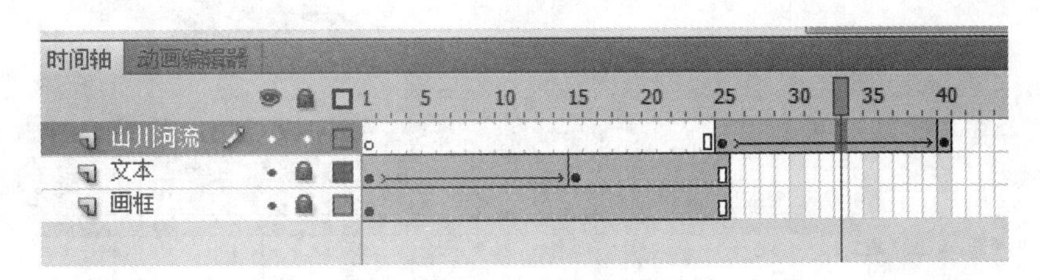

图 7-128　创建传统补间动画

步骤 7：如步骤 6 所示，在“山川河流”图层上创建一个名为“小舟”的图层并重复步骤 6，如图 7-129 所示（注意调整好小舟的位置）。

图 7-129　添加小舟动画

步骤 8：模拟李白与孟浩然告别和孟浩然坐船远去的场景。这是动画的中心部分，所以需要添加多一些帧进行叙述。在“山川河流”图层时间轴的第 130 帧插入帧，在“小舟”图层时间轴的第 130 帧插入关键帧。小舟的离去采用引导层完成。在“小舟”图层上为其添加一个传统引导层并绘制曲线作为小舟航行路径，如图 7-130 所示。

图 7-130　小舟航行路径

步骤 9：选择第 40 帧（关键帧）将小舟的中心点放置在路径开始的那一段（注：由于读者画的路径有所不同，所以需要根据实际情况调整，并不要求放在绝对顶点），调整好小舟与岸的关系，不要过度重合，如图 7-131 所示。接下来需要将“小舟”图层的第 40 帧通过鼠标右键进行复制，然后在第 25 帧进行粘贴，目的是替换掉原来的第 25 帧，这样可以防止引导改变小舟初始位置造成动画偏移。动画中，通过小舟越来越小，越来越透明，最终消失在远方来表达友人远去。为了达到这个效果，选中“小舟”图层的第 130 帧，将小舟中心点移到路径最后部分，使用任意变形工具将小舟缩小，同时，将小舟的 Alpha 属性设置为 0。远去的小舟如图 7-132 所示。最后，给“小舟”图层创建传统补间动画，就可以看见一条小舟缓缓远去（注：具体可以参照上一任务）。

图 7-131　岸边的小舟

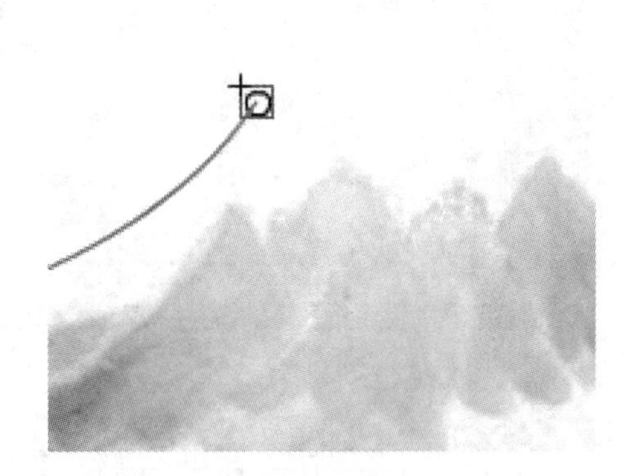

图 7-132　远去的小舟

步骤 10：最后，要把这首古诗放在舞台上，新建一个名为“古诗”的图层，在其时间轴的第 140 帧位置添加关键帧，将古诗图片导入舞台，如图 7-133 所示。在“古诗”图层时间轴的第 180 帧位置插入帧，再在“山川河流”图层的 180 帧位置也插入帧。回到“古诗”图层的第 140 帧（关键帧），调整古诗图片在舞台中的位置与大小，如图 7-134 所示。

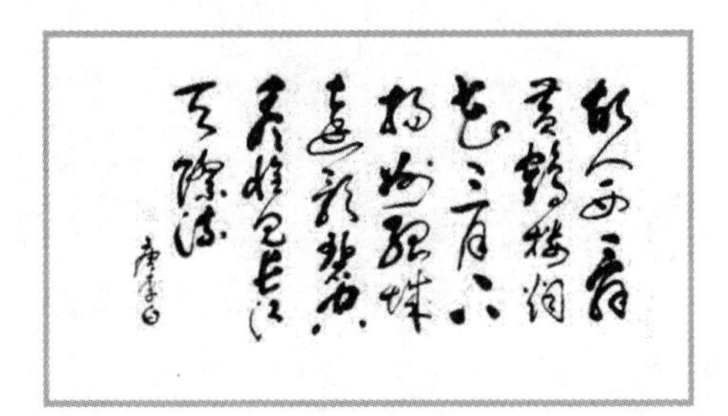

图 7-133　导入古诗图片

图 7-134　创建帧并调整古诗图片的位置

步骤 11：为了使古诗的呈现具有诗情画意，此处采用遮罩动画的方法。在“古诗”图层上新建一个“遮罩”图层，在其时间轴的 140 帧位置插入关键帧，使用“矩形工具”在舞台

上绘制一个矩形，大小刚好能够遮住古诗并将其转化为图片元件，如图 7-135 所示。在遮罩图层的时间轴第 170 帧位置插入关键帧，回到第 140 帧（关键帧）位置，将用于遮罩的矩形平移，如图 7-136 所示。在“遮罩”图层上创建传统补间动画并将图层转化为真正的遮罩层，如图 7-137 所示（注：具体步骤可以参考上一任务）。

图 7-135　绘制“遮罩”图层并将其导入库

图 7-136　平移用于遮罩的矩形

图 7-137　遮罩动画完成界面

步骤 12：唐代诗人李白《黄鹤楼送孟浩然之广陵》的古诗动画已全部制作完成，将文件保存为“黄鹤楼送孟浩然之广陵 . fla”。

知识拓展

知识点 1　Alpha 属性

该属性可以调整图片元件的透明度，以便于制作淡入淡出动画效果。

知识点 2　插入音频

（1）导入音频文件导入库中。

（2）给音频文件建立一个新图层。

（3）选中库中的音频文件，直接拖入舞台。

任务小结

本任务综合了过往所学的动画制作技术，将它们恰如其分地融入动画制作。

第 8 章

图像处理专家 Photoshop

导　论

数码相机、数码摄像机这些多媒体设备已经进入千家万户。人们在平时或外出旅游用其拍下精彩瞬间作为留念，再把它进行处理和加工制作成独一无二的图片以跟亲友们分享、交流。

Adobe Photoshop 是 Adobe 公司旗下最出名的图像处理软件之一，集图像的编辑、修改、制作、输入与输出于一体。本章主要介绍 Photoshop 的基本用法。

情景导入

子倩是一位摄影发烧友，外出旅游、学习时都是机不离身，走到哪儿拍到哪儿。子倩在拍摄的过程中发现有些照片效果不尽人意，有什么办法可以解决呢？子倩通过网络得知 Photoshop 这款图像处理软件可以对图像进行处理，于是下决心学习。

任务 1　Photoshop 概述

知识要点

- 掌握软件的打开、关闭、文件存储等方法；
- 了解软件的操作界面；
- 掌握菜单命令的使用方法。

任务描述

通过本任务的学习，读者可以掌握 Photoshop 的启动、关闭、新建及存储文件的方法，熟悉 Photoshop 操作界面的组成并掌握常用菜单命令的用法。

具体要求

（1）了解 Photoshop 操作界面的组成并学会操作。

（2）掌握 Photoshop 常用菜单命令的使用方法。

任务实施

步骤 1：启动 Photoshop。

双击桌面上的 Photoshop 图标启动或选择“开始”→“所有程序”→“Adobe Photoshop CS6”选项。

步骤 2：认识 Photoshop 的操作界面。

启动后可看到 Photoshop 的操作界面主要由菜单栏、工具选项栏、工具箱、状态栏、调板、图像窗口等组成，如图 8-1 所示。

图 8-1　Photoshop 的操作界面

Photoshop 的专长在于图像处理，图像处理是对已有的位图图像进行编辑加工处理以及运用一些特殊效果。本章以 Photoshop CS6 为例进行介绍。

（1）常见的图形图像的文件格式。

常见的图形图像的文件格式有 JPG、GIF、BMP、PNG、TIF 等。

（2）菜单栏。

菜单栏位于操作界面顶端，其拥有 10 个菜单，包含了 Photoshop 所有的图像编辑与操作命令。

（3）工具箱。

工具箱位于操作界面的最左侧，包含了用于图像绘制和编辑处理的各种工具，其功能将在任务 2 中阐述。

（4）调板。

调板默认位于操作界面最右侧，Photoshop 提供了 20 多种调板，每种调板都有其特定的功能，如利用“图层”调板就可以完成图层的创建、删除、移动、显示、隐藏和链接等操作，可通过“窗口”菜单增减调板，也可通过鼠标拖曳方式调整调板的位置。

（5）图像窗口。

图像窗口也叫画布窗口，可通过鼠标随意对其进行大小和位置的调整，其由标题栏、画布和状态栏三部分组成。

步骤 3：

（1）选择"文件"→"打开"→"01. jpg"选项，利用"缩放工具"、"抓手工具"进行图像的放大、缩小、位置移动等操作。

（2）利用"图层" 图层 通道 路径 与"历史记录"调板运用鼠标对其进行拆分与组合、展开与收缩等具体操作。

（3）选择"文件"→"存储为"命令保存图像到另一文件夹中，格式分别为 PSD 和 JPG（图 8-2）。

（4）单击窗口右上角的 × 按钮，退出 Photoshop CS6。

图 8-2　保存效果

步骤 4：

（1）启动 Photoshop CS6，打开"01. jpg"文件。

（2）在“图层”面板中将“背景”图层拖至面板底部的“创建新图层”按钮 处，得到“背景副本”图层，如图 8-3 所示。

（3）单击工具箱中的“矩形选框”工具 ，在“01. jpg”中创建合适的选区，如图 8-4 所示。

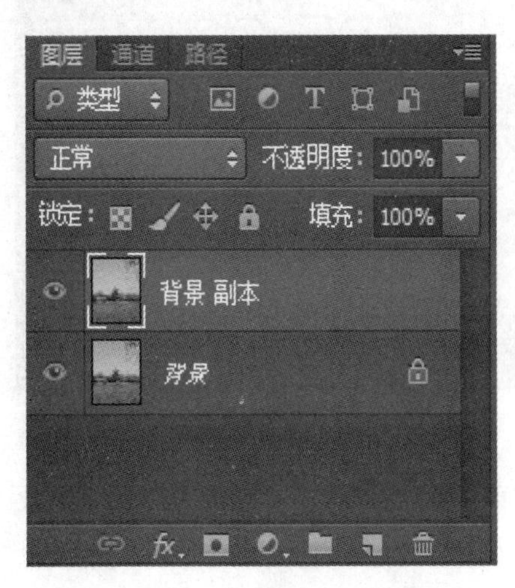

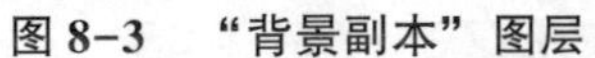

图 8-3 “背景副本”图层

图 8-4 创建合适的选区

（4）选择“编辑”→“拷贝”命令，再次选择“编辑”→“粘贴”命令，在“图层”面板中生成“图层 1”，如图 8-5 所示。

（5）选择“编辑”→“自由变换”命令（“Ctrl+T”组合键），单击鼠标右键，选择“垂直翻转”命令，用“移动工具”移至合适的位置后双击，如图 8-6 所示。

图 8-5 生成“图层 1”

图 8-6 设置“垂直翻转”效果

（6）在“图层”面板中设置混合模式为“滤色”，不透明度为 40%，如图 8-7 所示，最终效果如图 8-8 所示。

图 8-7　设置混合模式和不透明度

图 8-8　最终效果

（7）选择“文件”→“存储”菜单命令，在弹出的“存储为”对话框中输入文件名并选择文件格式后，单击“保存”按钮来保存文件，如图 8-9 所示。

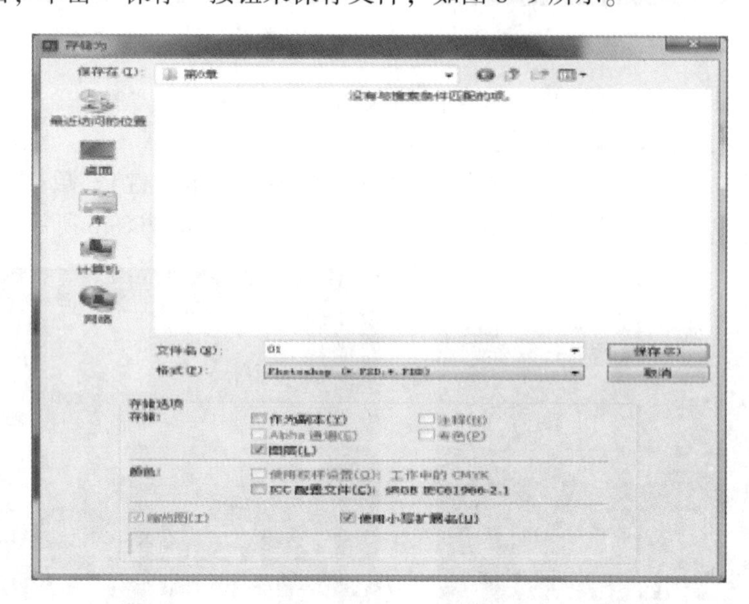

图 8-9　保存文件

知识拓展

知识点 1　图层

图层的常见类型有背景图层、普通图层、调整图层、效果图层、形状层、蒙版图层和文本图层 7 类。

使用图层可以同时编辑几个不同的图像，图层的操作主要有创建、复制、删除、调整顺序、链接、合并，可通过拖动鼠标完成。

知识点 2　图层的混合模式

混合模式是 Photoshop 最强大的功能之一，它决定了当前图像中的像素如何与底层图像中的像素混合，使用混合模式可以轻松地制作出许多特殊的效果。

“滤色” 模式：将上层像素颜色的互补色与下层位置重叠的像素的颜色进行复合。

任务小结

本任务主要介绍了 Photoshop 的运行及基本操作，为接下来要学习的知识打好基础。

任务 2　Photoshop 常用工具的使用

知识要点

- 学习并掌握工具箱中选框、文字、形状等常用工具的使用方法。

任务描述

利用选框、文字、形状等工具完成广告设计制作。

具体要求

掌握选框、文字、形状等工具的使用方法，完成图 8-10 所示的 “萌娃驾到” 图片。

图 8-10　“萌娃驾到” 图片

任务实施

步骤 1：选择 “文件” → “新建” 命令，“新建” 对话框中各参数设置如图 8-11 所示。

步骤 2：双击工具箱底部的 “设置前景色” 按钮，设置 RGB 值为 219、147、167，按组合键 “Alt+Delete” 填充。

（1）新建图层并将其重命名为“泡泡”。选择“椭圆选框工具”，按 Shift 键绘制一个圆，填充为白色，效果如图 8-12 所示。

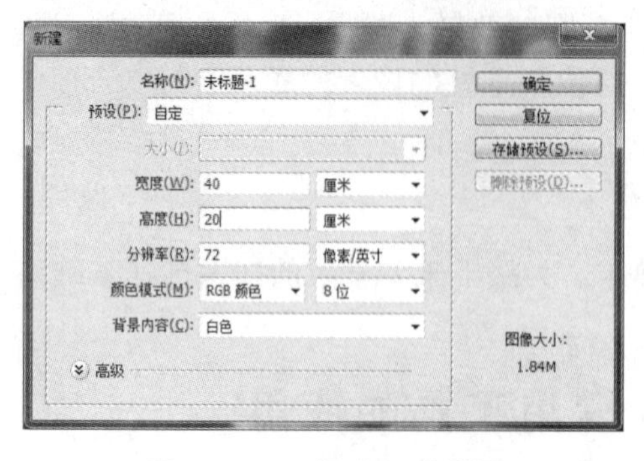

图 8-11　“新建”对话框

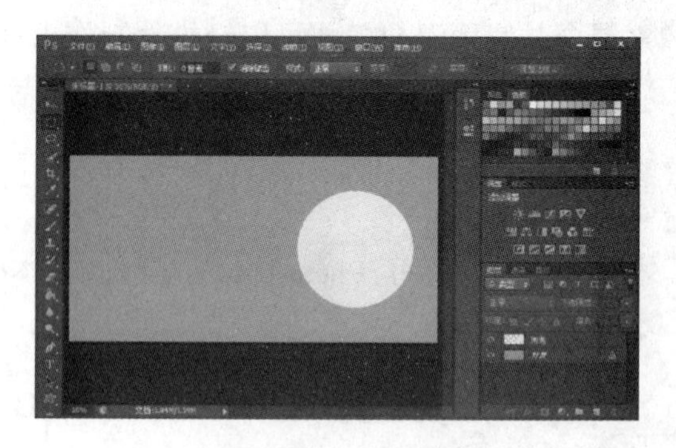

图 8-12　新建图层

（2）选择“编辑”→“修改”→“收缩：8px”命令，再次选择“编辑”→“修改”→“羽化：15px”命令。按 Delete 键删除，效果如图 8-13 所示。

（3）按 Alt 键并用鼠标左键拖曳，复制“泡泡”图层，进行自由变化操作，效果如图 8-14 所示。

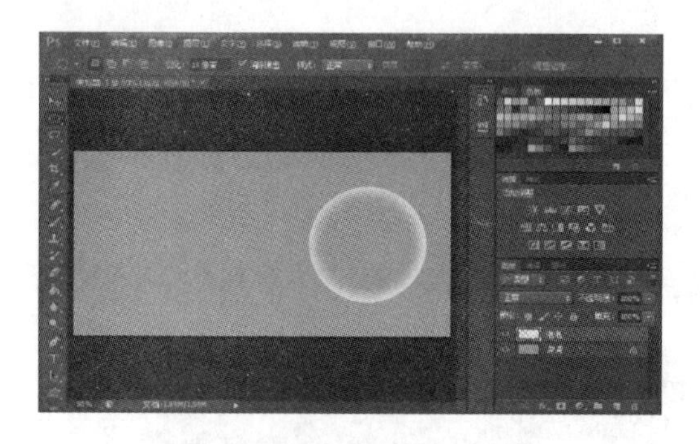

图 8-13　编辑效果（一）

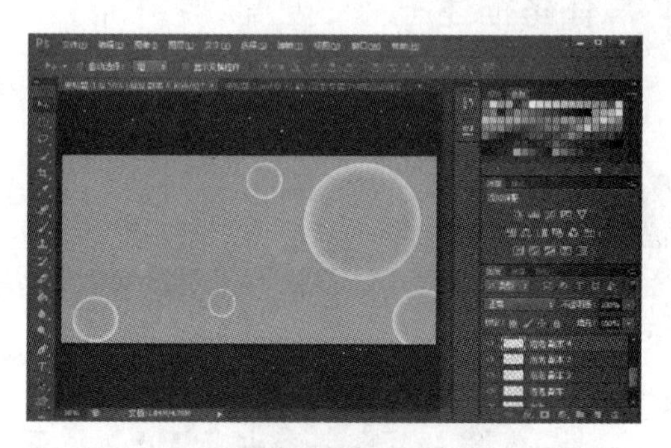

图 8-14　编辑效果（二）

（4）将“01. jpg”文件打开，利用“移动工具”拖入，生成“图层 1”，利用“椭圆选框工具”生成选区，按组合键“Ctrl+Shift+I”反向选择选区，选择“图层 1”，按 Delete 键删除多余部分，进行自由变换操作，如图 8-15 所示。

（5）新建图层并将其重命名为“文字 1”。选择“横排文字工具” T，设置字号为“90 点”，字体为“方正粗倩简体”，输入文字“2015”，填充为蓝色。

（6）新建图层并将其重命名为“文字 2”。设置字号为“76 点”，字体为“方正粗倩简体”，输入文字“萌娃驾到”，填充为白色。

（7）新建图层并将其重命名为“文字 3”。设置字号为“48 点”，字体为“华文行楷”，输入文字“定制专属于你的百变萌宝”，填充为黑色。

（8）选择“自定形状工具”，选择“红心形卡”，分别填充红色和白色，进行自由变换，最终效果如图 8-16 所示。

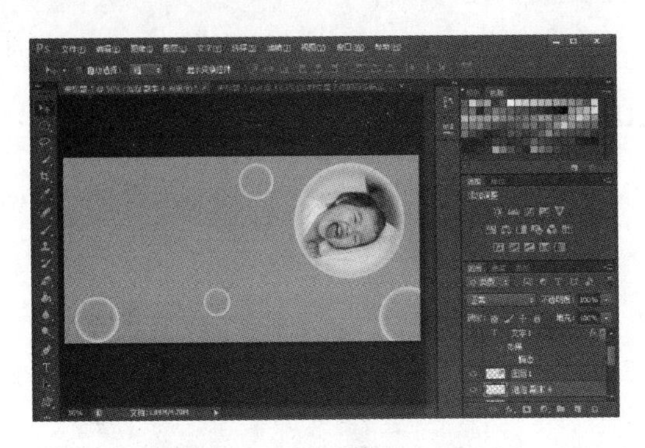

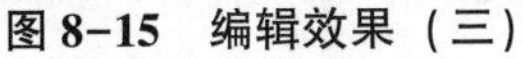

图 8-15　编辑效果（三）

图 8-16　最终效果

知识拓展

1. 选区的创建

（1）规则选区的创建。

规则选区的创建主要由选框工具组完成，包括矩形选框工具、椭圆选框工具、单行选框工具、单列选框工具。

单击选中一个工具，在画布中拖动鼠标便可创建相应的选区。按 Shift 键可创建正方形或正圆形选区。

（2）不规则选区的创建。

不规则选区的创建包括套索工具组和魔棒工具组。在图像处理过程中，需要选择不规则图像时可运用这两个工具组。

（3）选区的调整与编辑。

如对选区的创建不满意，可通过“选择”菜单及其“修改”子菜单完成调整与编辑。如利用“羽化”命令可对选区的边缘进行柔化，值越大柔和效果越明显；利用“反向”命令可选中原有选区以外的内容。

2. 形状工具

利用形状工具可绘制多种形状、路径或填充区域。形状工具包括“矩形工具”“圆角矩形工具”“椭圆工具”“多边形工具”“直线工具”和“自定形状工具”。设置选项栏参数可改变工具的形状。

3. 文字工具

文字工具包括“横排文字工具”“直排文字工具”“横排文字蒙版工具”和“直排文字蒙版工具”。单击工具箱中的文字工具，在图像窗口中定位后即可进行文字输入，输入完成后可利用“字符”和“段落”调板或工具选项栏对其属性进行调整。

任务小结

本任务主要介绍了选框、文字、形状等常用工具的使用方法。

任务 3　Photoshop 进阶

知识要点

- Photoshop 图层样式的使用方法；
- Photoshop 滤镜的使用方法；
- Photoshop 图层混合模式的使用方法。

任务描述

通过本任务的学习，读者可以掌握 Photoshop 图层样式、滤镜、图层混合模式的基本使用方法。

具体要求

1. Photoshop 图层样式的基本使用方法

以“投影”图层样式的使用为例，详细介绍 Photoshop 图层样式的基本使用方法。

2. Photoshop 滤镜的基本使用方法

以“马赛克”“云彩”等滤镜的使用为例，详细介绍 Photoshop 滤镜的基本使用方法。

3. Photoshop 图层混合模式的基本使用方法

以“柔光”图层混合模式的使用为例，详细介绍 Photoshop 图层混合模式的基本使用方法。

任务实施

步骤 1：打开 Photoshop CS6，新建图像文件，设置名称为“马赛克背景墙”，宽度为 600 像素，高度为 500 像素，其他则维持默认设置。“新建”对话框如图 8-17 所示。

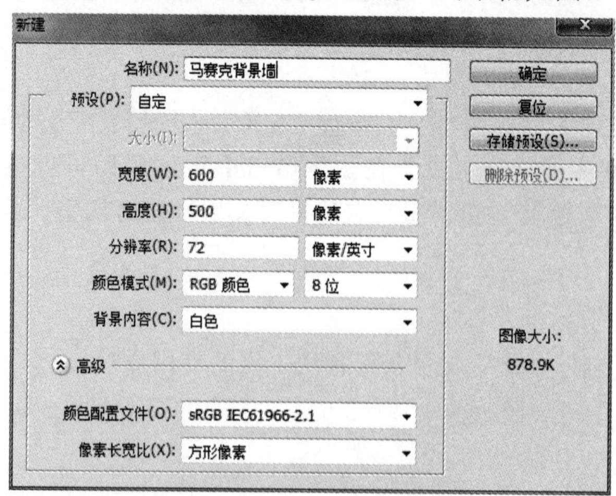

图 8-17　“新建”对话框

步骤 2：设置图像前景色为#852727，如图 8-18 所示。设置背景色为#deab0f，如图 8-19 所示。

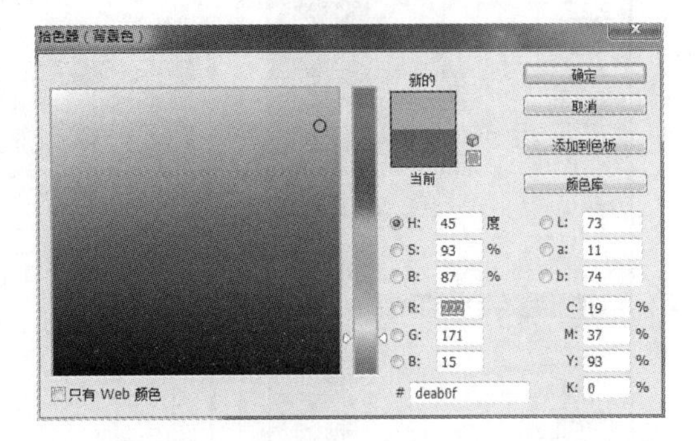

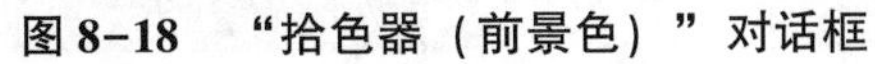

图 8-18　“拾色器（前景色）”对话框　　图 8-19　“拾色器（背景色）”对话框

步骤 3：制作云彩图像。选择“滤镜”→“渲染”→“云彩”选项，如图 8-20 所示。设置云彩效果如图 8-21 所示。

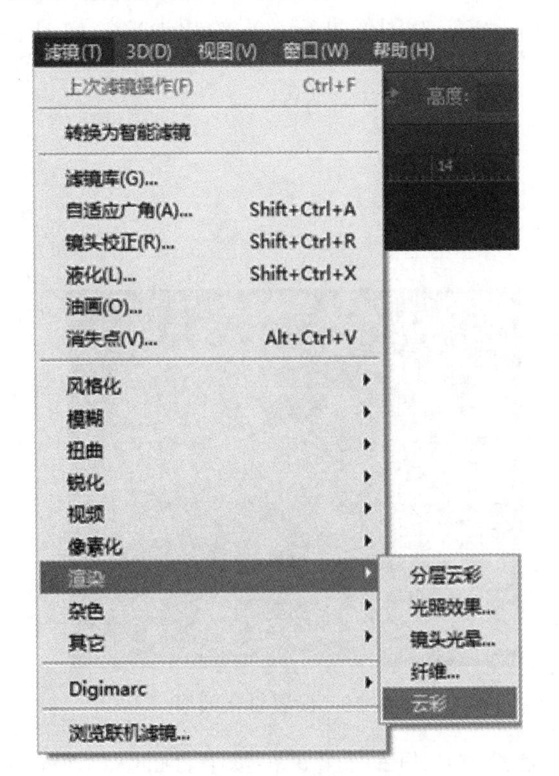

图 8-20　“云彩”选项

图 8-21　设置云彩效果

步骤 4：制作马赛克效果。选择“滤镜”→“像素化”→“马赛克”选项，如图 8-22 所示。在弹出的“马赛克”对话框中设置单元格大小为 22 方形。“马赛克”对话框如图 8-23 所示。设置马赛克效果如图 8-24 所示。

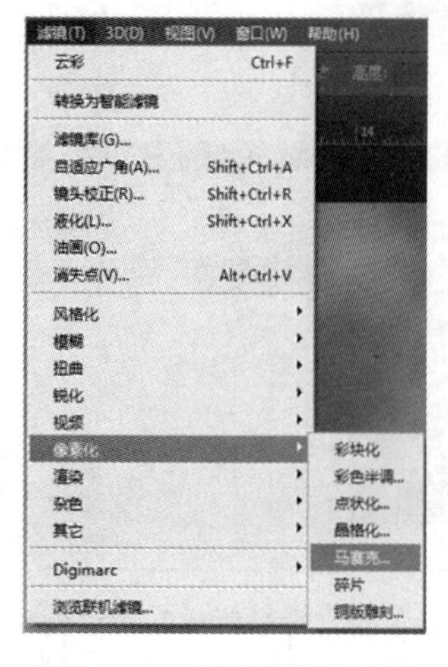

图 8-22　“马赛克”选项

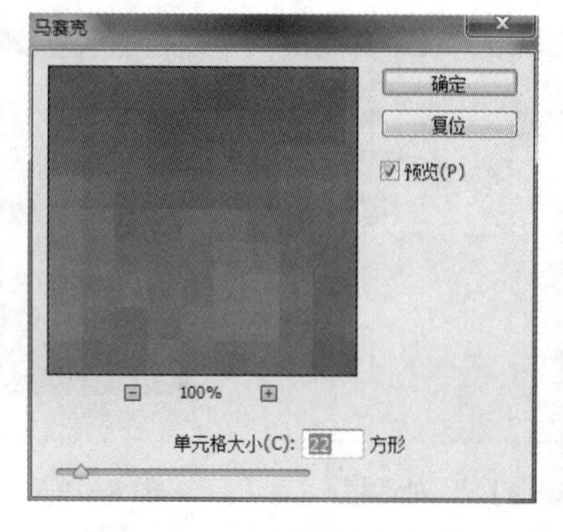

图 8-23　“马赛克”对话框

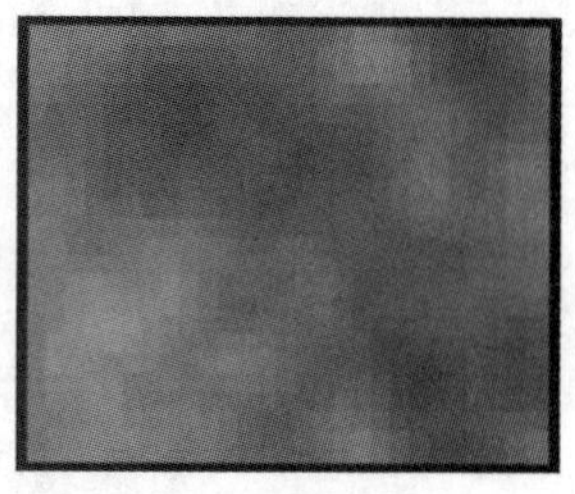

图 8-24　设置马赛克效果

步骤 5：突显马赛克方块效果，对图像进行多次锐化。选择“滤镜”→“锐化”→“锐化”选项，如图 8-25 所示。按 3 次组合键“Ctrl+F”对图像进行 3 次锐化设置，如图 8-26 所示。

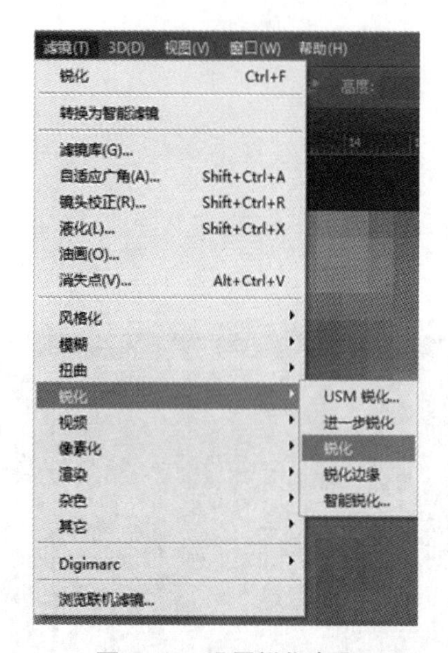

图 8-25　设置锐化步骤

图 8-26　设置锐化效果

步骤 6：增加马赛克方块边缘亮度。按组合键“Ctrl+A”全选，按组合键“Ctrl+C”复制，单击“通道”选项卡，创建新建通道，按组合键“Ctrl+V”粘贴（图 8-27）。选择“滤镜”→“滤镜库”选项（图 8-28），在弹出的对话框中选择“风格化”→“照亮边缘”选项（图 8-29），设置边缘宽度为 1，边缘亮度为 20，平滑度为 1。按住 Ctrl 键，单击通道中的“Alpha 1”图层，选中“Alpha 1”图层中的白色区域。单击图层，回到“图层”选项卡，选择“创建新图层”命令，在新图层中填充白色，设置图层混合模式为柔光，如图 8-30 所示。按组合键 Ctrl+D 取消选区，其效果如图 8-31 所示。

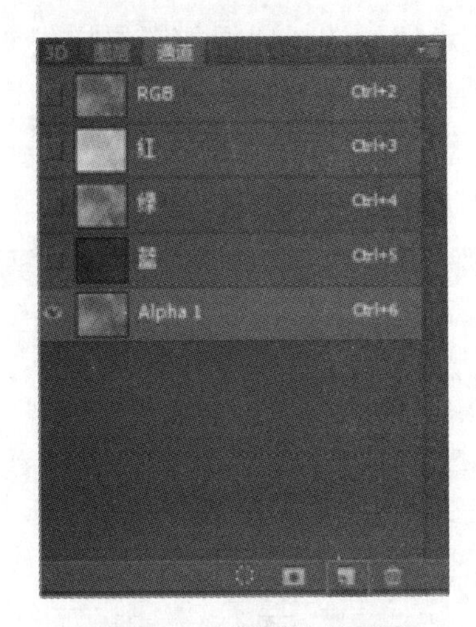

图 8-27　“通道”选项卡

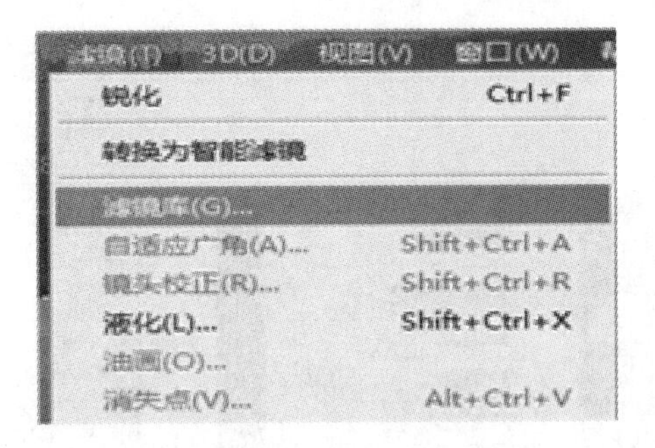

图 8-28　设置滤镜库步骤

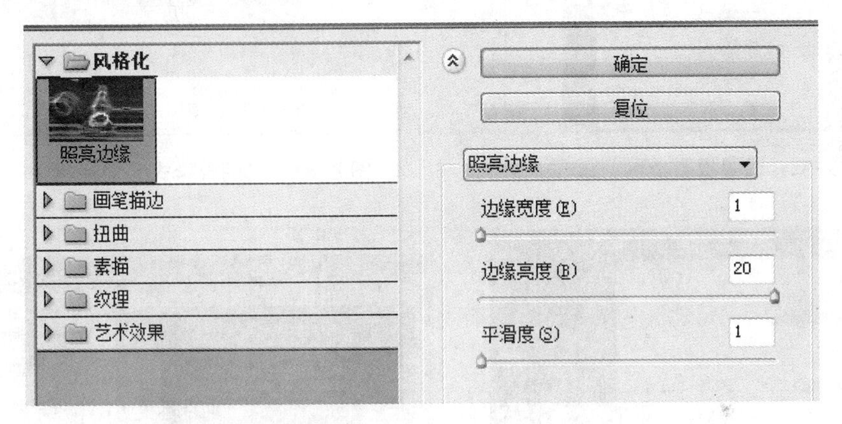

图 8-29　“滤镜库”对话框

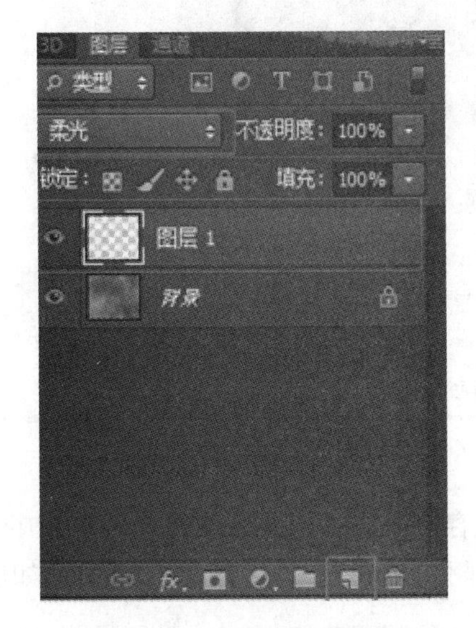

图 8-30　“图层”选项卡

图 8-31　设置图层混合模式效果

步骤 7：设置边缘线阴影，添加杂色。选中"图层 1"，选择"添加图层样式"→"投影"选项（图 8-32），在弹出的"图层样式"对话框中，设置距离和大小均为 2 像素（图 8-33）。选中背景图层，执行"滤镜"→"杂色"→"添加杂色"命令（图 8-34），在弹出的"添加杂色"对话框中，设置数量为 8%（图 8-35）。

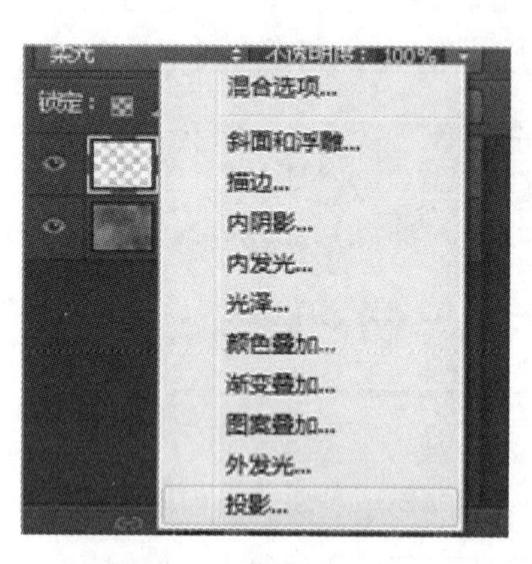

图 8-32　设置投影步骤

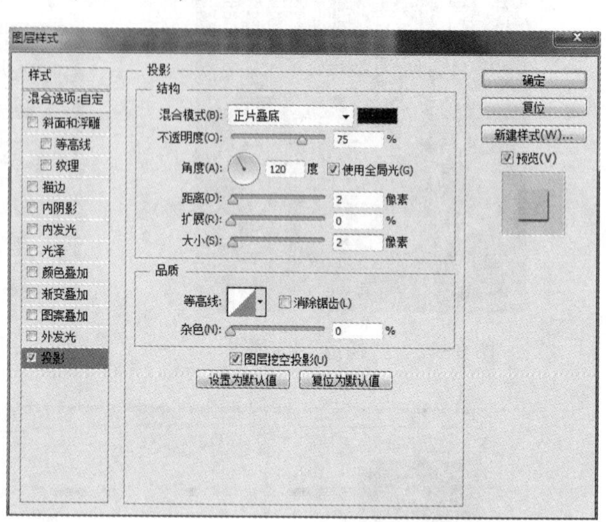

图 8-33　"图层样式"对话框

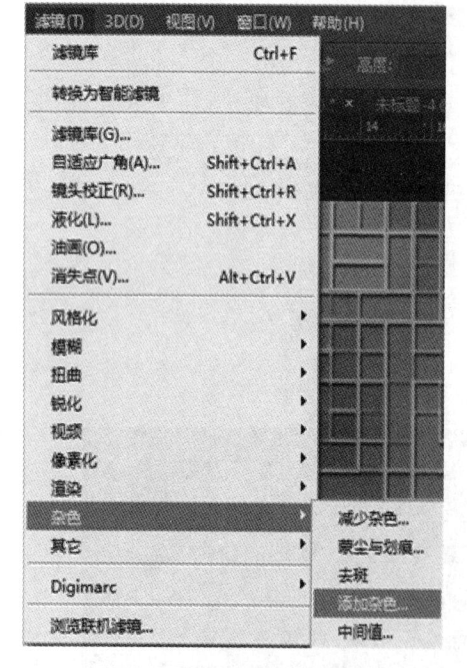

图 8-34　"添加杂色"命令

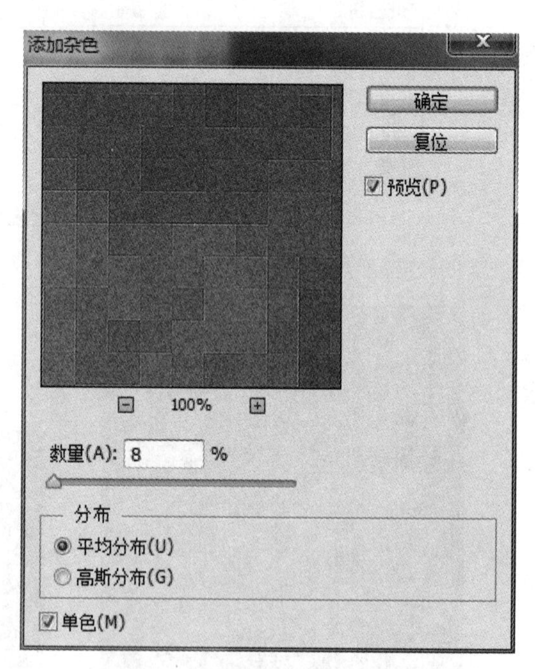

图 8-35　"添加杂色"对话框

步骤 8：保存制作的图像。执行"新建"→"存储"命令，或者按组合键"Ctrl+S"，在弹出的对话框中选择要存储图像的位置，单击"保存"按钮。"存储为"对话框如图 8-36 所示。

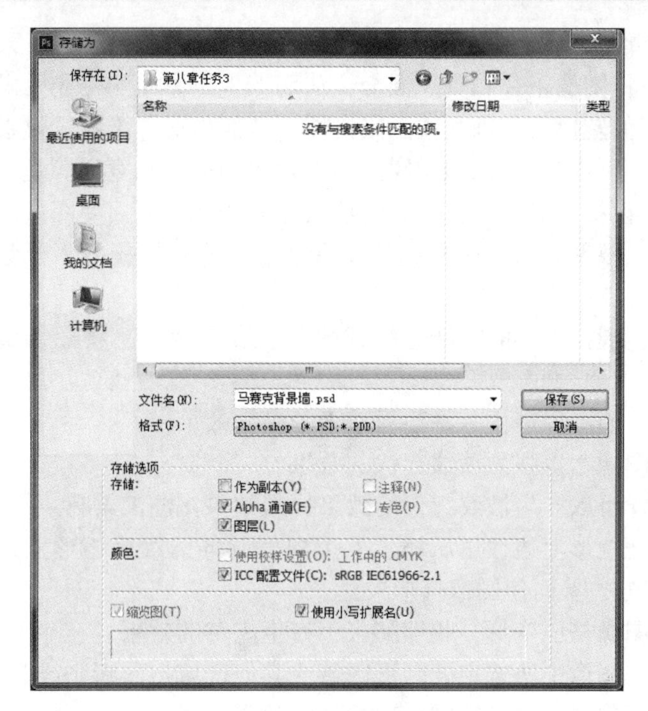

图 8-36 “存储为”对话框

知识拓展

知识点 1 图层样式

“图层样式”对话框中有 10 种不同的样式可供用户选择。这些样式可进行不同的自由组合，各样式更可通过设置参数进行不同的效果设置。

（1）斜面和浮雕：为图层增加不同值的高亮和阴影组合，从而使图层的边缘产生立体斜面或浮雕效果。

（2）描边：为图层内的图像描上一个边框。

（3）内阴影：为图层内图像的边缘内部添加投影，从而使图像产生凹陷效果。

（4）内发光：使图层中图像的边缘向内部增加发光效果。

（5）光泽：根据图层的形状应用阴影，从而产生金属光泽或磨光效果。

（6）颜色叠加：将所选颜色根据所选的图层模式叠加到图层内容上。

（7）渐变叠加：将所选的渐变颜色根据所选的图层模式叠加到图层内容上。

（8）图案叠加：将所选的图案根据所选的图层模式叠加到图层内容上。

（9）外发光：使图层中图像的边缘向外部增加发光效果。

（10）投影：为图层内的图像增加阴影效果。

知识点 2 滤镜

由于 Photoshop 中的增效滤镜种类繁多，因此本书无法一一介绍。下面介绍 Photoshop 中常用的几种内置滤镜：

（1）等高线：在白色底色上简单地勾勒出图像的轮廓，产生一种异乎寻常的简洁效果。

（2）风：在图像中增加一些长短不一的水平或垂直线以达到起风的效果。

（3）浮雕效果：通过勾画图像轮廓和降低周围像素值从而生成具有凹凸感的浮雕效果。

（4）扩散：移动图像的像素位置，使图像产生油画或毛玻璃的效果。

（5）拼贴：将图像分割成有规则的方块，从而形成拼图状的磁砖效果。

（6）曝光过度：将图像正片和负片混合，从而产生摄影中的曝光效果。

（7）凸出：将图像转换为三维立体图或锥体，从而生成三维背景效果。

（8）照亮边缘：可以描绘图像的轮廓，调整轮廓的亮度和宽度等。

（9）动感模糊：模拟拍摄运动物体时间接曝光的功能，从而使图像产生一种动态效果。

（10）高斯模糊：根据高斯钟形曲线调节像素值，控制模糊效果，甚至能形成难以辨认的雾化效果。

（11）径向模糊：模拟摄影时旋转相机或聚焦、变焦效果，将图像旋转成从中心辐射的效果。

（12）特殊模糊：使图像产生一种边界清晰的模糊效果。

（13）波浪：使图像产生强烈波纹起伏的效果。

（14）波纹：同样可以产生波纹起伏的效果，但效果比波浪柔和。

（15）极坐标：把矩形上边往里压缩，下边向外延伸，最后矩形上边的区域形成圆心部分，下边变成圆周部分，从而使图像畸形失真。

（16）挤压：把图像挤压变形，收缩膨胀，产生离奇的效果。

（17）球面化：把图像中所选定的圆形区域或其他区域扭曲膨胀或变形缩小。

（18）玻璃：使图像产生通过不同玻璃看到的效果。

（19）扩散亮光：在图像中加入白色光芒，形成光芒四射、不可逼视的效果。

（20）锐化：通过增强像素之间的对比度，使图像清晰。

（21）锐化边缘：仅加强图像边缘的对比度，图像的整体效果不变。

（22）NTSC 颜色：将色彩表现范围缩小，将某些饱和度过高的图像转换成近似的图像以降低饱和度。

（23）便条纸：简化图像色彩，使图像沿着边缘线产生凹陷，生成类似浮雕的凹陷压印图案，形成一种标志效果。

（24）基底凸现：根据图像的轮廓，使图像产生一种具有凹凸的粗糙边缘及纹理的浮雕效果。

（25）水彩画纸：产生纸张扩散和画面浸湿的湿纸效果，可调节图像的扩散程度、亮度、对比度。

（26）撕边：在前景色与背景色交界处制作溅射分裂的效果。

（27）塑料效果：在图像的轮廓中填充石膏粉效果，然后用前景色和背景色将其渲染成彩色图像。

（28）炭笔：把图像处理成炭条画的效果。

（29）图章：将图像的轮廓做成图章，产生类似图像但却是图章的效果。

（30）颗粒：用不同状态的颗粒改变图像的表面纹理。

（31）马赛克拼贴：使图像仿佛由马赛克磁砖与水泥铺出来一样，使图像产生马赛克贴壁效果。

（32）纹理化：使用选定的纹理代替图像的表面纹理产生不同的纹理效果。

（33）晶格化：使图像产生结晶一样的效果，结晶后的每个小面的色彩由原图像位置中的主要色彩代替。

（34）马赛克：将一个单元内所有的图像像素统一成某种颜色，从而产生一种模糊化的

马赛克效果。

（35）分层云彩：用前景色、背景色和原图像的色彩造型混合出一个带有背景图案的云的造型，这个滤镜可反复使用，次与次之间产生负片的色彩，而且多次使用后会出现大理石一样的纹理。

（36）镜头光晕：使图像产生明亮光线进入摄像机镜头的眩光效果。

（37）云彩效果：根据前景色和背景色之间的随机像素值将图像转换为柔和的云彩效果。

（38）调色刀：使相近的颜色相互融合，产生一种国画中大写意笔法的效果。

（39）海报边缘：将图像转换成美观的招贴画效果。

（40）绘画涂抹：相当于使用画笔在图像上随意涂抹，使画面变得模糊。

（41）胶片颗粒：使图像产生一种在薄膜上布满黑色微粒的效果。

（42）木刻：使图像产生剪纸、木刻效果。

（43）塑料包装：使图像表面产生一种质感很强的塑料包装物效果。

知识点 3　图层混合模式

“图层混合模式”下拉列表中有 27 种不同的模式可供选择，每种模式均可在上、下图层间产生混合效果。

（1）正常：系统默认的混合模式，在 100%透明度下完全覆盖下一个图层。

（2）溶解：随机消失部分图像的像素，消失的部分可以显示背景内容，从而形成两个图层交融的效果。

（3）变暗：上面图层中较暗的像素将代替下面图层中与之相对应的较亮的像素，而下面图层中较暗的像素将代替上面图层中与之相对应的较亮的像素，从而使叠加后的图像区域变暗。

（4）正片叠底：可以产生比当前图层和底层都暗的颜色。在这个模式中，黑色与任何颜色混合之后还是黑色，任何颜色和白色混合，都不会改变。

（5）颜色加深：可以使图层的亮度降低，色彩加深，将底层的颜色变暗，与白色混合后不产生变化。

（6）线性加深：减小底层的颜色亮度从而反映当前图层的颜色；将查看每个颜色通道中的颜色信息，加暗所有通道的基色并通过提高其他颜色的亮度来反映混合颜色，与白色混合后不产生任何变化。

（7）深色：以当前图像饱和度为依据，直接覆盖底层图像中暗调区域的颜色。

（8）变亮：上方图层中较亮的像素将代替下面图层中与之相对应的较暗的像素，而下方图层中较亮的像素将代替上方图层中与之相对应的较暗的像素，从而使叠加后的图像区域变亮。

（9）滤色：将图像的上层颜色与下层颜色结合起来产生比两种颜色都浅的第三种颜色。

（10）颜色减淡：通过减少上、下图层中像素的对比度来提高图像亮度，效果比滤色更加明显。

（11）线性减淡：通过加亮所有通道的基色并通过降低其他颜色的亮度来反映混合颜色，与黑色混合后不产生变化。

（12）浅色：影响背景较暗图像中的亮部区域，以高光颜色取代暗部区域。

（13）叠加：把图像的下层颜色与上层颜色混合，提取基色的高光和阴影部分，产生一种中间色。

（14）柔光：根据颜色的明暗来决定图像的最终效果是变亮还是变暗，使上、下图层的亮度反差增大。

（15）强光：将下面图层中的灰度值与上面图层进行处理，产生的效果正如一束强光照射在图像上。

（16）亮光：根据颜色增加或减少对比度来加深或减淡颜色，具体取决于混合色。

（17）线性光：通过增加或降低当前层颜色亮度来加深或减淡颜色。

（18）点光：通过替换颜色像素来混合图像，混合色比 50%的灰亮，比源图像暗的像素会被替换，而比源图像亮的像素无变化。

（19）实色混合：将两个图层叠加后，将原本逼真的图像以色块的方式表现出来。

（20）差值：将当前图层的颜色与下方图层的颜色的亮度进行对比，用较亮颜色的像素值减去较暗颜色的像素值，所得差值就是最后颜色的像素值。

（21）排除：与差值模式相似，但是具有对比度高、饱和度低的特点，比差值模式的效果要柔和、明亮一些。

（22）减去：减去图像中的亮部或者暗部，与底层图像进行混合。

（23）划分：将图像划分为不同的色彩区域与底层图像混合，产生较亮的图像效果。

（24）色相：将上、下图层的颜色亮度、饱和度值进行混合，混合后的亮度及饱和度取决于基色，但色相则取决于当前层的颜色。

（25）饱和度：只用上层颜色的饱和度值进行着色，而使色相值和亮度值保持不变。

（26）颜色：使用基色的明度以及混合色的色相和饱和度创建结果，能够使灰色图像的阴影或轮廓透过着色的颜色显示出来。

（27）明度：使用混合色的亮度值进行着色，而保持上面图层颜色的饱和度和色相数值不变。

任务小结

本任务详细介绍了 Photoshop 图层样式、滤镜、图层混合模式的基本使用方法，为读者掌握 Photoshop 的使用方法及应对实战打下坚实的基础。

任务 4　Photoshop 综合运用

任务描述

通过本任务的学习，充分运用前面所学的 Photoshop 的相关知识，完成“纪念金币”图片的制作，其效果如图 8-37 所示。

图 8-37　“纪念金币”图片效果

任务实施

步骤 1：打开 Photoshop CS6 软件，新建图像文件，设置名称为“纪念金币”，宽度为 600 像素，高度为 600 像素，其他使用默认设置，如图 8-38 所示。

步骤 2：选择“创建新图层”命令新建“图层 1”，

选择“椭圆选框工具”，按住 Shift 键，在“图层 1”中绘制一个正圆，填充颜色为#808080。绘制正圆界面如图 8-39 所示。

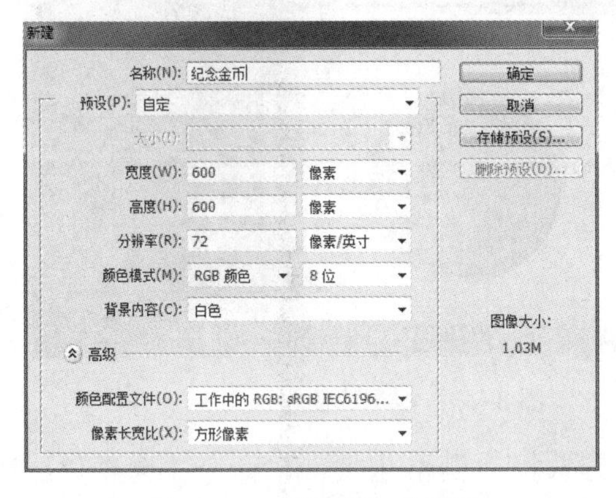

图 8-38　“新建”对话框

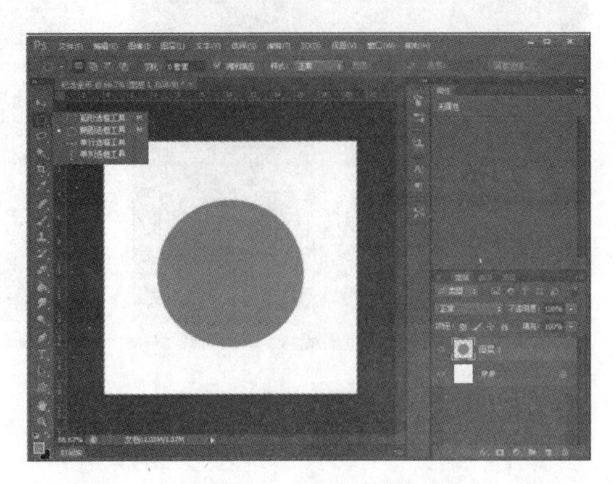

图 8-39　绘制正圆界面

步骤 3：按住 Ctrl 键单击“图层 1”，选中“图层 1”中的图像，选择“创建新图层”命令新建“图层 2”。选择“编辑”→“描边”选项，在弹出的“描边”对话框中，设置宽度为 8 像素，颜色为#686868，位置为“居外”，如图 8-40 所示。

步骤 4：选择“选择”→“变换选区”选项，设置宽度为 80%，高度为 80%，如图 8-41 所示，然后按 Enter 键确认。

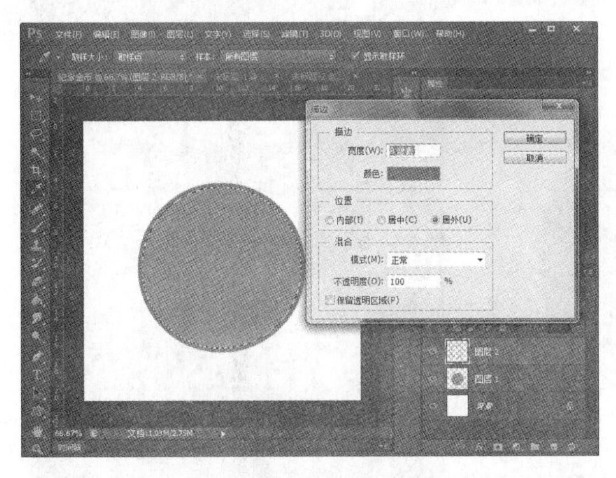

图 8-40　设置描边界面

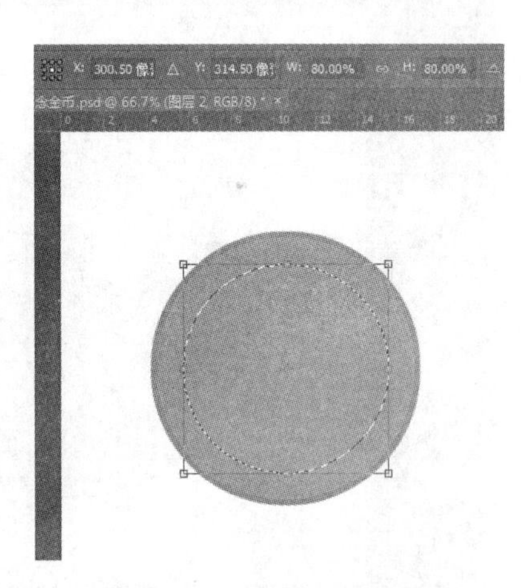

图 8-41　变换选区界面

步骤 5：选择“窗口”→“路径”选项，打开“路径”选项卡，选择“从选区生成工作路径”命令，如图 8-42 所示。

步骤 6：选择“横排文字工具”，设置文字格式为“字体：黑体；大小：36 点；锐利；黑色”。鼠标移到路径上，变为曲线后，单击，输入文字“百度公司 2015 年纪念金币”，效果如图 8-43 所示。

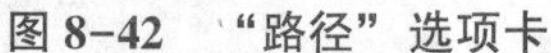
图 8-42　“路径”选项卡

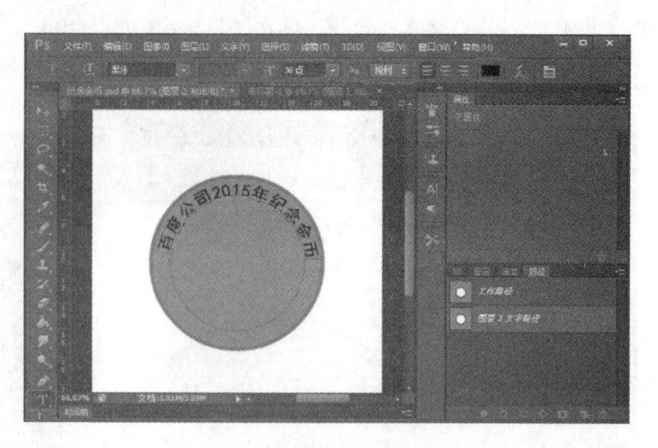

图 8-43　根据路径输入文字

步骤 7：返回“图层”选项卡，单击鼠标右键选择“栅格化文字”命令。选择“滤镜”→“杂色”→“添加杂色”命令，设置数量为 50%；分布为高斯分布；颜色为单色。选择“滤镜”→“风格化”→“浮雕效果”选项，设置角度为 60 度；高度为 7 像素；数量为 140%。选择“添加图层样式”→“外发光”选项，设置混合模式为正常；不透明度为 60%；颜色为黑色。文字效果如图 8-44 所示。

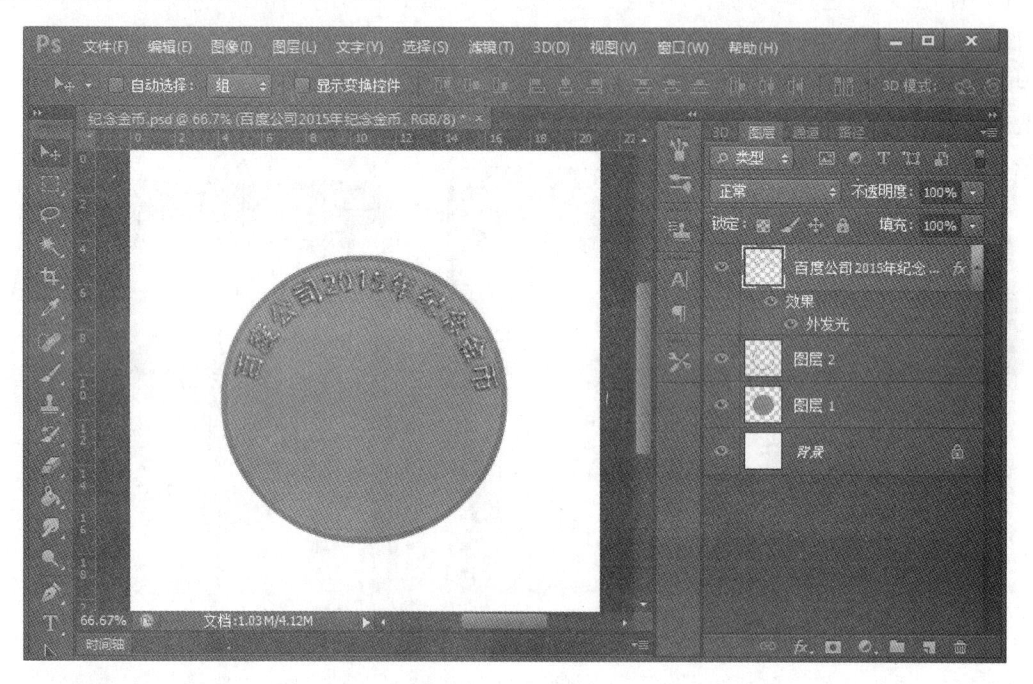

图 8-44　文字效果

步骤 8：选择“自定义形状工具”，设置填充颜色为#0000FF，描边为无色，W（宽）为 200 像素，H（高）为 200 像素，形状为爪印（猫）。单击图像中心，调整爪印位置，完成爪印的绘制，其效果如图 8-45 所示。

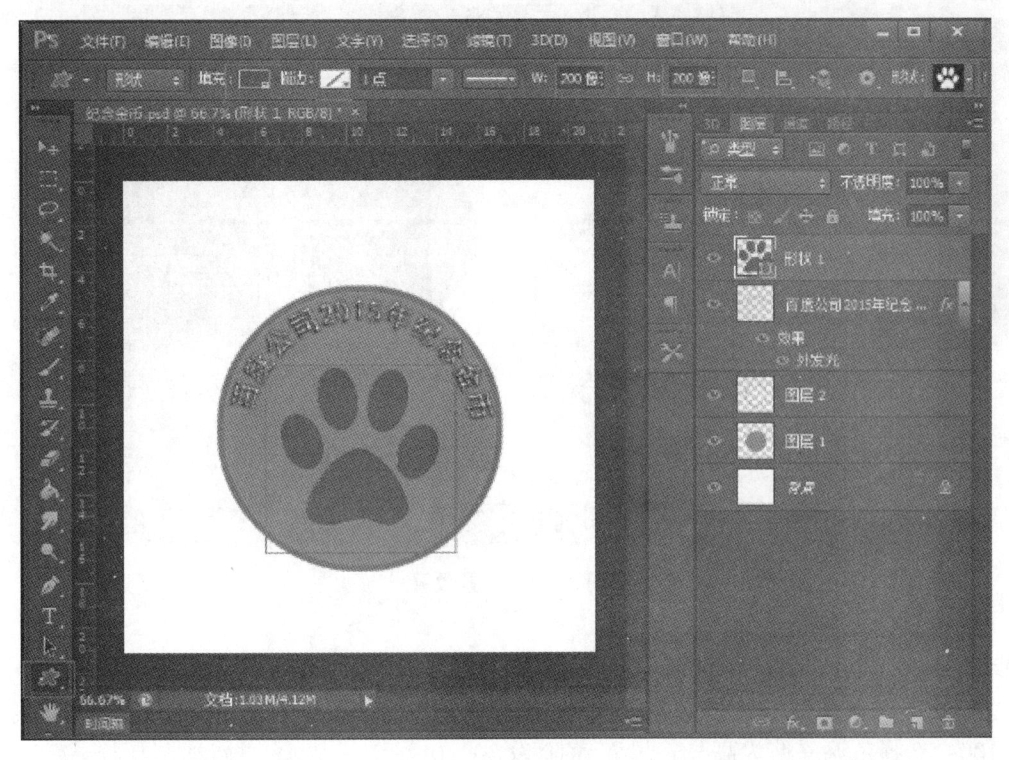

图 8-45　爪印效果

步骤 9：用鼠标右键单击“形状 1”图层，选择“栅格化图层”命令。选择“图像”→“调整”→“去色”命令（组合键“Shift+Ctrl+U”）。选择“滤镜”→“渲染”→“光照效果”选项，设置强度为 60，点光位置如图 8-46 所示。选择“添加图层样式”→“外发光”选项，设置混合模式为正常，不透明度为 60%，颜色为黑色。选择“滤镜”→“杂色”→“添加杂色”命令，设置数量为 30%，分布为高斯分布，颜色为单色。单击“图层 1”，选择“滤镜”→“杂色”→“添加杂色”命令，设置数量为 6%，分布为高斯分布，颜色为单色。单击“图层 2”，选择“滤镜”→“杂色”→“添加杂色”命令，设置数量为 15%，分布为高斯分布，颜色为单色。选择“添加图层样式”→“投影”选项，保持默认设置，如图 8-47 所示。

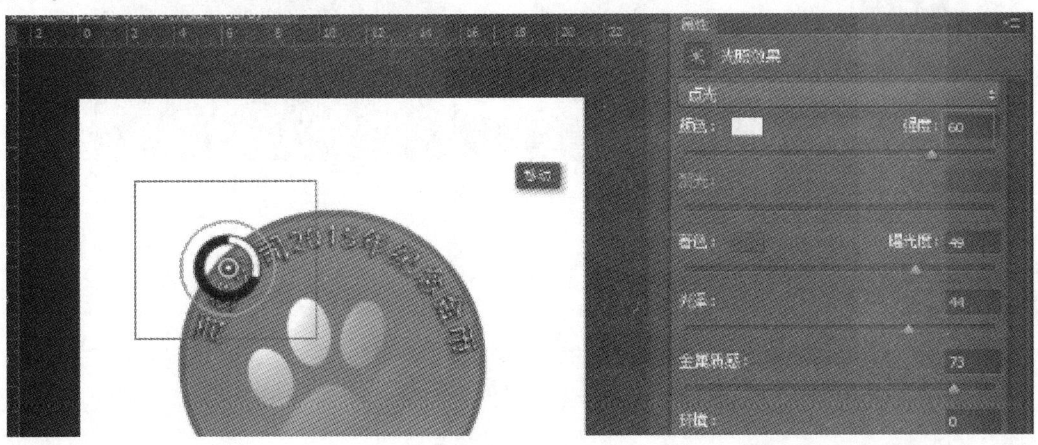

图 8-46　点光位置

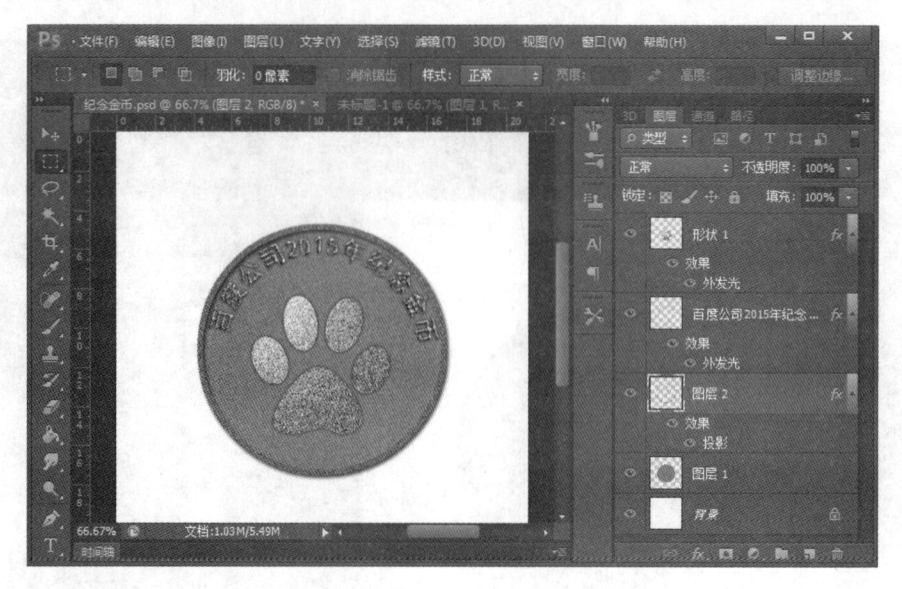

图 8-47　设置效果

步骤 10：选中除背景外的所有图层，按组合键“Ctrl+Alt+A”和“Ctrl+E”，合并图层。选择“图像”→“调整”→“色彩平衡”选项，选择色调平衡为中间调，设置色阶为 100、50、-100；选择色调平衡为高光；设置色阶为 30、0、-70。选择“添加图层样式”→“投影”选项，设置不透明度为 88%。作品效果如图 8-48 所示。

图 8-48　作品效果

任务小结

本任务充分应用前文介绍的“椭圆选框工具”“自定义形状工具”“横排文字工具”、去色、色彩平衡、变换选区、外发光、投影、添加杂色、光照效果等知识，完成了“纪念金币”图片的制作。

选择“椭圆选框工具”，按住 Shift 键，在“图层 1”中绘制一个正圆，填充颜色为#808080。绘制正圆界面如图 8-39 所示。

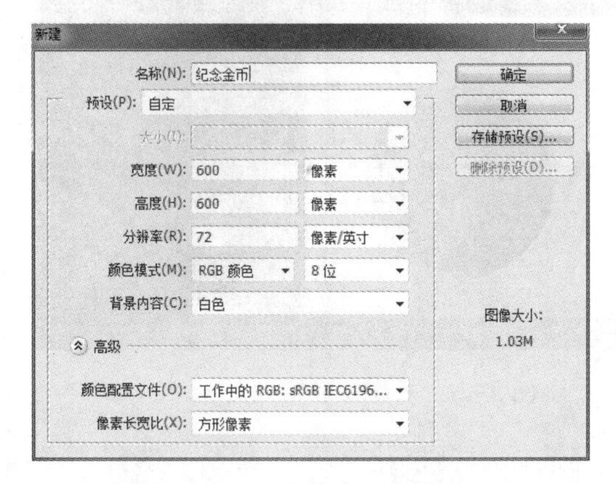

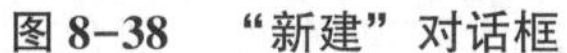

图 8-38　“新建”对话框

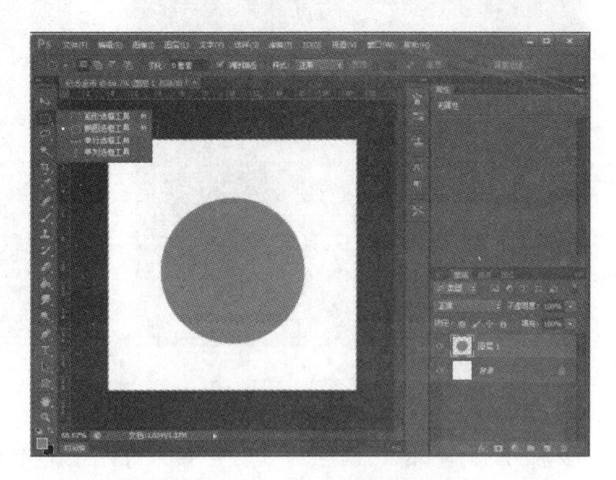

图 8-39　绘制正圆界面

步骤 3：按住 Ctrl 键单击“图层 1”，选中“图层 1”中的图像，选择“创建新图层”命令新建“图层 2”。选择“编辑”→“描边”选项，在弹出的“描边”对话框中，设置宽度为 8 像素，颜色为#686868，位置为“居外”，如图 8-40 所示。

步骤 4：选择“选择”→“变换选区”选项，设置宽度为 80%，高度为 80%，如图 8-41 所示，然后按 Enter 键确认。

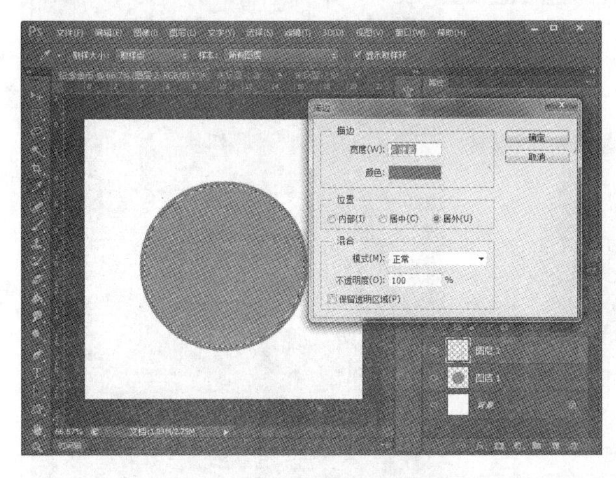

图 8-40　设置描边界面

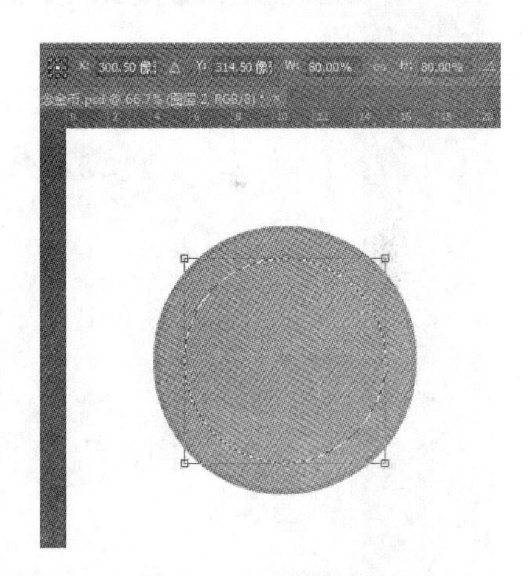

图 8-41　变换选区界面

步骤 5：选择“窗口”→“路径”选项，打开“路径”选项卡，选择“从选区生成工作路径”命令，如图 8-42 所示。

步骤 6：选择“横排文字工具”，设置文字格式为“字体：黑体；大小：36 点；锐利；黑色”。鼠标移到路径上，变为曲线后，单击，输入文字“百度公司 2015 年纪念金币”，效果如图 8-43 所示。

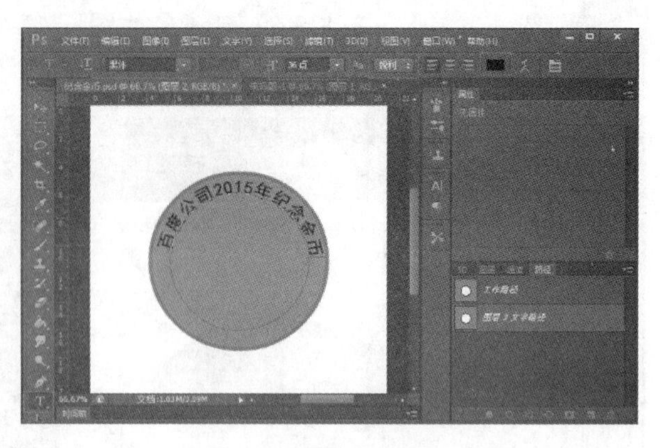

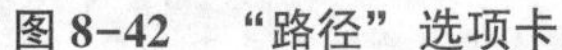
图 8-42　“路径”选项卡

图 8-43　根据路径输入文字

步骤 7：返回“图层”选项卡，单击鼠标右键选择“栅格化文字”命令。选择“滤镜”→“杂色”→“添加杂色”命令，设置数量为 50%；分布为高斯分布；颜色为单色。选择“滤镜”→“风格化”→“浮雕效果”选项，设置角度为 60 度；高度为 7 像素；数量为 140%。选择“添加图层样式”→“外发光”选项，设置混合模式为正常；不透明度为 60%；颜色为黑色。文字效果如图 8-44 所示。

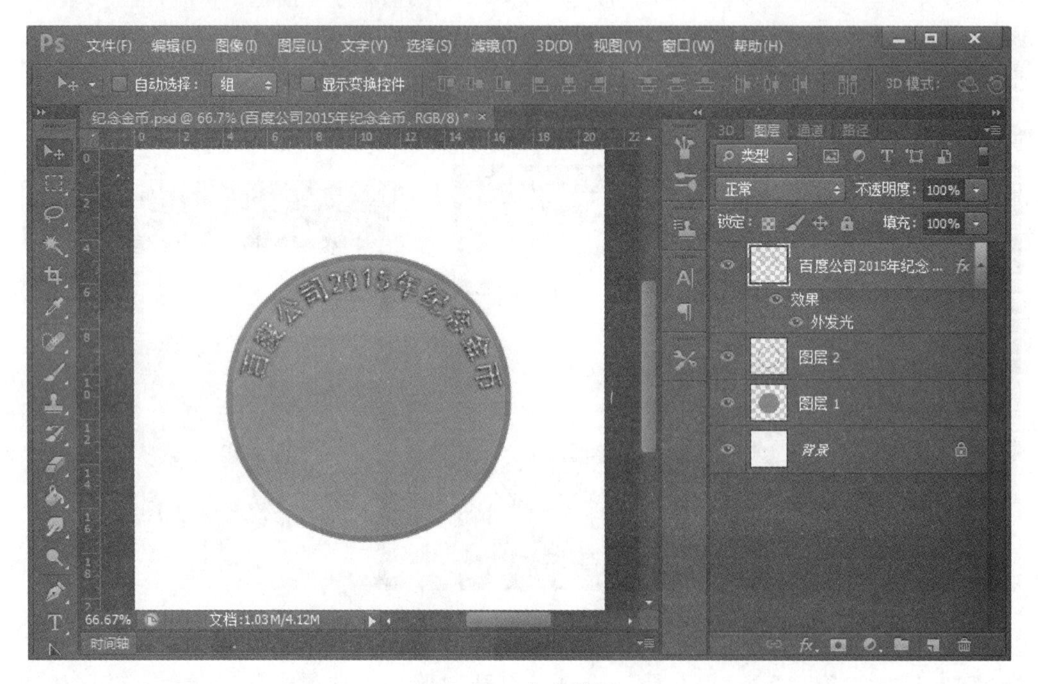

图 8-44　文字效果

步骤 8：选择“自定义形状工具”，设置填充颜色为#0000FF，描边为无色，W（宽）为 200 像素，H（高）为 200 像素，形状为爪印（猫）。单击图像中心，调整爪印位置，完成爪印的绘制，其效果如图 8-45 所示。

图 8-45　爪印效果

步骤 9：用鼠标右键单击“形状 1”图层，选择“栅格化图层”命令。选择“图像”→“调整”→“去色”命令（组合键“Shift+Ctrl+U”）。选择“滤镜”→“渲染”→“光照效果”选项，设置强度为 60，点光位置如图 8-46 所示。选择“添加图层样式”→“外发光”选项，设置混合模式为正常，不透明度为 60%，颜色为黑色。选择“滤镜”→“杂色”→“添加杂色”命令，设置数量为 30%，分布为高斯分布，颜色为单色。单击“图层 1”，选择“滤镜”→“杂色”→“添加杂色”命令，设置数量为 6%，分布为高斯分布，颜色为单色。单击“图层 2”，选择“滤镜”→“杂色”→“添加杂色”命令，设置数量为 15%，分布为高斯分布，颜色为单色。选择“添加图层样式”→“投影”选项，保持默认设置，如图 8-47 所示。

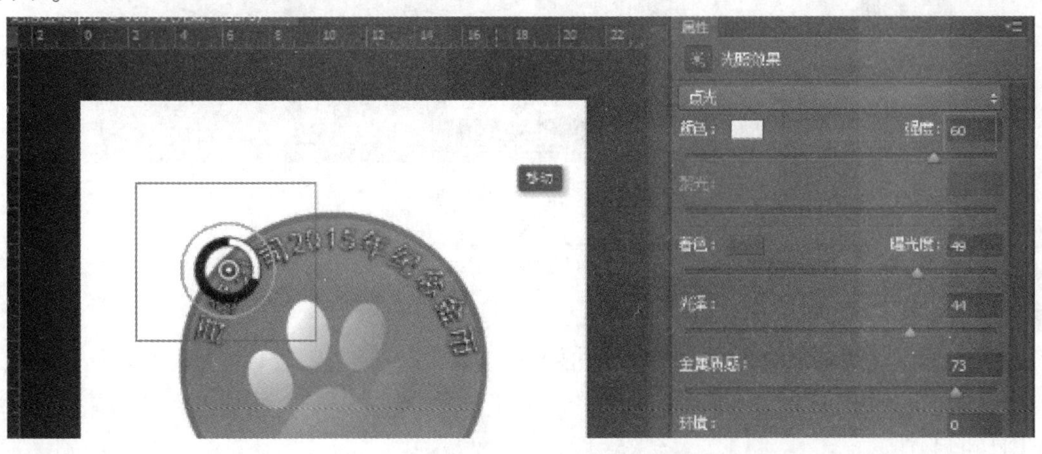

图 8-46　点光位置

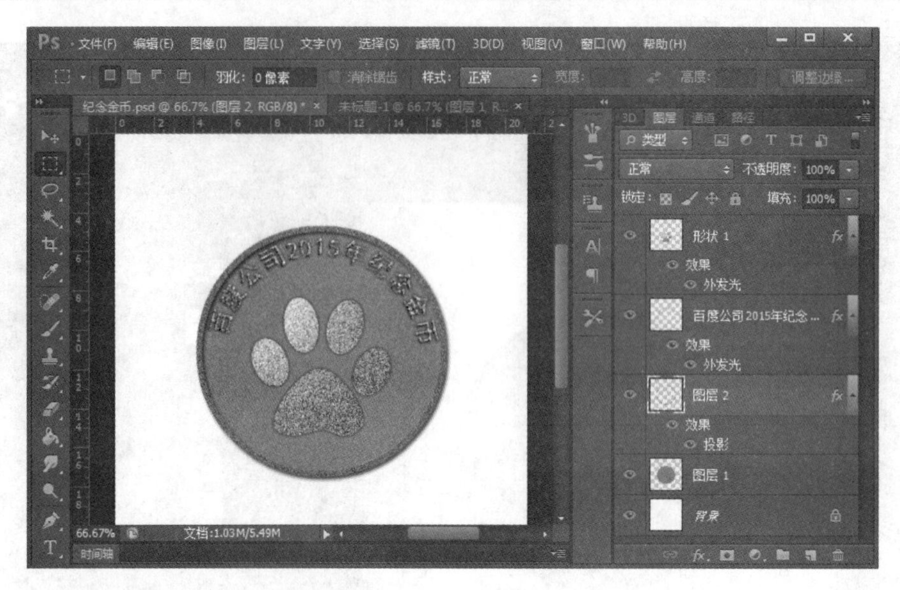

图 8-47　设置效果

步骤 10：选中除背景外的所有图层，按组合键“Ctrl+Alt+A”和“Ctrl+E”，合并图层。选择“图像”→“调整”→“色彩平衡”选项，选择色调平衡为中间调，设置色阶为 100、50、-100；选择色调平衡为高光；设置色阶为 30、0、-70。选择“添加图层样式”→“投影”选项，设置不透明度为 88%。作品效果如图 8-48 所示。

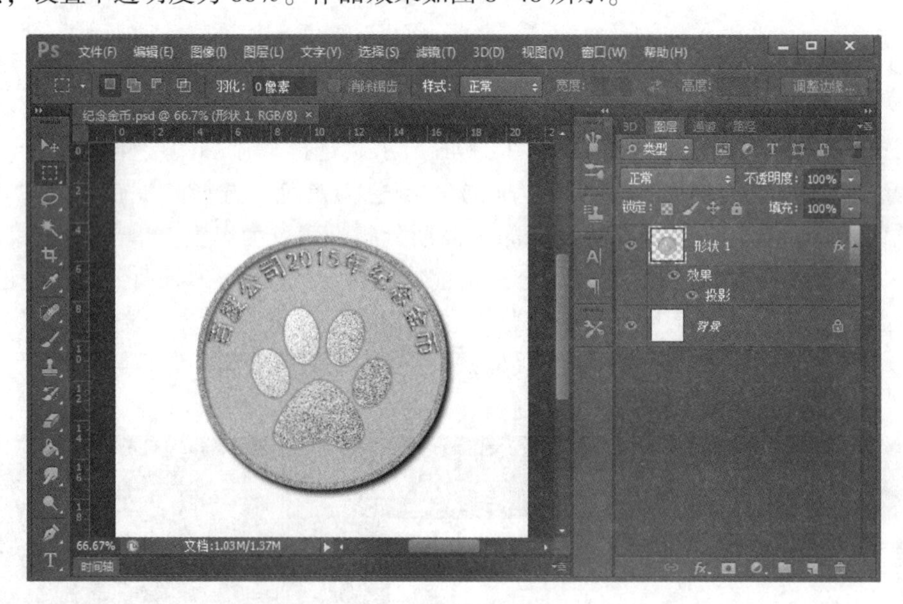

图 8-48　作品效果

任务小结

本任务充分应用前文介绍的“椭圆选框工具”“自定义形状工具”“横排文字工具”、去色、色彩平衡、变换选区、外发光、投影、添加杂色、光照效果等知识，完成了“纪念金币”图片的制作。

第 9 章

其他常用工具

导　论

随着移动互联网的发展，智能手机正慢慢渗入人们的娱乐和生活中的各个方面。手机从以前仅有单一的通话功能慢慢转为集通话、收发信息、拍照、摄像、上网、游戏、移动端支付等多种功能于一身。手机给人们的生活带来了不少便捷，也让生活方式慢慢改变。小到衣食住行，大到商务交易，都只需要在手机上进行几个简单操作就可完成。手机 App 也随着科技的发展而不断发展。

本章介绍手机常见的应用软件的使用方法和注意事项。

情景导入

小雪：大鹏，你拿着手机干什么呢？

大鹏：我在订明天的午餐呢！

小雪：啊？手机还可以订餐？

大鹏：当然了！现在手机的功能很强大呢！要不，我教你怎么使用一些常用的手机 App 吧！

小雪：好啊！这肯定很实用！

任务 1　蓝光手游大师简介

知识要点

- 蓝光手游大师的运行环境；
- 蓝光手游大师的安装方法；
- 蓝光手游大师的账号注册和登录；
- 蓝光手游大师中应用程序的安装方法。

任务描述

蓝光手游大师是 17huang 蓝光团队开发的一款安卓模拟器管理软件，通过蓝光手游大师可以在计算机上玩安卓手机游戏，如天天酷跑。它完美模拟了手机按键与重力感应。当然，在蓝光手游大师上也可以安装运行如微信、支付宝、陌陌等App。使用蓝光手游大师可以告别手机耗电、耗流量、屏幕小的烦恼。

通过本任务的学习，读者可以掌握蓝光手游大师的安装、注册方法及应用软件的基本操作。

具体要求

1. 蓝光手游大师的安装

从网上下载蓝光手游大师的安装包，根据提示在计算机上安装。

2. 蓝光手游大师的账户注册和登录

安装好蓝光手游大师后，注册账户并登录。

3. 蓝光手游大师里应用程序的安装

以微信和支付宝为例，演示蓝光手游大师中自带应用程序的安装。

任务实施

步骤1：在浏览器里搜索并下载蓝光手游大师的安装程序 bluesetup_lite.exe ，双击安装程序后出现安装向导，如图9-1所示。

图9-1　蓝光手游大师安装向导

步骤2：蓝光手游大师安装完毕后需要注意以下事项：

（1）蓝光手游大师的版本经常更新，需要及时升级。升级完毕后会弹出系统提示，如图9-2所示。蓝光手游大师界面右下角会显示当前版本。

图 9-2　蓝光手游大师的升级提示

（2）安装好蓝光手游大师并不意味着操作已经完成，必须安装安卓引擎（也称为模拟器）。选择菜单栏中的“安卓引擎”选项，进行模拟器的安装。一般情况下，蓝光手游大师会自动检测计算机配置并下载最匹配模拟器，如图 9-3 所示。检测时，最先检测计算机环境并根据计算机环境为用户推荐一款安卓引擎，如图 9-4 所示。

图 9-3　匹配模拟器

图 9-4　安装模拟器

步骤 3：安装完成后，先进行注册。单击蓝光手游大师界面右上角的 图标就可以注册了。注册的方法有两种：根据手机号码注册或者根据邮箱注册，如图 9-5 所示。

图 9-5　蓝光手游大师的注册方法

步骤 4：在菜单栏中单击应用市场中的搜索栏，搜索相应的应用程序后进行下载。下载完成的应用程序会在“我的应用中”界面中出现，接着便可进行安装。如果安装的是本地游戏，可以单击“我的应用界面”→“安装本地游戏”按钮即可，如图 9-6 所示。

图 9-6　安装本地应用程序

步骤 5：在“安卓引擎”界面中安装引擎，如果没有安装安卓引擎，App 将无法启动，如图 9-7 所示。应用程序安装完后，在“已安装的游戏”界面目标 App 的图标即可将其启动。对于不同的 App，蓝光手游大师会推荐启动不同的安卓引擎，具体情况视启动时界面提示而定，如图 9-7 所示。启动完毕后，可以看到已经安装好的应用程序出现在界面中，其他界面与安卓手机界面近似，如图 9-8 所示。

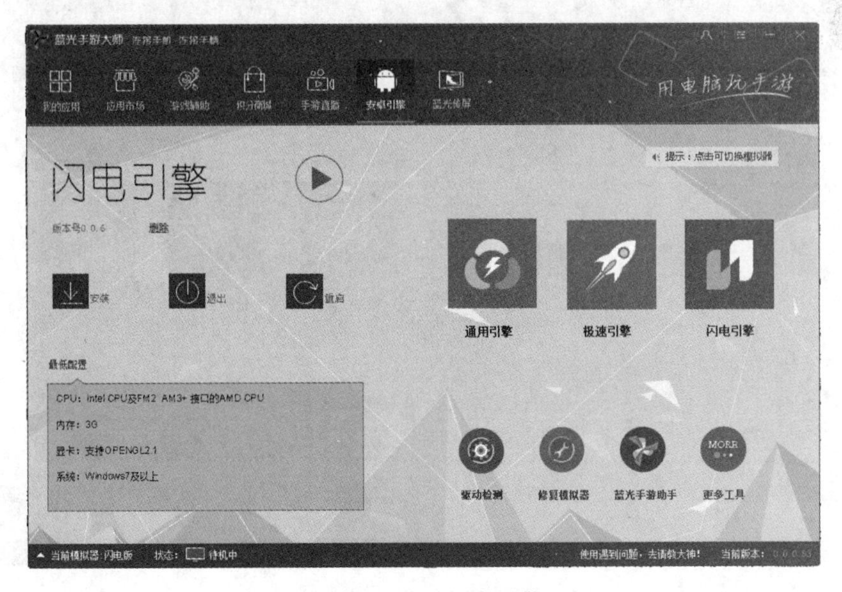

图 9-7　启动安卓引擎

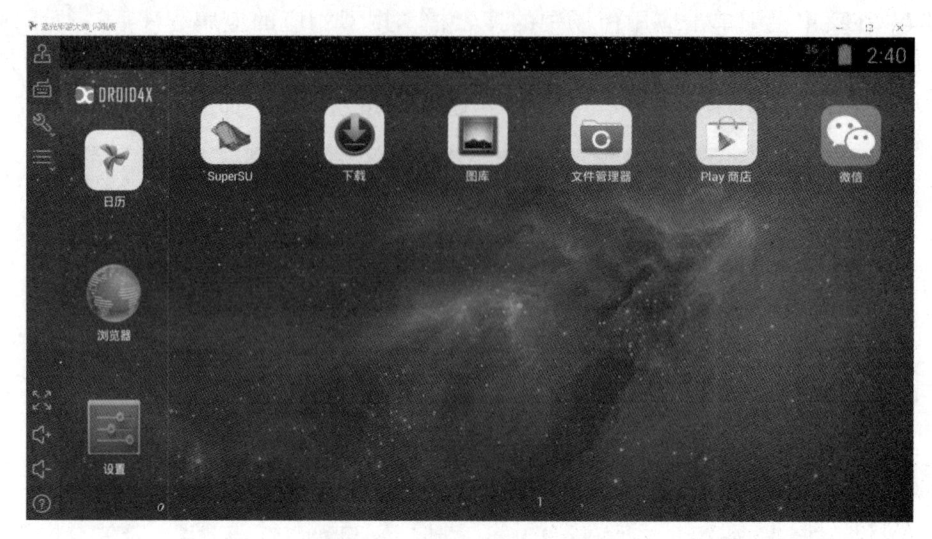

图 9-8　安装好的应用程序

知识拓展

知识点　蓝光手游大师安装游戏失败的解决方法

蓝光手游大师出现游戏安装失败一般是由显卡驱动更新不及时造成的，更新显卡驱动就可以解决。

显卡驱动更新完毕后应重启计算机就能正常安装游戏了。如果更新完毕，显卡驱动依然不能正常安装游戏，可以关掉杀毒软件，然后选择“设置”→“修复模拟器”命令，修复完毕后就能正常安装游戏了，如图 9-9 所示。

图 9-9　蓝光手游大师的修复

任务小结

蓝光手游大师是一款可以在计算机上运用手机软件的安卓模拟器管理软件。它是后面章节中程序运行的主要环境。环境搭建好后，后面的学习才能循序渐进。

任务 2　玩转微信

知识要点

- 掌握微信的注册和登录方法；
- 掌握微信的基本功能的使用方法；
- 体会微信所带来的便捷。

任务描述

通过本任务的学习，读者可以掌握微信的注册和登录方法及其基本功能的使用方法。

具体要求

1. 微信的注册

通过蓝光手游大师安装微信，完成微信的注册和登录。

2. 微信基本功能的使用

学会添加好友、在朋友圈发布文字和图片、群聊、关注公众号等基本操作。

任务实施

步骤 1：微信不可以通过 QQ 号码直接登录、注册或者通过邮箱账号注册。第一次使用 QQ 号码登录时，直接登录是不能成功的，只能用手机绑定 QQ 号码才能登录，微信会要求设置微信号和昵称。微信号是用户在微信中的唯一识别号，命名规则是必须以 6~20 个字母、数字、下划线或减号组成，以字母开头，注册成功后，每年仅允许修改一次。

步骤 2：微信支持查找微信号。选择微信界面下方的“通信录”→“添加朋友”→“搜号码”命令，输入想搜索的微信号码，单击“查找”按钮，同时还可以通过查看 QQ 好友添加好友、查看手机通信录和分享微信号添加好友、摇一摇添加好友、二维码查找添加好友等。请在微信里添加 5 个以上的好友。

步骤 3：微信支持发送语音短信、视频、图片（包括表情）和文字。微信可以实现个人对个人聊天，也可以实现多人聊天，即群聊。群聊可以由某个人发起，也可以通过加入某个群聊组进行。用户可以通过扫描二维码加入某个群聊组，或通过群组人员添加群成员的方法加入。群聊的详细信息可以自行设置，具体如图 9-10 所示。请通过添加群聊的方法加入班级群聊。另外，微信还支持视频聊天、语音聊天及实时聊天等，具体如图 9-11 所示。

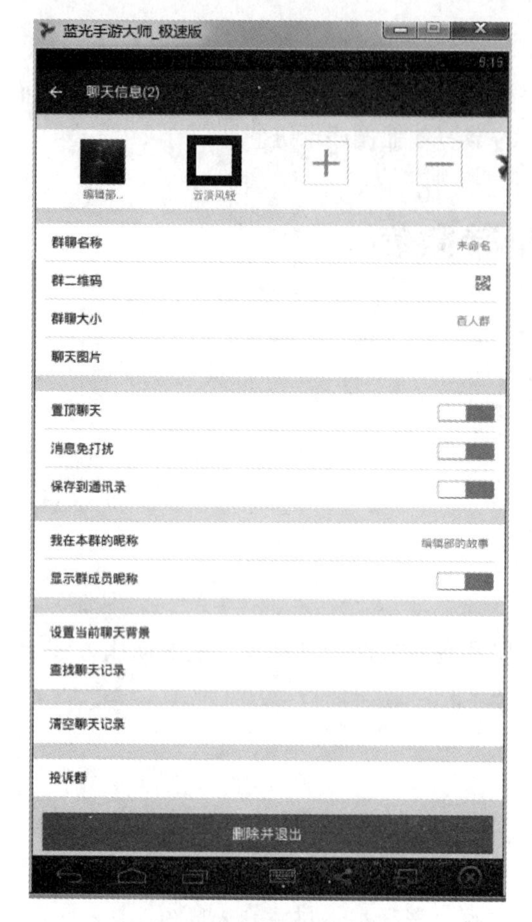

图 9-10　设置群聊详细信息

图 9-11　微信支持的聊天方式

步骤 4：用户可以通过朋友圈发表文字和图片，还可以将文章或者其他文件分享到朋友圈。另外，还可以对好友新发的照片进行评论或点“赞”，用户只能看到相同好友的评论或“赞”。请在自己的朋友圈里发表一段文字并配上图片。

步骤 5：微信公众平台主要有实时交流、消息发送和素材管理功能。用户可以通过查找公众平台账户或者扫二维码关注微信公共平台。

步骤 6：通过为合作伙伴提供“连接一切”的能力，微信正在形成全新的“智慧生活”方式。其已经渗入以下传统行业，如微信打车、微信交电费、微信购物、微信医疗、微信酒店等。微信的智慧生活带来了无限的便捷，如图 9-12 所示。

步骤 7：微信不仅有手机版，还有电脑版。若要使用微信电脑版，用户必须先下载并安装微信电脑版安装程序。在浏览器里搜索“微信电脑版”，找到安装程序下载并安装，如图 9-13 所示。

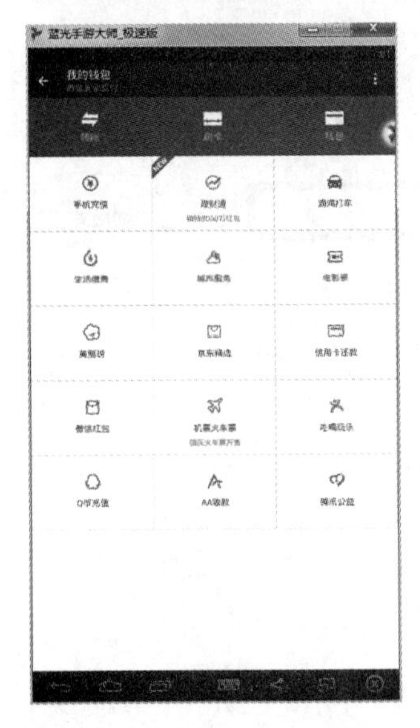

图 9-12　微信的“智慧生活”

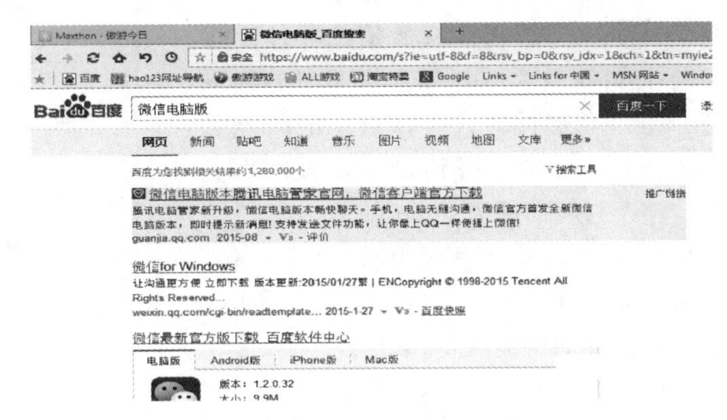

图 9-13　搜索微信电脑版

步骤 8：微信电脑版需要使用手机扫二维码登录，即打开手机微信中的“扫一扫”功能，然后对着电脑的登录界面扫描二维码即可登录。

步骤 9：微信电脑版目前仅有聊天、联系人、截图、订阅号以及备份等基本功能。微信电脑版最核心的功能是聊天，聊天界面具有文字、标签和截图功能，如图 9-14 所示。

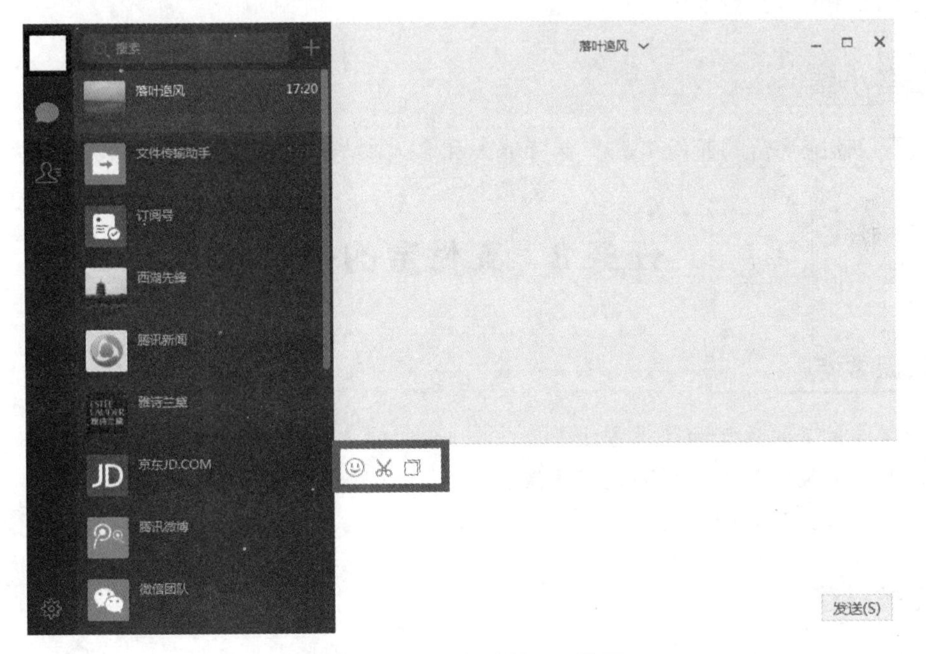

图 9-14　微信电脑版聊天界面

步骤 10：微信电脑版和手机版一样，可以看到所有联系人和订阅号。

步骤 11：微信电脑版还支持搜索联系人功能。

步骤 12：对微信电脑版可以进行一些基本设置，如图 9-15 所示。微信电脑版的功能没有微信手机版全面，如不能在朋友圈发文，也不能添加好友。

知识拓展

知识点　微信支付与微信红包

用户只需在微信中关联一张银行卡，并完成身份认证，即可将装有微信的智能手机变成一个全能钱包，可购买合作商户的商品及服务，用户在支付时只需在自己的智能手机上输入密码，不需要任何刷卡步骤即可完成支付，整个过程简便流畅。微信推出 6.1 版本后，用户可在对话框里边聊天边发红包。请在课后在自己的手机上绑定银行卡开通微信支付功能，并向班级群发一个金额为 0.1 元的红包。

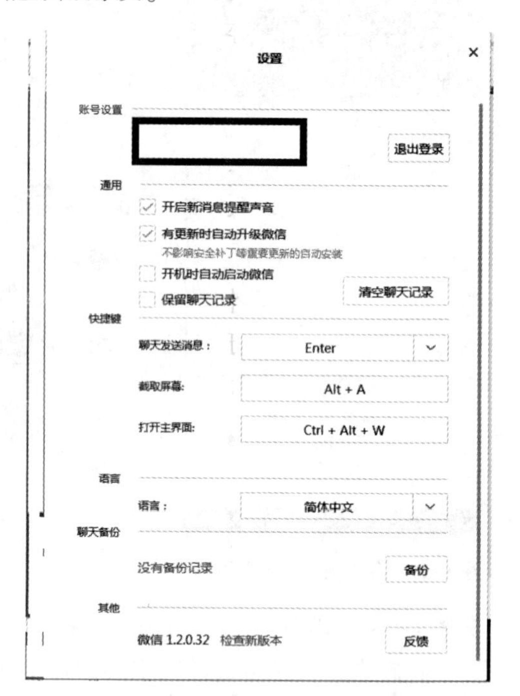

图 9-15　微信电脑版的设置

红包可以提现，进入微信中的“我”→“支付”→“钱包”界面后，单击“零钱”按钮并在“钱包”页面选择“提现”命令，输入需要提现的金额，单击“提现”按钮即可成功提交提现申请。请在课后将自己钱包中的零钱全部提现至银行卡中。

任务小结

微信是一款跨平台的通信工具，支持单人和多人参与。微信是一种生活方式。

任务 3　支付宝的使用

知识要点

- 掌握支付宝的注册和登录方法；
- 掌握支付宝的基本功能的使用方法；
- 体会支付宝带来的便利。

任务描述

通过本任务的学习，读者可以掌握支付宝的注册和登录方法及其基本功能的使用方法。

具体要求

1. 支付宝的注册和登录

使用蓝光手游大师里附带的支付宝程序，完成支付宝的注册和登录。

2. 支付宝基本功能的使用

学会使用支付宝的基本功能。

任务实施

步骤 1： 在蓝光手游大师里安装支付宝。

步骤 2： 支付宝账户分为“个人账户”和“企业账户”两类。本书主要介绍个人账户的注册方法。

步骤 3： 用户使用支付服务前需要先进行实名认证，实名认证之后不仅可以享受更多服务，而且更重要的是有助于提升账户的安全性。实名认证需要同时核实用户身份信息和银行账户信息，如图 9-16 所示。

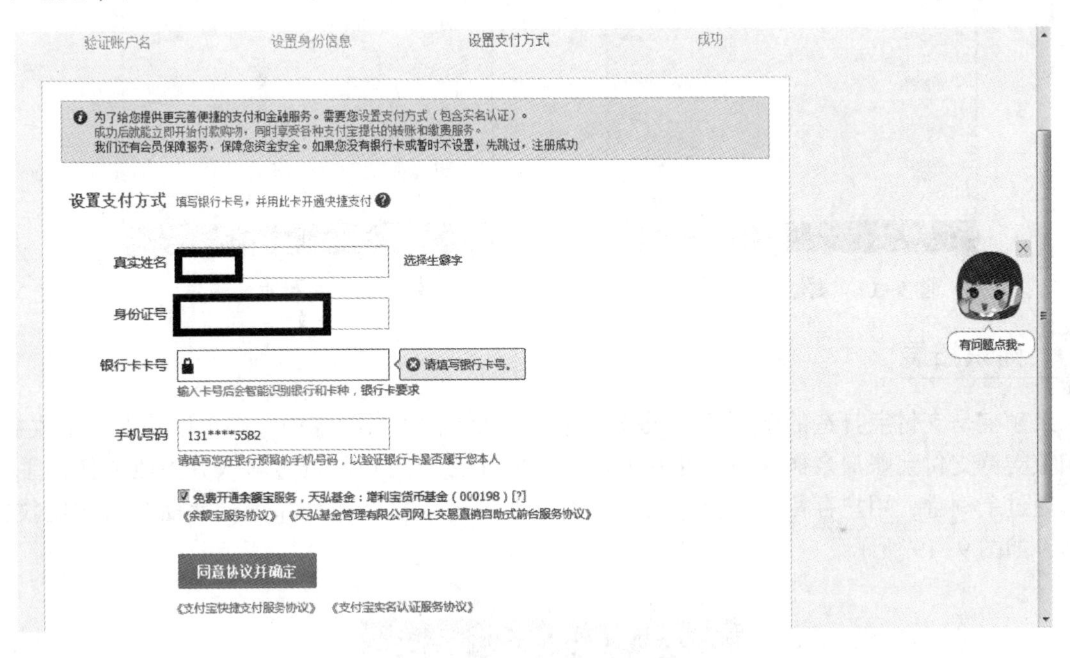

图 9-16　支付宝的实名认证

步骤 4： 支付宝转账方式分为以下两种：

（1）转账到支付宝账户：资金瞬间到达对方支付宝账户。

（2）转账到银行卡：用户可以转账到自己或他人的银行卡，支付宝支持百余家银行，最快 2 小时内到账。

步骤 5： 支付宝账户内的资金称为“余额”。充值到“余额”、支付时使用“余额”以及“余额”转出都是当前最常见的服务，如图 9-17 所示。

步骤 6： 支付宝的服务包括银行服务、缴费服务、保险理财、手机通信服务、交通旅行、零售百货、医疗健康、休闲娱乐、美食吃喝等 10 余个类目，如图 9-18 所示。

步骤 7： 用户安装支付宝钱包后，就可以在线下享受电子支付带来的便利。2015 年 7 月 8 日，支付宝发布最新版本 9.0，加入“商家”和“朋友”两个新的一级入口，分别替代“服务窗”与“探索”，由此切入线下生活服务与社交领域。

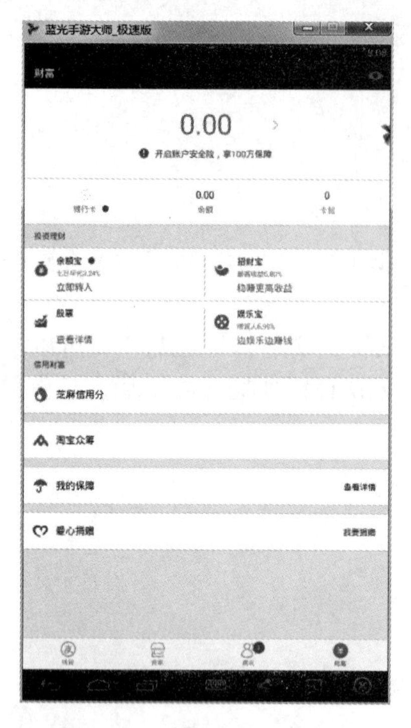

图 9-17　支付宝的“余额”

图 9-18　支付宝的服务

知识拓展

余额宝是支付宝打造的余额增值服务。若用户把钱转入余额宝中，则可以获得一定收益。余额宝支持支付宝账户余额支付、储蓄卡快捷支付（含卡通）的资金转入并不收取任何手续费。通过余额宝，用户存留在支付宝的资金不仅能拿到利息，而且和银行活期存款相比收益更高，如图 9-19 所示。

图 9-19　余额宝

任务小结

支付宝（中国）网络技术有限公司（以下简称“支付宝公司”）是国内领先的第三方支付平台，致力于为用户提供“简单、安全、快速”的支付解决方案。支付宝公司从 2004 年建立开始，始终以“信任”为产品与服务的核心：享受支付宝，享受生活。

任务 4　百度贴吧

知识要点

- 掌握百度贴吧的注册和登录方法；
- 掌握百度贴吧的基本操作方法；
- 体会百度贴吧所带来的便利。

任务描述

通过本任务的学习，读者可以掌握百度贴吧注册和登录方法及其基本操作方法。

具体要求

1. 掌握百度贴吧的注册和登录方法

通过蓝光手游大师里安装的百度贴吧，学会其注册和登录方法。

2. 百度贴吧的基本操作方法

掌握百度贴吧的基本操作方法。

任务实施

步骤 1：在蓝光手游大师里安装百度贴吧，如图 9-20 所示。

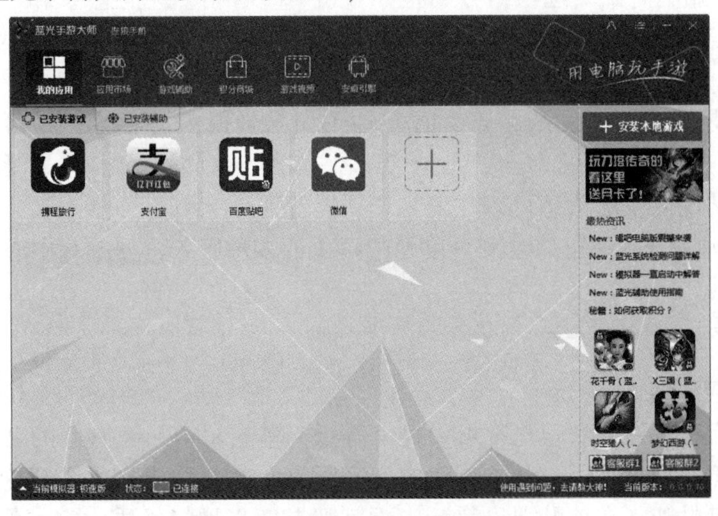

图 9-20　在蓝光手游大师里安装百度贴吧

步骤 2：使用百度贴吧前需要先注册账号。注册账号有两种方法：一是用手机号码注册，二是用邮箱注册。

步骤 3：注册账号后，用户可以使用账号登录百度贴吧。

步骤 4：单击账号头像可以对该账号的相关信息进行设置，如更换头像、设置昵称等（图 9-21 和图 9-22）。

步骤 5：用户登录百度贴吧后，还可以对个人中心进行设置。个人中心包含多方面内容，如我的好友、我的收藏、账号管理等，如图 9-23 所示。单击“我的好友”按钮可以看到百度贴吧里的好友及添加好友。单击“我的收藏”按钮可以看到收藏的帖子。单击“浏览历史”按钮可以看到浏览过的帖子。单击“我的直播”按钮可以看到收藏的直播视频。单击“会员中心”按钮，可以看到此账号的相关信息。单击“账号管理”按钮，可以对此账号进行编辑及添加其他账号等。单击“退出贴吧”按钮，可以退出该贴吧。

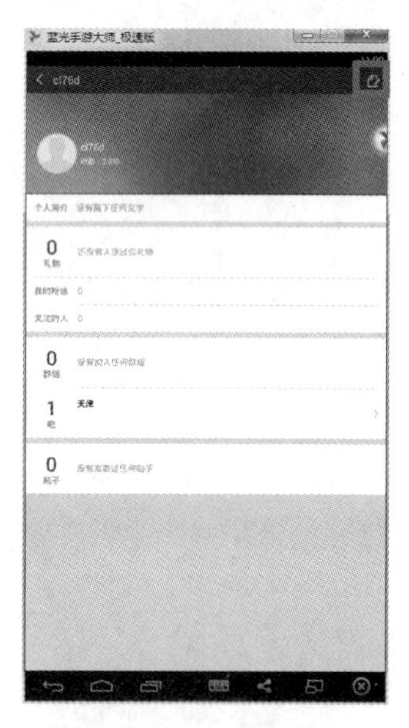

图 9-21　更换头像

图 9-22　设置昵称

图 9-23　百度贴吧的个人中心

步骤 6：百度贴吧有四大选项，分别是“进吧”“看帖”“消息”和“发现”。“进吧”是指关注某些特定主题的贴吧，只要单击“关注”按钮即可。用户在关注的贴吧里也可以发表自己的帖子。

“看帖”，就是观看别人发的帖子。看完帖子如果觉得内容不错，则可以分享给贴吧好友、微信好友等。

用户和好友之间互发的信息可以在消息选项里看到。

用户在“发现”选项里可以看到百度贴吧提供的多种服务，如游戏中心、同城服务等。

知识拓展

知识点　等级制度

用户在每个自己关注的贴吧里都可以拥有等级，单击每个贴吧右侧的“关注”按钮即可拥有等级。本贴吧等级反映用户与本贴吧的亲密程度，也是用户在本贴吧中资历和影响力的体现。经常浏览某贴吧，在该贴吧里活跃，贡献吧友感兴趣的优质内容，促进大家交流，就

能够不断提升在该贴吧中的等级。另外，每天签到也是提升用户等级最常规的方式。等级越高，用户得到的贴吧内头衔就越高，同时，还能够享受更贴心、更强大的其他功能服务。

增加百度贴吧经验值的方法如下：

（1）在线时长：每日上限为 4 分。

每日在贴吧内有登录访问记录，即可加 1 分，在线时间越长，分数越高。

（2）日常操作：每日上限为 4 分。

每日在贴吧内有操作记录（包括顶贴、回贴、发贴、投票）即可加 1 分，用户越活跃则分数越高。

（3）促进交流：这是最重头的加分项，每日最高可达近 1 000 分。

这是指发表的内容（包括主题贴和回贴）跟贴吧主题相关，且能引发其他吧友的兴趣，很多人对此进行回复和交流。

任务小结

百度贴吧是结合百度搜索引擎建立的一个在线交流平台。

参 考 文 献

[1] 杨永波. 办公软件高级应用 [M]. 杭州：浙江大学出版社，2013.
[2] 李军. 电脑常用工具软件入门与提高 [M]. 北京：清华大学出版社，2014.
[3] 朱接文. 常用工具软件立体化教程 [M]. 北京：人民邮电出版社，2014.
[4] 冉洪艳，张振. 电脑常用工具软件标准教程 [M]. 北京：清华大学出版社，2015.